PATCHWORK 拼布教室

Autumn Edition 2023 no.32

CONTENTS

在出遊機會逐日增加的此刻，
請務必一同搭配新作的拼布包吧！
本期的手作包特集中，
滿載縫製美麗包型的祕訣，
不論是旅行、美術館巡禮、或逛街購物……等，
不妨一邊想像使用的場景，一邊製作。
適合在跨秋冬兩季使用的毛茸茸刷毛切割拼布，
或是聖誕節的家飾小物，
以及圖騰白線刺繡拼布也都相當符合節日氣息，
請透過拼布一同體驗創作意願高漲的秋日風情。

隨書附贈 原寸紙型＆拼布圖案

連載

裝飾小小空間的季節小品

攝影／山本和正

為讀者介紹各種適合裝飾屋內小小空間的尺寸，具有季節感的作品。
敬請期待這傾注了作者的堅持，一針一線仔細縫製完成的小小世界。
本期呈獻給大家由原浩美老師製作，將秋天草花與萬聖節南瓜轉化為花樣的作品。

1

秋日庭園迷你壁飾

將巧克力波斯菊及野葡萄等，帶有深度色調的花朵或果實呈現出的美麗秋日庭園，以貼布縫和刺繡的手法描繪而成。
亦添加了3種南瓜，藉以體驗這結實纍纍的豐收季節。

設計・製作／原浩美
34×25㎝　作法P.70

南瓜造型小物收納盒

將立體部件併接後，填塞棉花，表現出凹凸不平的南瓜形狀。蓋子上則接縫了不織布葉片與鐵絲藤蔓，並裝飾了絨球飾帶。可以橘色或黃色分別製作出不同顏色，排列在一起也很可愛。

設計・製作／原 浩美
高度 12㎝ 寬度 11㎝　作法P.70

2

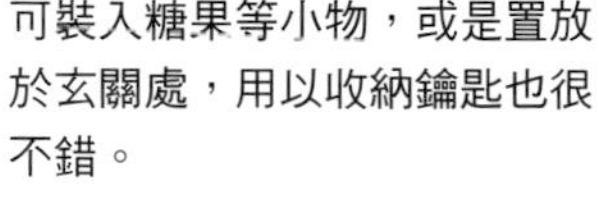

可裝入糖果等小物，或是置放於玄關處，用以收納鑰匙也很不錯。

無論色彩或形狀皆很豐富的南瓜，分別配合各自的形狀進行設計。左側凹凸不平的粗糙型，是分成許多布片製成。正中間光滑平整的南瓜為一片布製作。右側則使用壓線方式，加入了紋路花樣。

使用赤茶色先染布進行貼布縫的巧克力波斯菊。

商陸的果實以刺繡表現。前端的果實配置成小小的淺綠色，惟妙惟肖地呈現植物的表情。

攝影／山本和正

拼布美研室 玩賞袋型變化的綺麗手作包特選

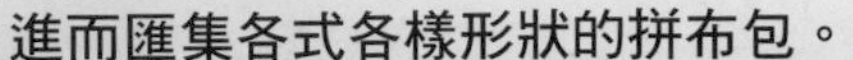

嚴選縫製方法完美的作品，
進而匯集各式各樣形狀的拼布包。
此單元將為讀者詳細解說，並介紹縫製重點及祕訣。

脇邊處取尖褶的托特包

將主角Toile de Jouy（朱伊紋）的大圖紋印花布運用在袋身、側身、袋底、提把上，再搭配以原色基底的印花布進行拼接而成的區塊，呈現翩然輕盈的印象。

設計・製作／きたむら恵子
20×35㎝ 作法P.73

Toile de Jouy（朱伊紋）的布料提供／有輪商店株式會社

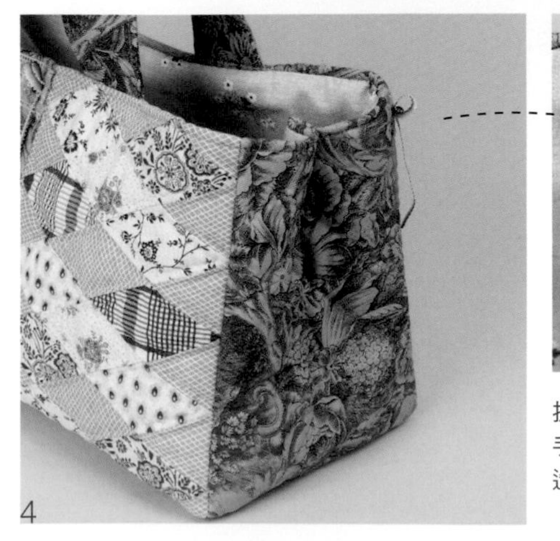

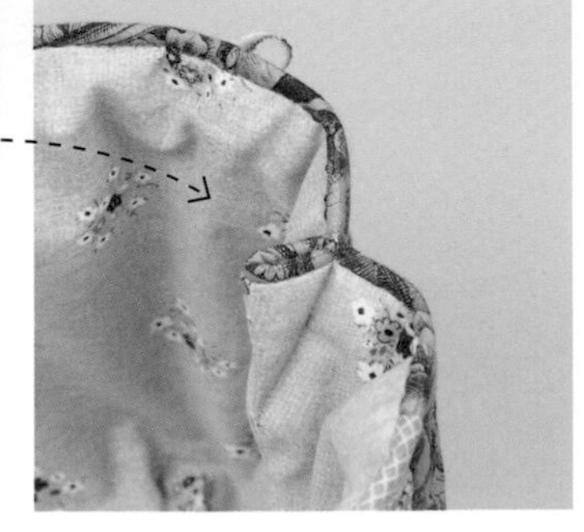

抓取脇邊後，有如尖褶般的縫合，手提使用時，就會自然形成美麗的造型。

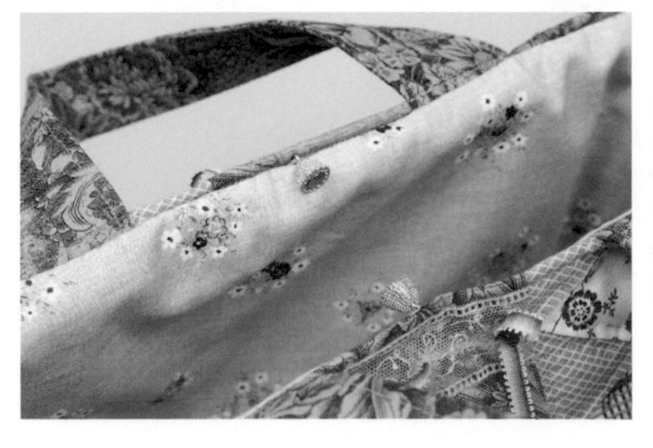

將縫成袋狀的裡袋，裝入已縫製完成的本體中，進行藏針縫。在本體的袋口處，接縫了流行時尚的磁釦。

附袋蓋斜肩小物袋

於長方形的本體上接縫拉鍊口袋，摺疊後縫製完成。服貼於身體的扁平款式，更具時尚感。

設計・製作／きたむら恵子
14×24.5cm　作法P.76

內附拉鍊口袋與開放式口袋。

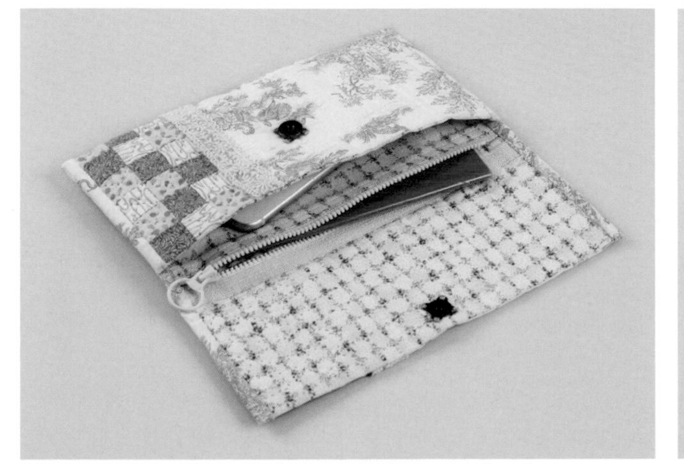

由於肩帶的吊耳是接縫於本體的後片上，因此於肩背時，可完全貼合身體動作。

內附裡袋的托特包

鬱金香刺繡的布料提供／
Textile Pantry（JUNKO MATSUDA planning株式會社）

於施作了鬱金香刺繡的棉麻布料上，接縫一片布與拼布區塊的手提袋。將與刺繡相同的鬱金香進行貼布縫之後，作成重點裝飾。於前片・後片與袋底處，黏貼上接著襯，使其更具張力。

設計・製作／鎌田朋子　24×36cm
作法P.7

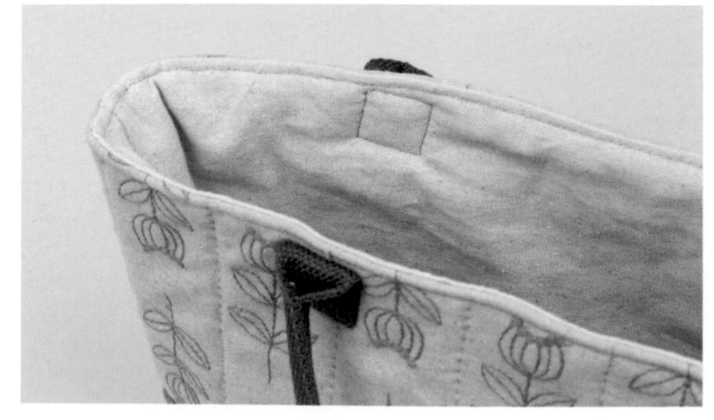

將本體與裡袋縫合之後，再縫製成袋狀，袋口處不顯鬆垮，完成俐落有型的成品。

袋底處黏貼了厚型接著襯。

前片・後片上黏貼了薄型接著襯。

手提袋

材料

相同 各式貼布縫用布片 A（或C）用布40×35cm 袋底用布30×15cm 裡袋用布、鋪棉、胚布各100×30cm 薄型接著襯80×25cm 厚型接著襯30×10cm 長45cm提把1組 5號、25號繡線各適量

No.5 B用布40×15cm

No.6 各式D用布片

作法順序

拼接布片A與B（No.6為拼接布片D之後，再於布片C上進行貼布縫），進行貼布縫與刺繡（參照P.103）之後，製作前片與後片的表布→疊放上鋪棉與胚布之後，進行壓線→依照相同方式將袋底進行壓線→縫製本體→接縫提把。

※原寸貼布縫圖案與No.6的曲線為原寸紙型A面⑦。

No.5 前片・後片

提把接縫位置 中心 僅限前片貼布縫 2.7 A 刺繡 4.2 14 24 人字繡（5號） 1.5 B 10 脇 脇邊 36

No.6 前片・後片

提把接縫位置 中心 僅限前片貼布縫 2.7 C 刺繡 4.2 貼布縫 14 落針壓線 D 11.5 10 3 脇邊 脇邊 36 沿著接縫處進行輪廓繡（5號）

※裡袋與本體相同尺寸（裁剪得再小一些）

袋底

中心 2.5cm 菱格壓線 袋底中心 10 26

提把的接縫方法

中心 5.5 5.5 0.5 3 0.2 稍微斜放接縫 縫合 （正面）

本體的縫製方法

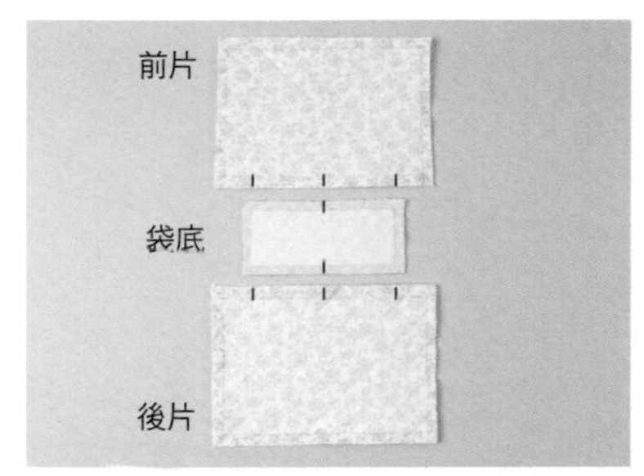

1 準備已壓線完成的前片・後片與袋底。使用熨斗將薄型接著襯燙貼於前片・後片上，厚型接著襯燙貼於袋底上。

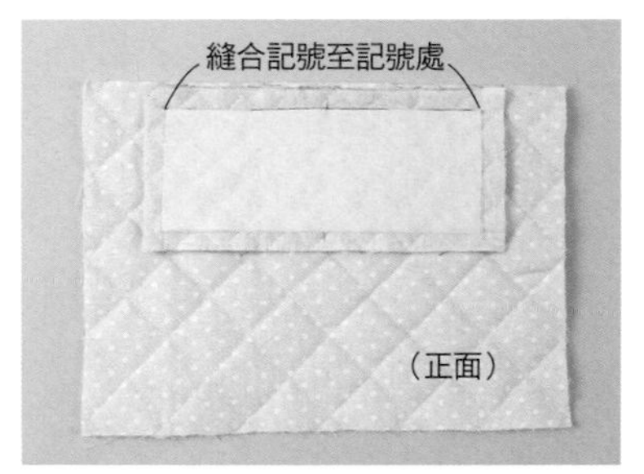

2 將前片與側身正面相對疊合，將記號處與中心對齊後，以珠針固定，再由記號處縫合至記號處。後片亦以相同方式縫合。

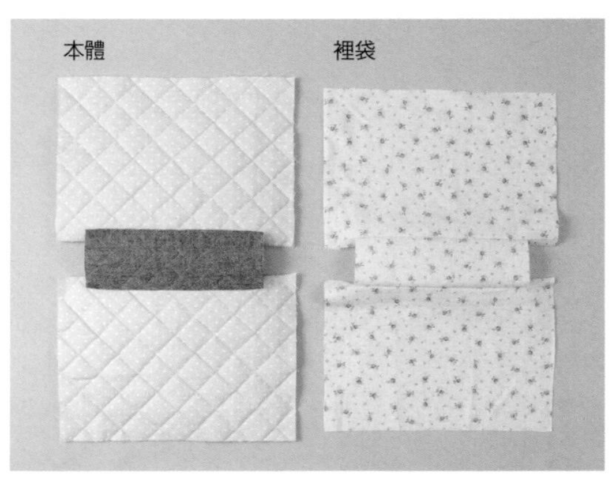

3 依照本體的相同方式，縫合裡袋的前片・後片與袋底。為避免裡袋寬鬆過大，全體請以小3至4mm的尺寸進行裁剪較佳。

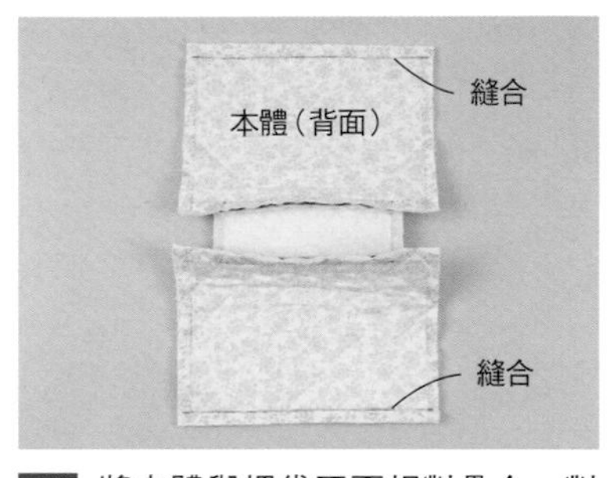

4 將本體與裡袋正面相對疊合，對齊上下側的袋口記號，以珠針固定，並由布端縫合至布端。

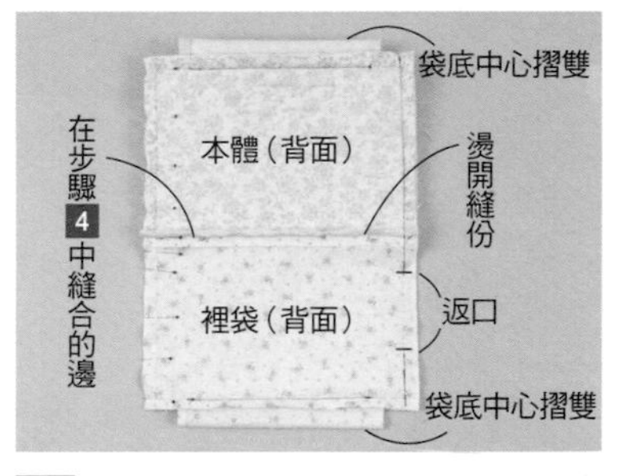

5 首先，分別將本體與裡袋於袋底中心處摺疊，並將步驟4中已縫合的部分對齊。接著，對齊兩側脇邊的記號，以珠針固定後，再進行車縫。僅限單邊預留返口，縫合。

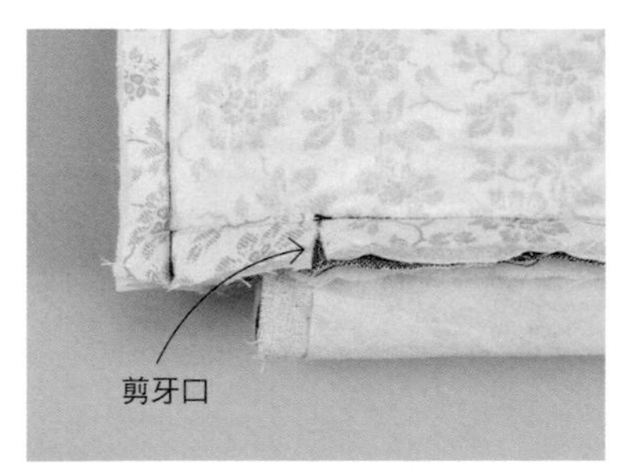

6 在與本體的袋底縫合固定的前片・後片的邊角縫份處，以剪刀剪牙口。

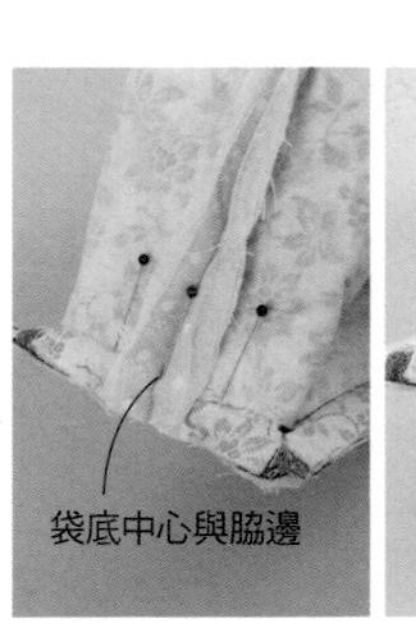

7 縫合側身。將袋底中心與脇邊對接後，對齊記號處，以珠針固定，再進行車縫。

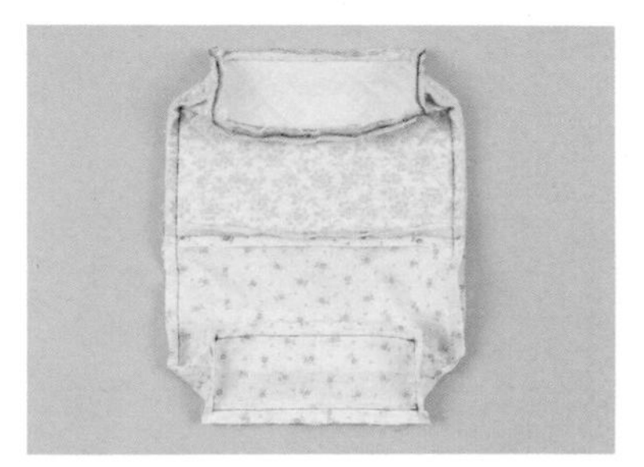

8 依照相同方式縫合裡袋的側身。

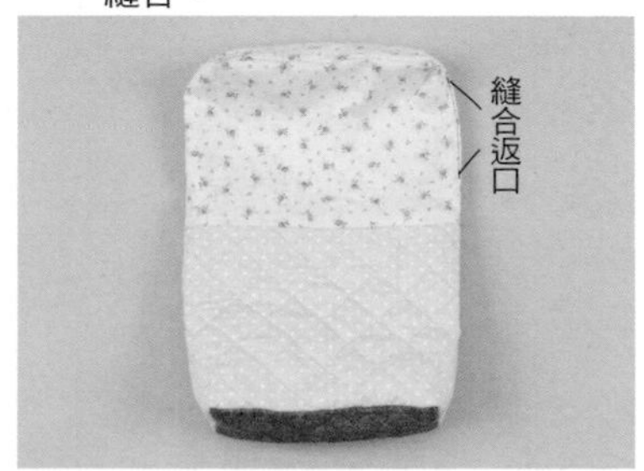

9 由返口翻至正面。將返口的縫份往內摺，車縫布端。

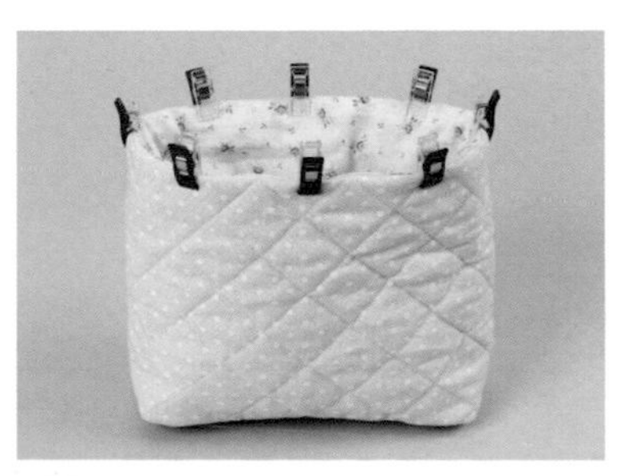

10 將裡袋裝入本體中，整理形狀，使裡袋稍微往內退縮，以強力夾固定袋口處。

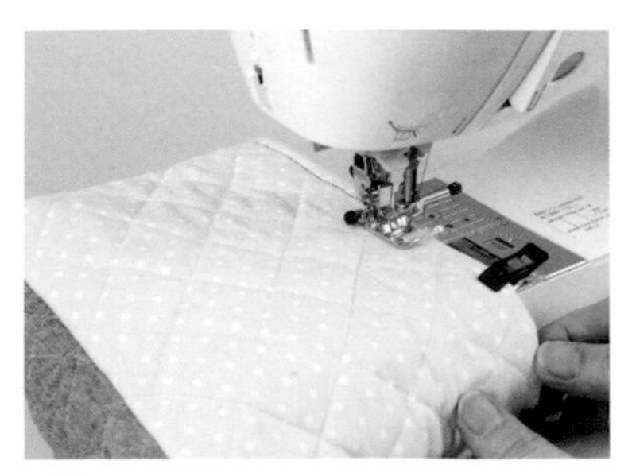

11 將縫紉機設定成自由臂功能，車縫袋口邊端，使縫份保持平整。

氣球造型手提袋

併接8片已進行拼接及貼布縫的頂端尖尖的縱長形部件，縫製成圓滾滾氣球造型的樣式。於袋口處抓取褶襉，使其縮口收束。

設計・製作／熊谷和子（うさぎのしっぽ）
24×26㎝　作法P.68

將袋底作成如圖所示的形狀。
若直接放入物品，袋子會變形，
裝入正圓形的底板，可保持美麗的形狀。

剪接設計手提袋

大花樣的花朵圖案與四角形併接的曲線剪接，顯得時髦有型的設計。
側身黏貼厚型接著襯進行壓線，並於袋身的裡布上黏貼接著襯，使全體得以維持張力。
袋身與側身的縫份，則是於側身上接縫裡布隱藏。

設計・製作／熊谷和子
30.5×26㎝　作法P.72

縫份收邊的處理方法

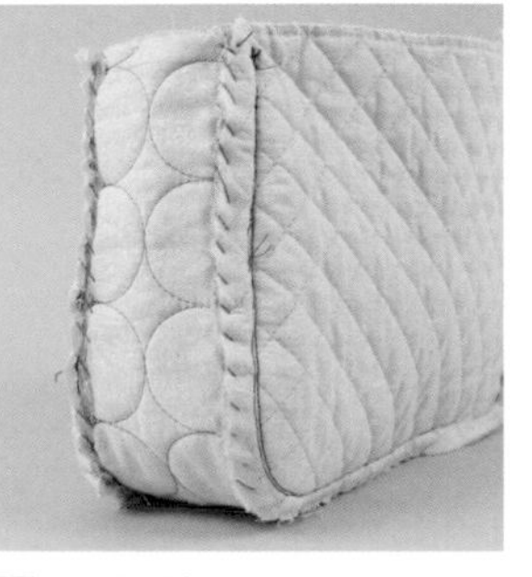

1 將縫份倒向側身，稀疏地進行藏針縫（實際於袋身上接縫裡布）。

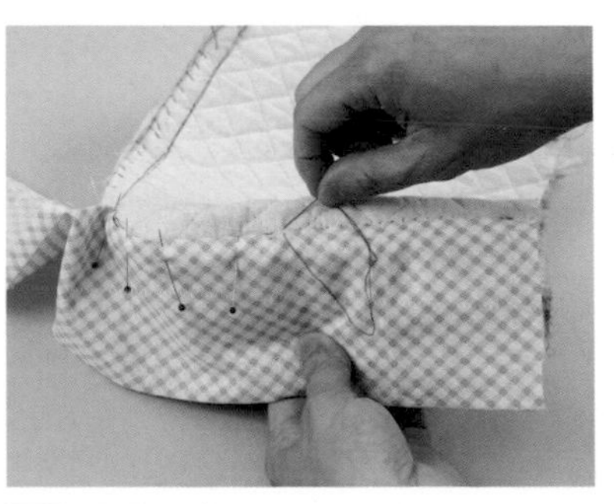

2 準備與側身相同尺寸的裡布，疊放於側身上，以珠針固定，進行藏針縫。

內附口袋的尖褶包

在抓尖褶的素面淺駝色本體與提把的襯托下，使四角形併接的口袋更顯耀眼。將表布與胚布正面相對縫合的前片與後片，以捲針縫進行縫製。

設計・製作／山本輝子　33×43㎝
作法P.74

將前片與後片的脇邊上部的上方稍微打開，進行捲針縫，可使袋口處呈現大幅度的開啟狀態。

釦絆的磁釦為了能夠固定在口袋處，因此製作成長版設計。

以外滾邊縫製完成的方形手提袋

將前片・後片與側身背面相對疊合，並以滾邊進行收邊處理。在藍色的摩登印花布上，搭配單一色調的素布，營造大人風印象。直條紋的拼接與黑色的滾邊，強調俐落有型的設計感。

設計・製作／松尾 綠　16×22cmcm

作法P.78

藍色大花樣印花布提供／Textile Pantry（JUNKO MATSUDA planning株式會社）

滾邊的邊角是以邊框縫製完成美麗的作品。

10

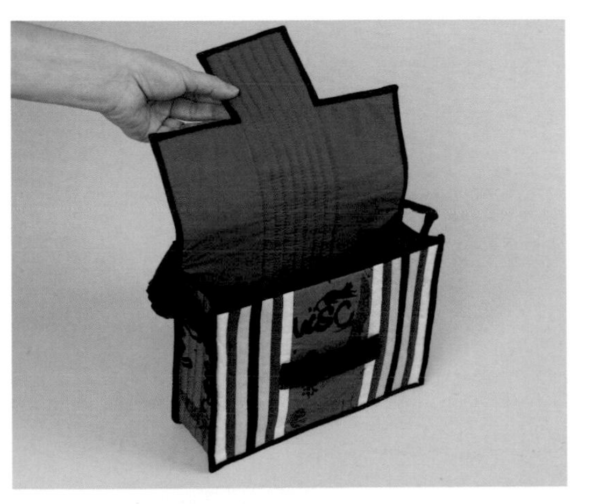

後片與袋蓋為一體延伸的設計。後片則是將插入部分的併接帶狀布與藍色的布料縫合而成。

以捲針縫縫製本體的手提袋

以捲針縫將表布與胚布，正面相對縫合的袋身與側身，進行縫製而成。百合花的貼布縫與曲線，詮釋女性柔美的一面。

設計／秋田景子　製作／石岡睦子
27×35㎝　作法P.13

11

將所有表布挑針，進行捲針縫之後，再將所有胚布以梯形縫牢牢地縫合固定，能讓接縫處看起來更加整齊美觀。

曲線部分製作成口袋。同樣以正面相對縫合縫製，置放於本體上，以藏針縫固定。

手提袋

材料

各式口袋用貼布縫用布　A用布40×30cm　B用布30×10cm　C用布90×30cm（包含側身部分）　鋪棉、肚布（包含襠布部分）各95×45cm　長45cm提把1組　25號橘色、象牙白、茶色繡線各適量

作法順序

製作2片袋身、側身、2片口袋，縫製本體→置放上口袋之後，進行藏針縫→接縫提把。

※袋身與口袋原寸紙型B面⑮。

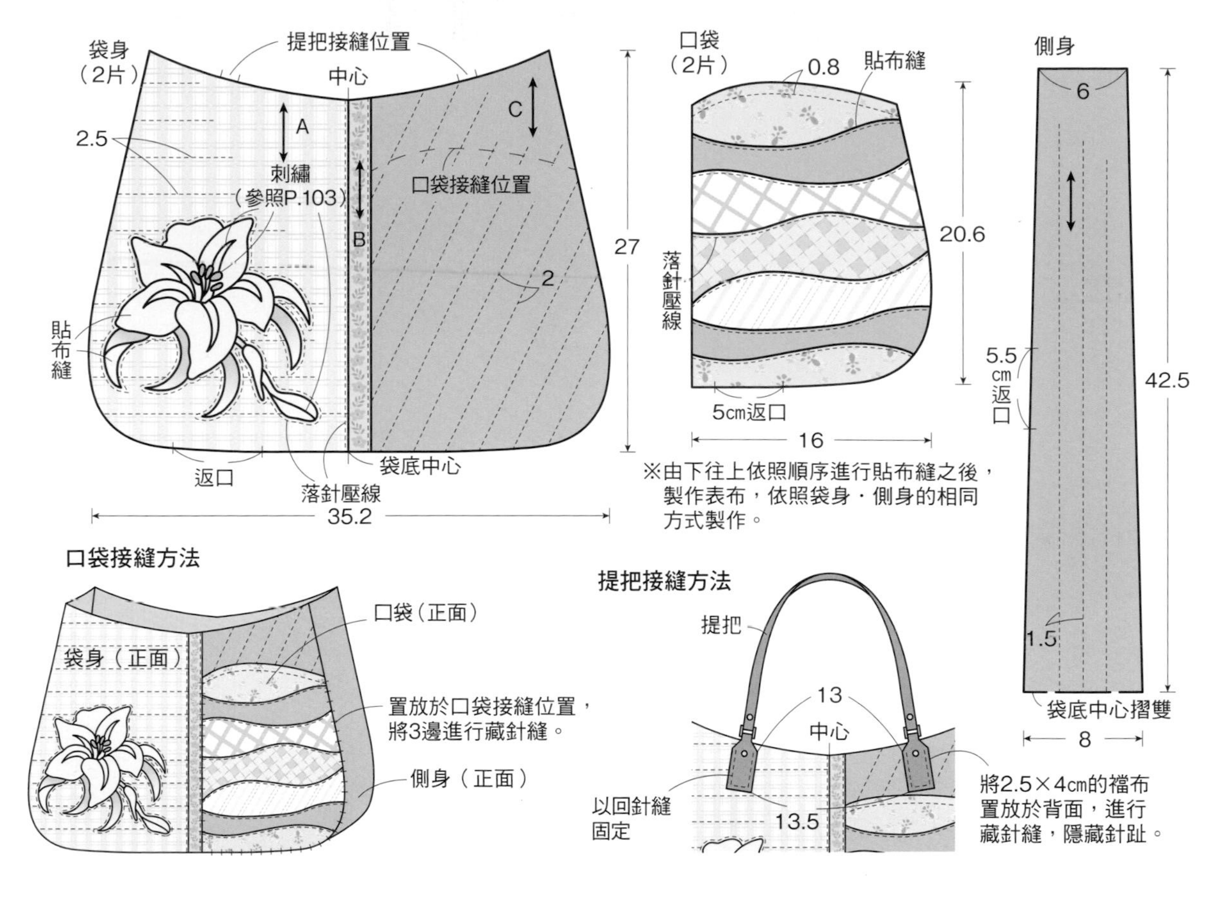

本體的縫製方法

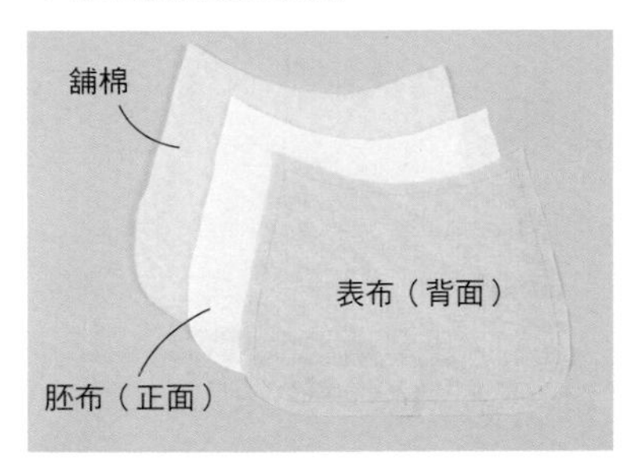

1 將已貼布縫及拼接完成的表布與相同尺寸的胚布正面相對疊合，疊放上鋪棉。

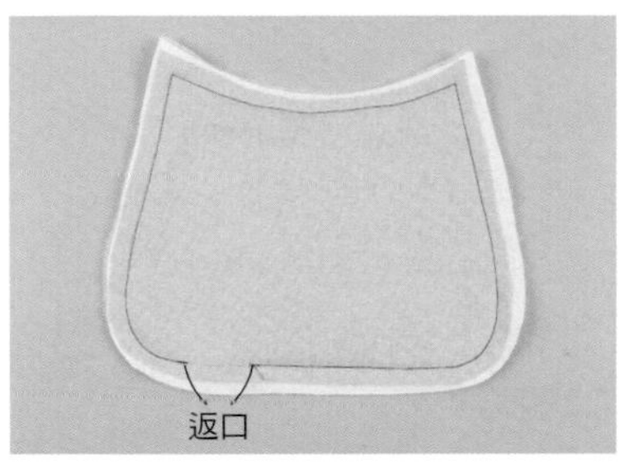

2 以珠針固定，預留返口之後，車縫周圍的記號。

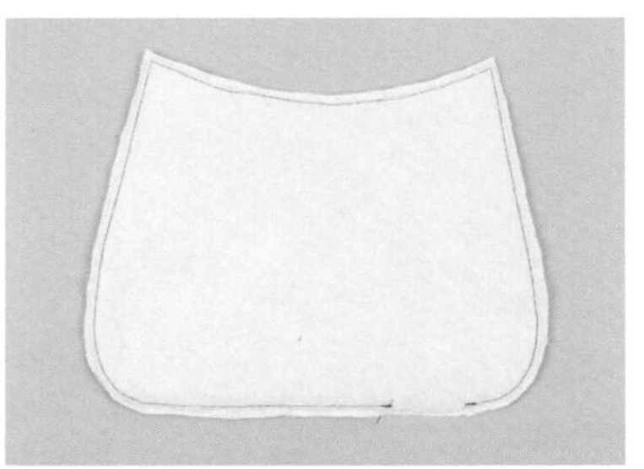

3 在針趾邊緣裁剪鋪棉，並將縫份裁剪得整齊一致。凹入部分的縫份處剪牙口。

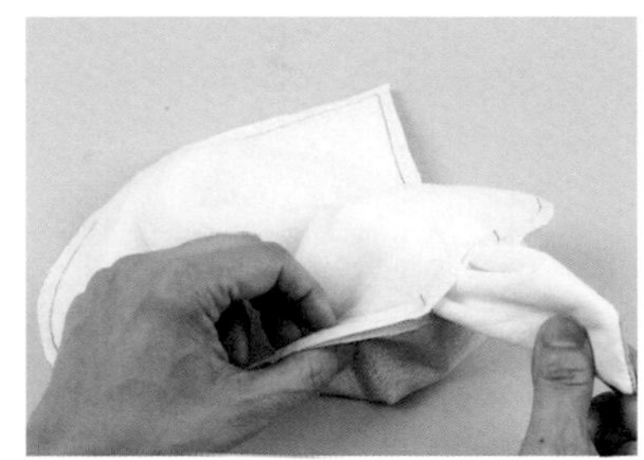

4 從返口翻至正面。

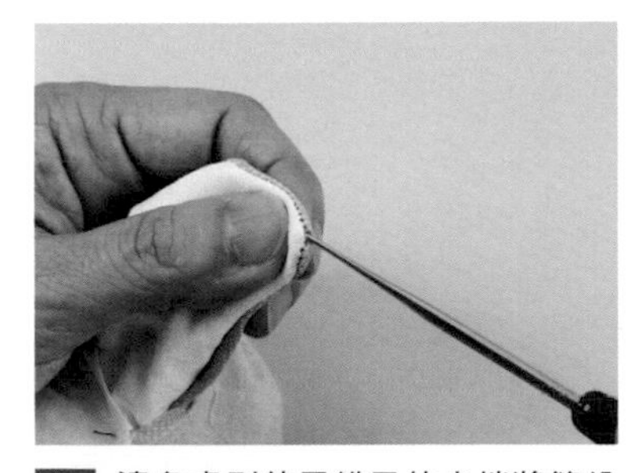

5 邊角處則使用錐子的尖端將縫份拉出之後，整理形狀。

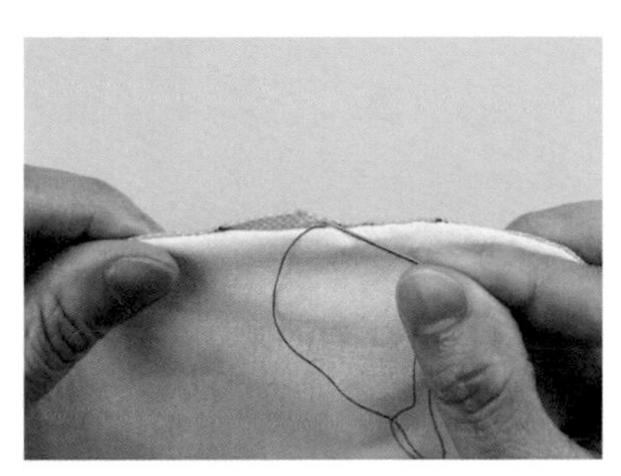

6 將返口的縫份往內摺，以梯形縫縫合固定。以熨斗整燙理出形狀。

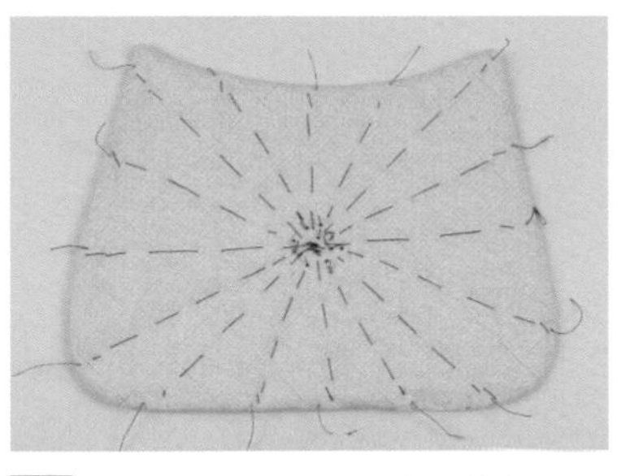

7 畫上壓線線條，由中心往外，呈十字形→放射狀，進行疏縫。

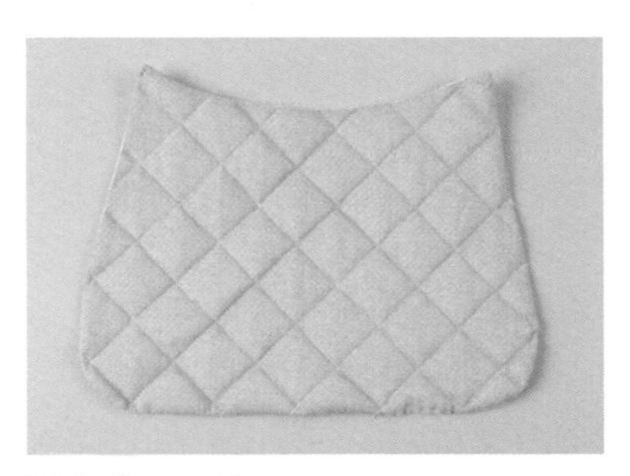

8 進行壓線。

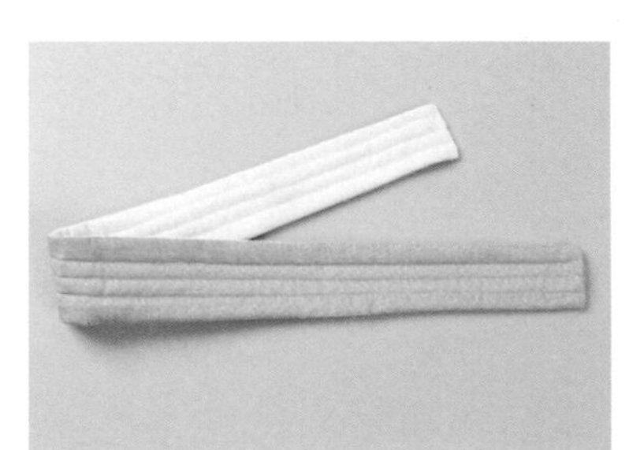

9 依照相同方式，製作側身。

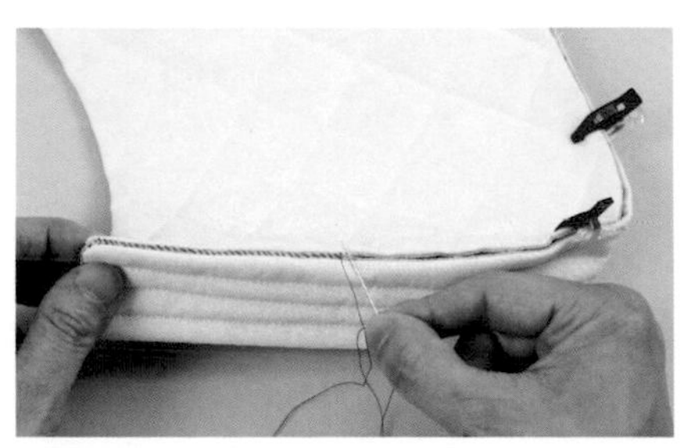

10 將袋身與側身正面相對疊合，對齊袋底中心的記號處與袋口端，再將邊端對接之後，以強力夾固定。首先，挑針所有表布，進行捲針縫。稍微用力拉緊縫線。

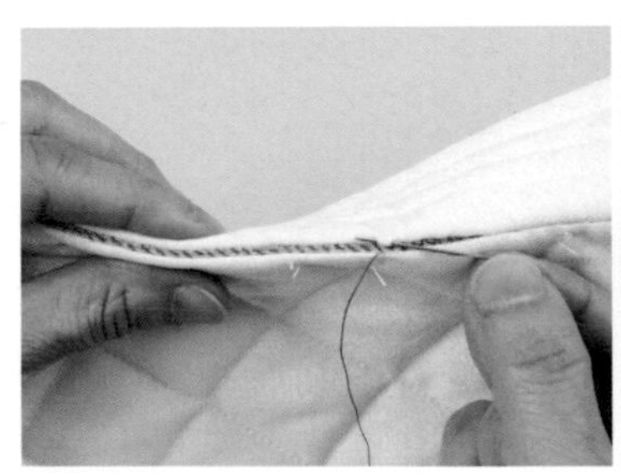

11 接著，挑針所有胚布，進行梯形縫。待挑針數次之後，拉緊縫線，將布端縫合固定。

12

以外滾邊縫製完成的弧邊曲線肩背包

使用樸素雅淨的先染布，將單一色調的大波斯菊，進行貼布縫而成的手作包。將袋身與側身背面相對疊合縫合後，以外滾邊進行收邊處理，並將袋口進行滾邊之後，縫製完成。

設計・製作／信國安城子　24.5×23㎝
作法P.15

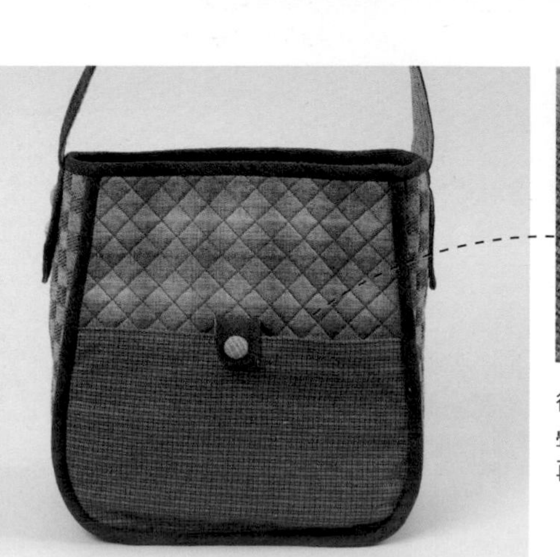

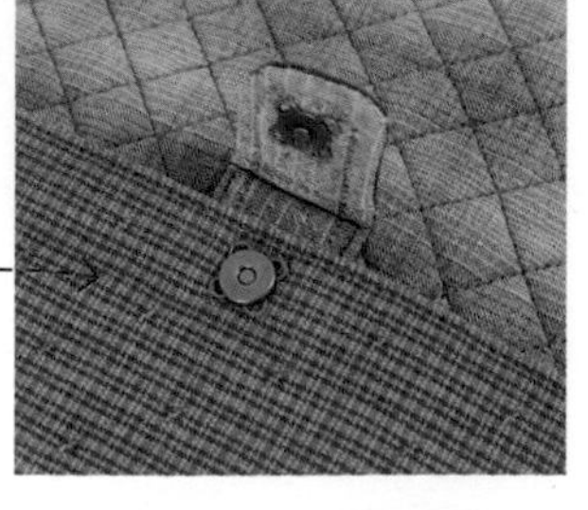

後片是於一片布上進行壓線，疊放上口袋布之後，再接縫磁釦的釦絆。

為使袋口的滾邊整齊美觀，將外滾邊的上部倒向側身側之後，進行藏針縫。

肩背包

材料

各式貼布縫用布片、A至E用布、包釦用布 側身用布70×15㎝ 後片用布30×30㎝ 口袋表布30×20㎝ 滾邊用布90×55㎝（包含提把表布、釦絆表布部分） 提把裡布50×15㎝（包含釦絆裡布部分） 鋪棉75×50㎝ 胚布110×50㎝（包含口袋裡布部分） 直徑1.5㎝包釦用芯釦 3顆 直徑1.2㎝ 包釦用芯釦 2顆 直徑1㎝ 磁釦 2組（手縫型） 8號繡線適量

作法順序

拼接布片A至E，進行貼布縫與刺繡之後，製作前片的表布→疊放上鋪棉與胚布之後，進行壓線→將後片與側身依照相同作法進行壓線→製作口袋、釦絆。

提把→於後片接縫釦絆，置放上口袋之後，進行疏縫固定→縫製本體→參照圖示，接縫提把，縫製完成。

※前片・後片原寸紙型B面③。

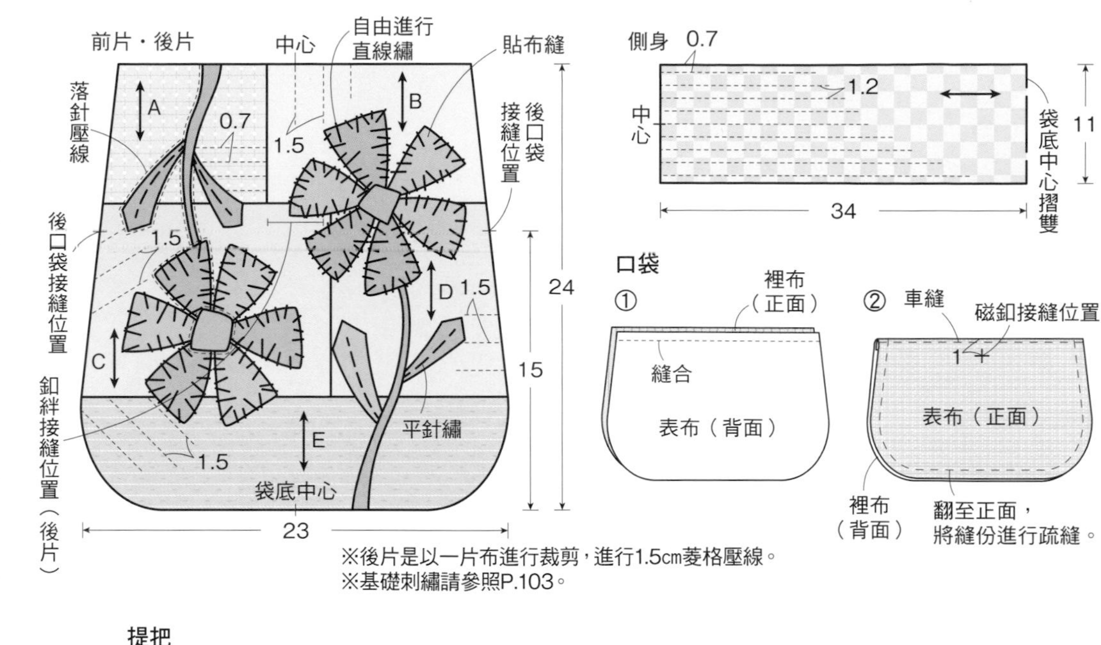

※後片是以一片布進行裁剪，進行1.5㎝菱格壓線。

※基礎刺繡請參照P.103。

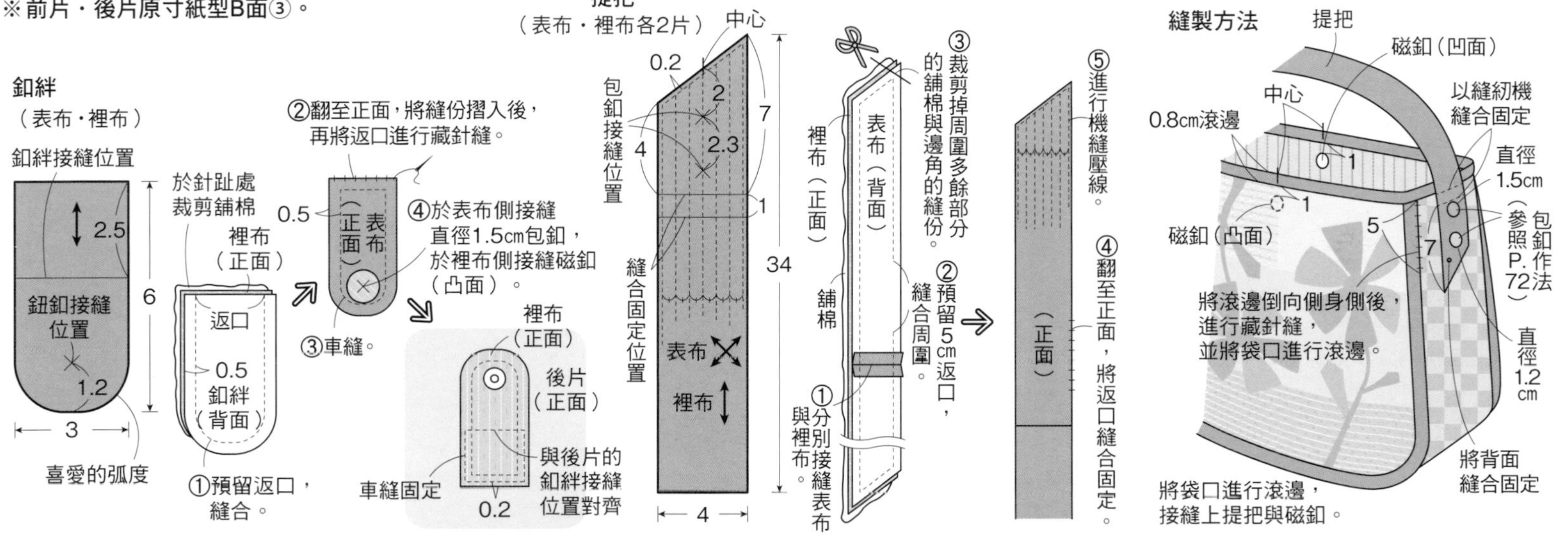

本體的縫製方法

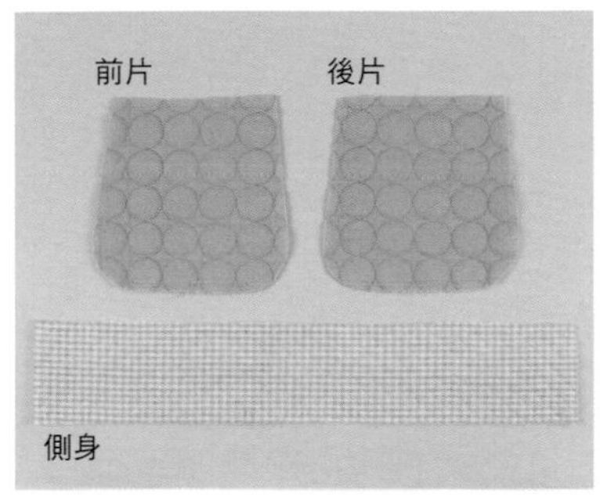

1 準備已壓線完成的前片・後片、側身。僅限於正面上描繪周圍的完成線。

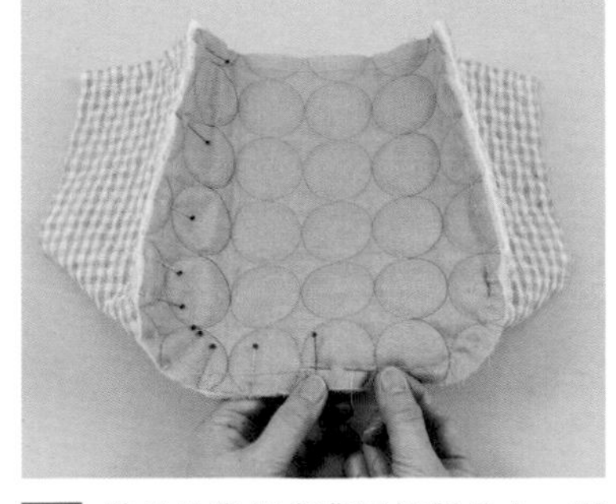

2 將前片與側身背面相對疊合，對齊記號與中心處，以珠針固定，進行疏縫。

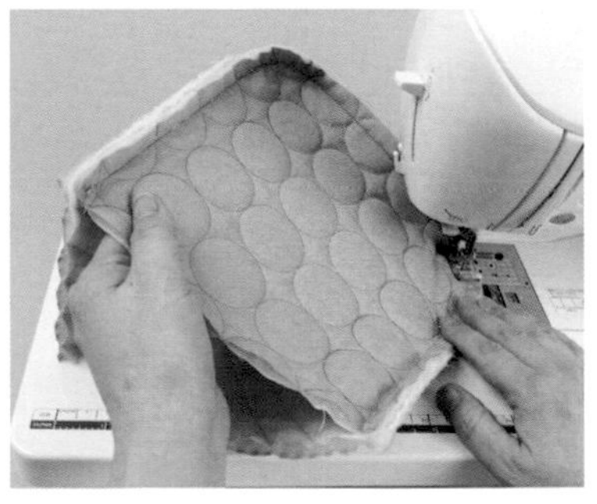

3 將前片朝上，車縫記號處。弧線部分請往上抬起，再慢慢地繼續往前縫合。

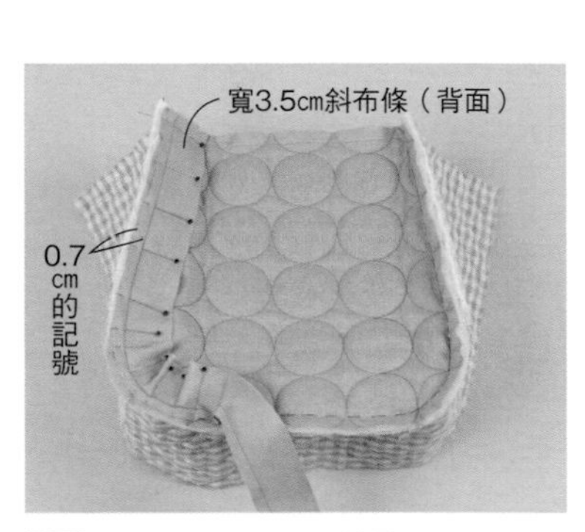

4 將斜布條正面相對疊合，對齊記號處，以珠針固定。圓弧部分則密集地以珠針固定。

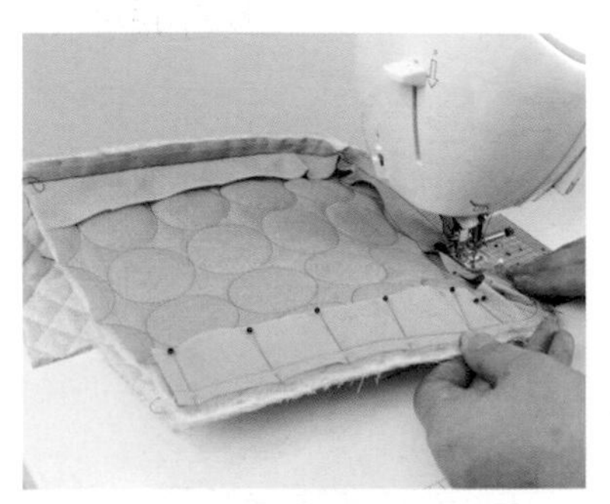

5 縫合斜布條的記號處。珠針請於縫合前移除。

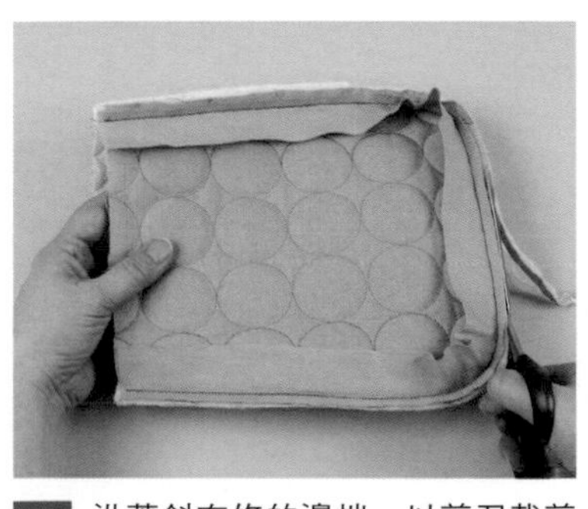

6 沿著斜布條的邊端，以剪刀裁剪掉多餘縫份。

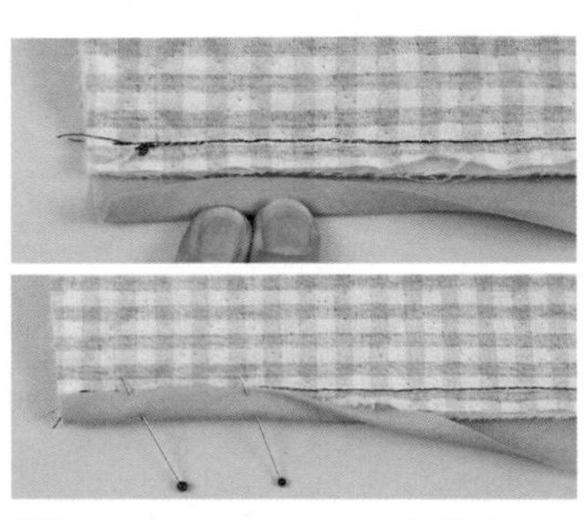

7 將斜布條翻至正面，包捲縫份，以珠針固定。

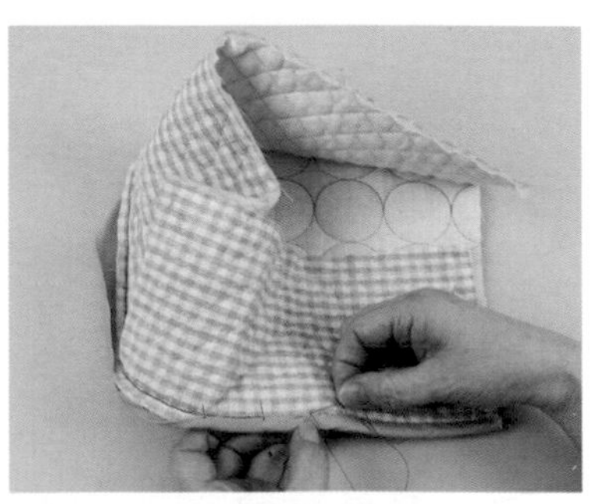

8 一邊以手指牢牢地按住斜布條，一邊進行藏針縫。後片亦以相同方式縫合。

拼布包小技巧 手提袋包繩滾邊的接縫方法與口布的接縫方法

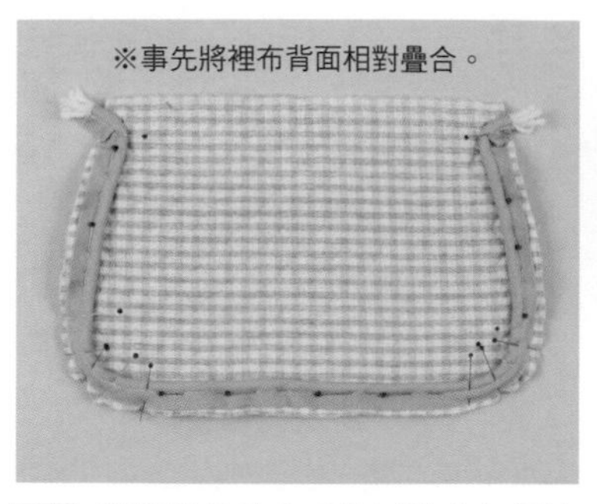

1 沿著前片的完成線置放上包繩滾邊，以珠針固定。接縫始點與接縫止點則往外側錯開。

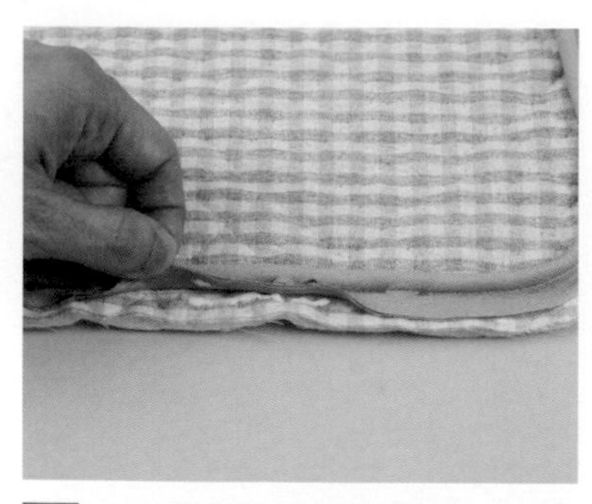

2 以手藝用黏著劑進行黏接。如圖所示，於前片的縫份上塗抹黏著劑，黏接包繩滾邊。

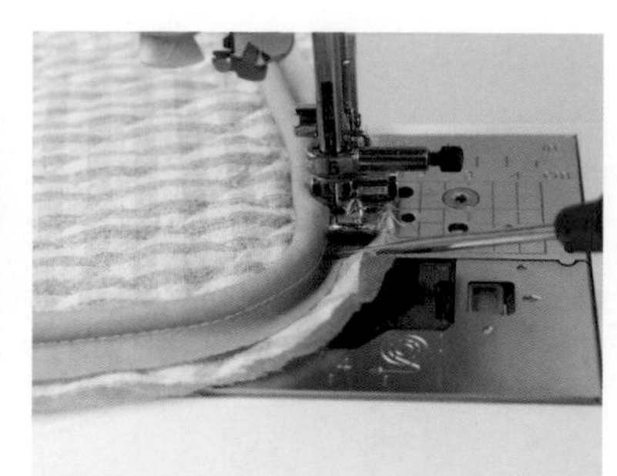

3 待黏著劑乾燥之後，縫合包繩滾邊的針趾上方（使用拉鍊壓布腳）。縫合前只要以錐子壓住，即可輕鬆車縫。

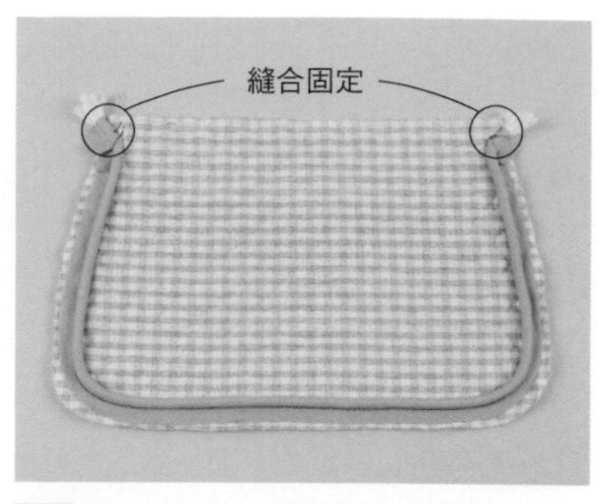

4 為了避免接縫始點與接縫終點的錯開部分產生移動，請事先縫合固定。

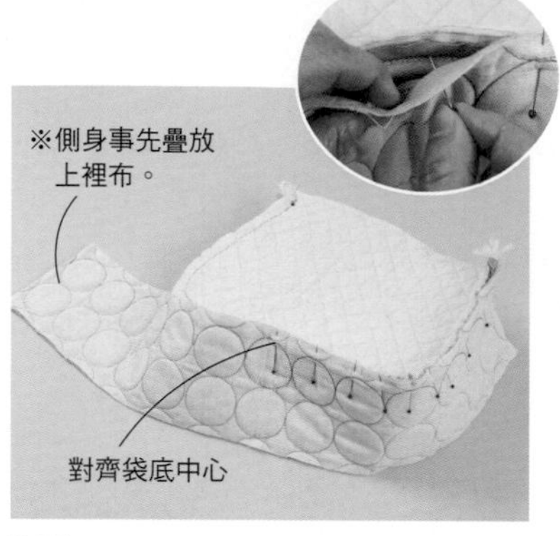

5 準備已壓線完成的前片與側身，將側身朝上，正面相對疊合後，對齊記號處，以珠針固定。包繩滾邊的針趾亦請確實對齊。

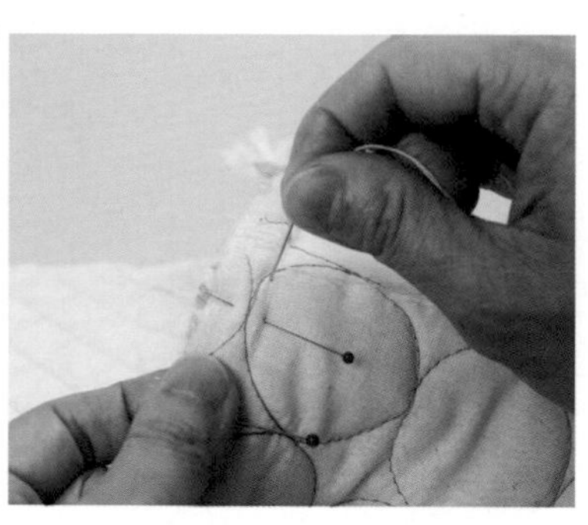

6 將記號的上方進行疏縫。由於縫份具有厚度，因此請以每針垂直出針入針的上下挑針縫（一上一下交錯方式）進行縫合。

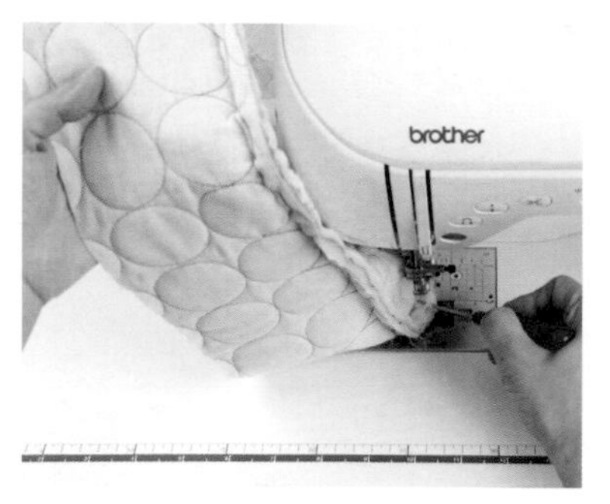

7 將前片朝上，車縫記號處。弧線部分請往上抬起，再慢慢地繼續往前縫合。

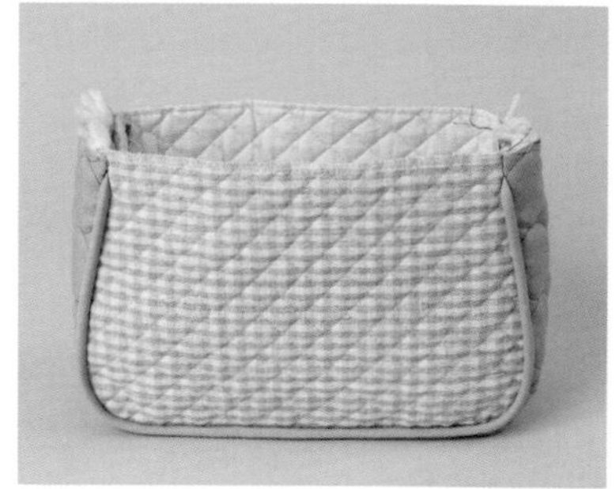

8 後片亦以相同方式縫合，製作本體。縫份則以斜布條包捲，進行收邊處理。

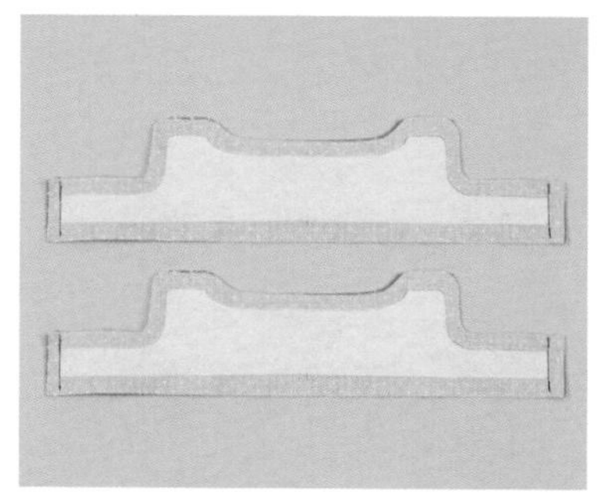

9 準備4片口布，並於背面黏貼上原寸裁剪的接著襯。將2片正面相對疊合，以珠針固定後，縫合兩端，接合成圈狀。製作2片。

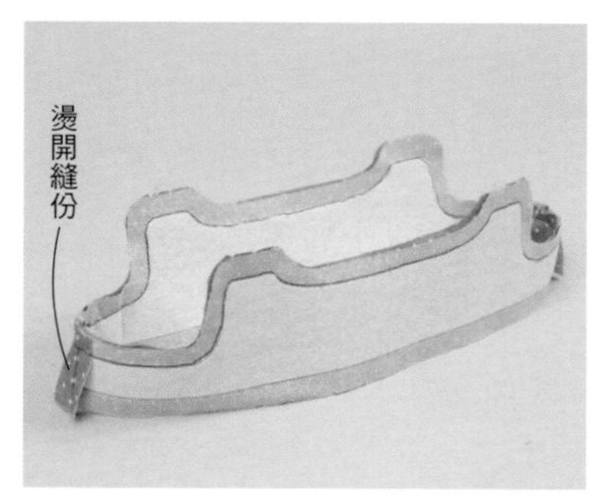

10 燙開縫份，將2片正面相對疊合，以珠針固定後，將上部縫合一圈。

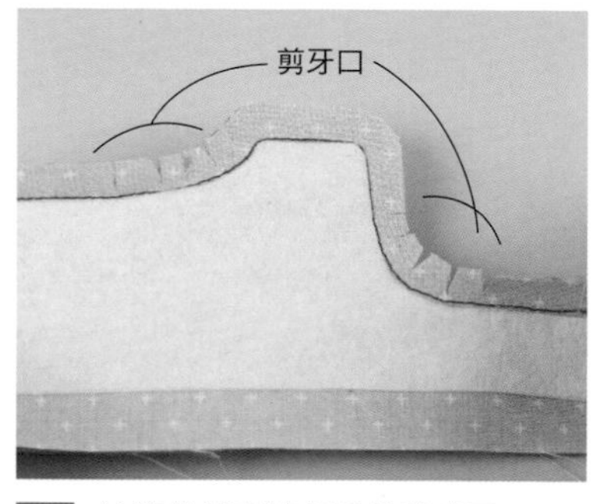

11 於縫份的弧線部分剪數處牙口。

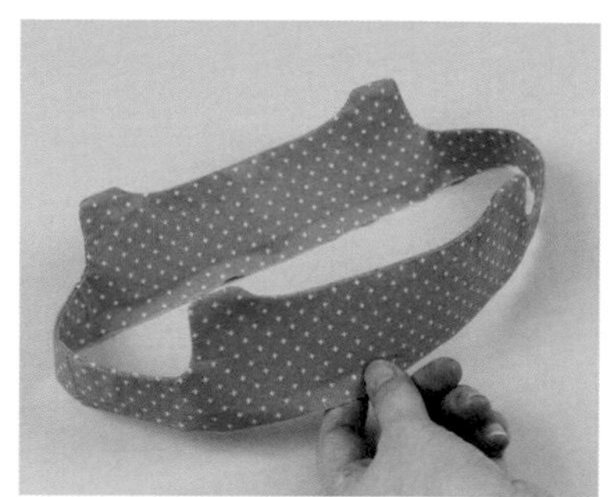

12 翻至正面，以熨斗整燙形狀。將上部的周圍進行車縫。

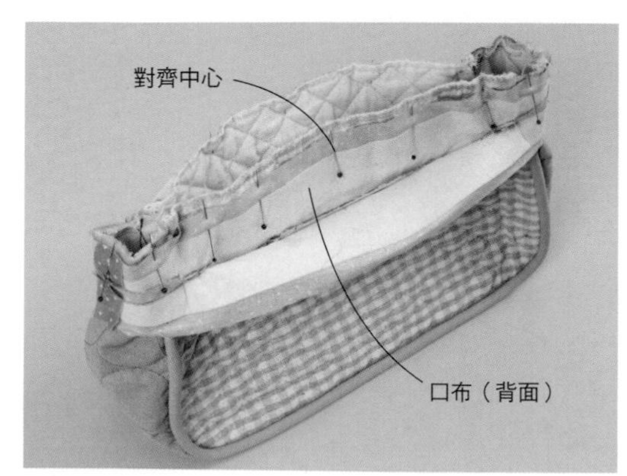

13 掀開口布，並與本體的袋口正面相對疊合後，對齊記號，以珠針固定。

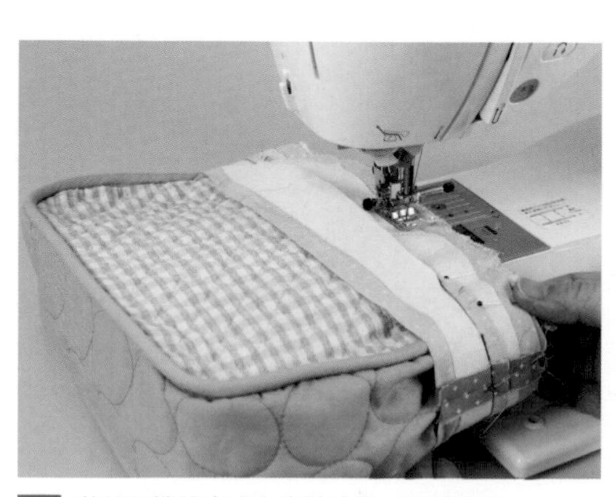

14 將縫紉機設定成自由臂功能，進行縫合。

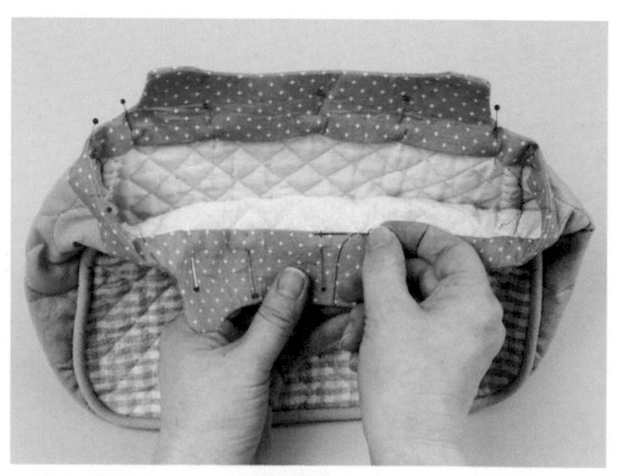

15 將掀開的口布恢復原狀，並將縫份摺入後，以珠針固定，進行藏針縫（實際上包夾上蓋）。

拼布包小技巧 手提袋口布的接縫方法

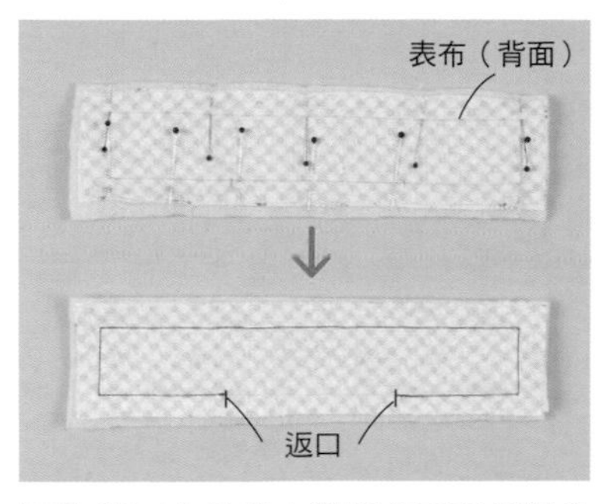

1 將口布的表布與胚布正面相對疊合，再疊放上相同尺寸的鋪棉，並以珠針固定，預留返口，縫合周圍。

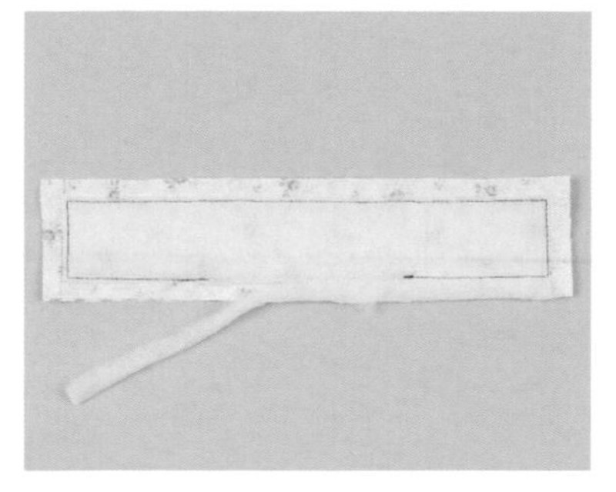

2 沿著針趾處，以剪刀裁剪鋪棉。

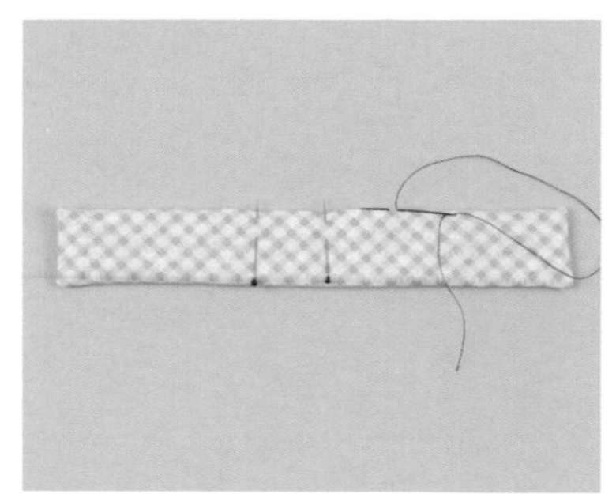

3 由返口翻至正面，將返口的縫份摺入後，以梯形縫縫合固定。

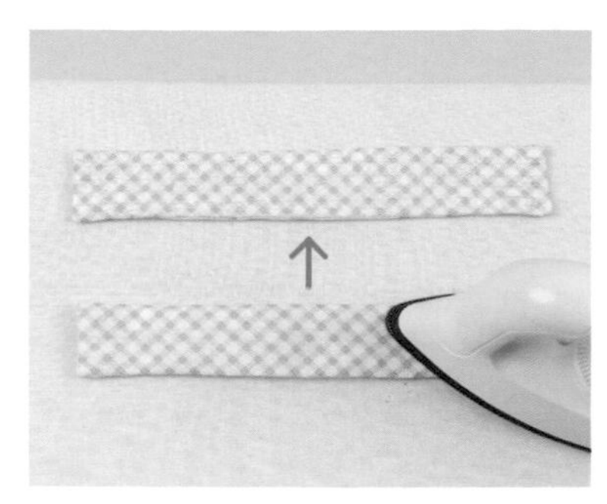

4 以熨斗整燙，理出形狀。描繪壓線線條，進行疏縫。

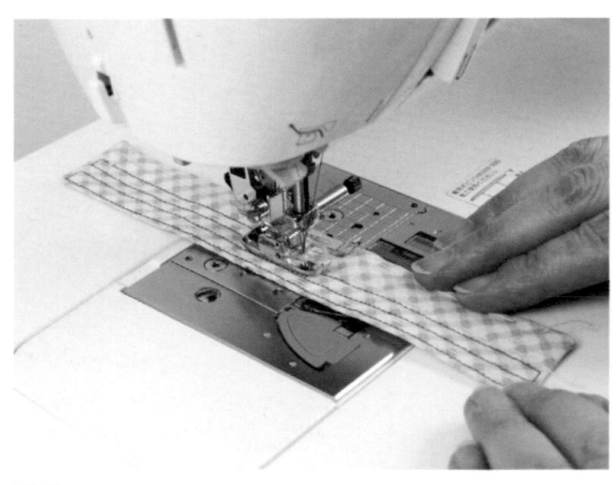

5 縫合記號處。不剪線，直接依照一筆畫的要領，縫合至最後。製作2片口布。

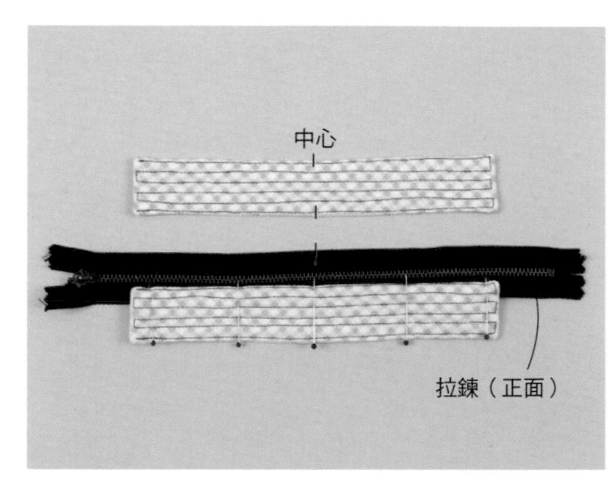

6 將口布置放在拉鍊的正面上，對齊中心，以珠針固定。

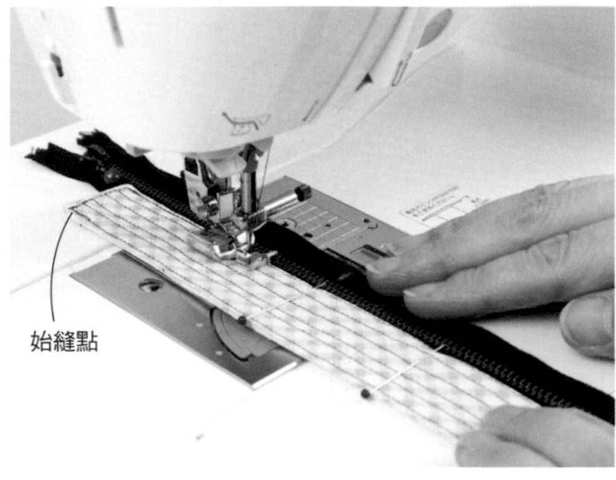

7 設定成拉鍊壓布腳，由口布的邊角處開始車縫，將壓線的針趾上方縫成ㄇ字形。

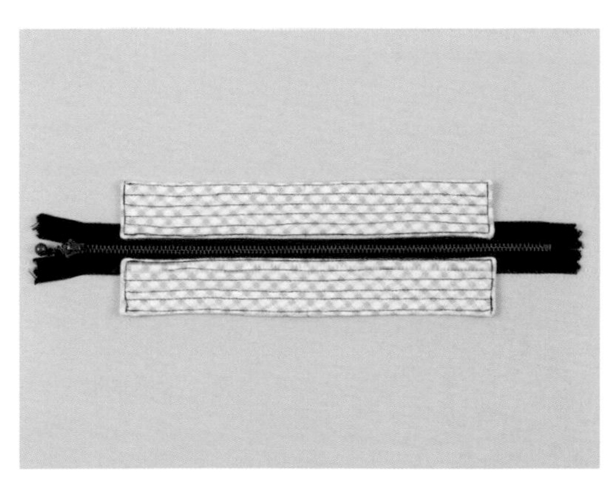

8 另1片口布亦以相同方式縫合。

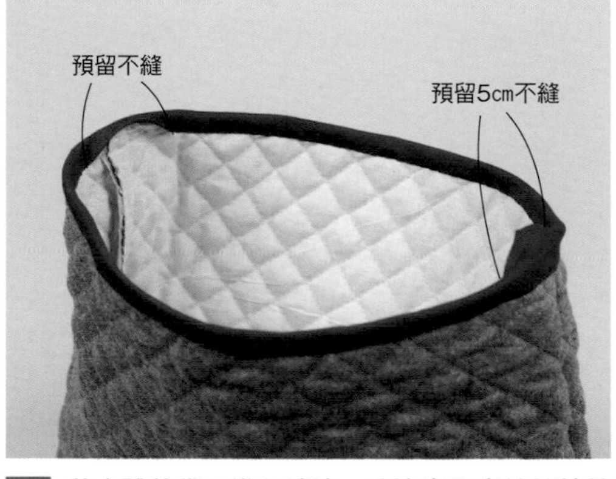

9 將本體的袋口進行滾邊。脇邊處用來接縫拉鍊邊端的部分，則事先預留不作藏針縫。

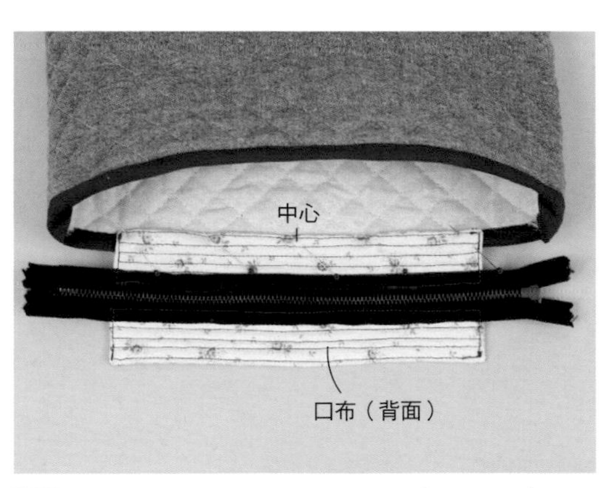

10 將滾邊的脇邊與口布的邊端對齊，並對齊中心處，以珠針固定（此處省略提把）。

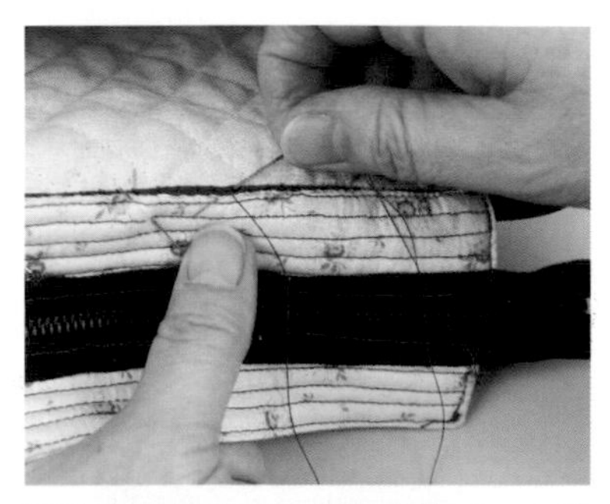

11 將滾邊與口布的脇邊挑針，由邊端進行藏針縫至邊端。

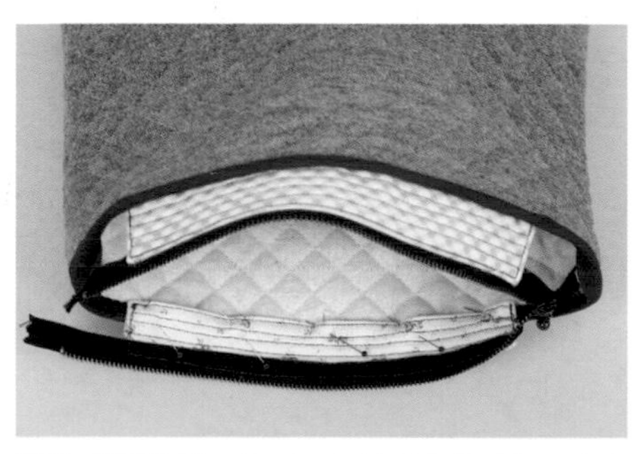

12 拉開拉鍊，將另一側的口布依照相同方式以珠針固定，進行藏針縫。

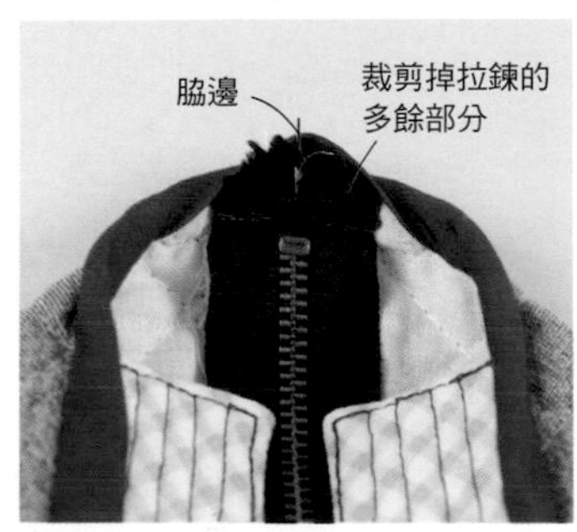

13 將本體的脇邊與拉鍊的中心對齊，以珠針固定後，再以回針縫縫合。

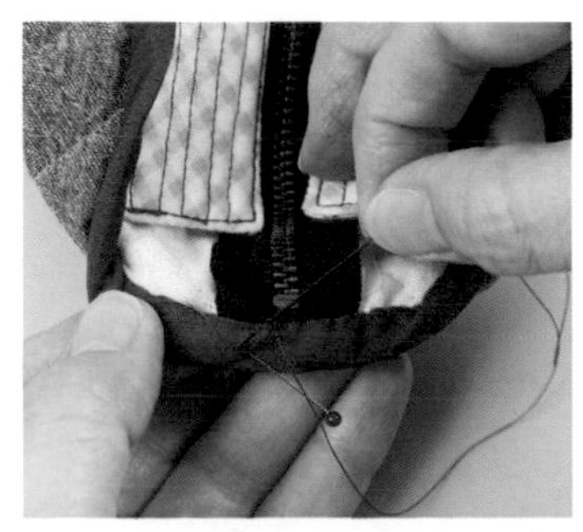

14 以預留未藏針縫部分的滾邊帶包捲縫份，以珠針固定，進行藏針縫。

攝影／ 山本和正　插圖／木村倫子

彩繪聖誕節的拼布

除了製作裝飾房間的壁飾之外，還製作了花圈、節慶掛飾、成套餐具組等，讓人忍不住想要使用的眾多單品。
不妨和朋友及家人聚在一起，一同度過快樂的時光吧！

聖誕樹壁飾

除了樹幹部分以外，其餘皆以「小木屋」表布圖案組合而成，勾勒出冷杉樹的模樣。冷杉樹的鋸齒狀花樣栩栩如生。可取代聖誕樹作為裝飾，別有一番風趣。

設計・製作／橋本直子　138.5×107㎝　作法P.82

內附提把的小物收納盒

將「六芒星」圖案橫向排列，充滿聖誕節色彩的小物收納盒，是一款每逢聖誕季節就讓人想要使用的單品。光是用來收納聖誕樹小掛飾作為擺飾，就搖身成為美麗的家飾品。

設計・製作／西澤まり子
13.5×20×14㎝

小物收納盒

●材料

各式拼接用布片 C用綠色印花布70×10㎝ C用白色印花布70×20㎝（包含布片A部分） 袋底用布25×20㎝ 寬3㎝斜布條250㎝ 鋪棉、胚布、裡袋各100×20㎝ 並太毛線400㎝ 直徑0.3㎝ 棉繩80㎝

1. 拼接布片、進行壓線之後，製作袋身與袋底。

袋身　後中心　落針壓線　提把接縫位置　脇邊　前中心　C　A　B　※兩端約保留5㎝暫不壓線。

1.5　6　6　7　13　1.5　4　64　68　鋪棉　胚布

2. 將袋身縫合成圈狀。

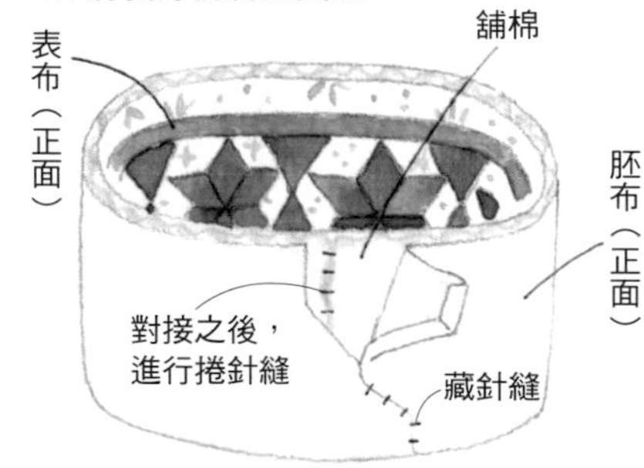

將表布正面相對疊合後，縫合，並依照鋪棉、胚布的順序縫合，再進行剩餘部分的壓線。

提把

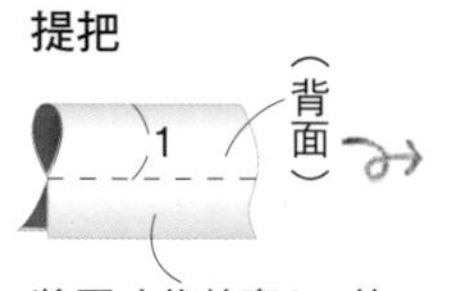

將原寸裁剪寬3㎝的斜布條100㎝正面相對摺疊後，縫合。

翻至正面，穿入4條毛線。

（正面）

每16㎝裁剪成6條，進行三股編。

3. 將袋身與袋底正面相對縫合。

縫合　脇邊　袋底（背面）　中心　於袋身上接縫包繩滾邊　袋身（背面）

※在圓弧部分縮縫袋身。

包繩滾邊

縫合　（正面）　3×75㎝（原寸裁剪）

一邊裝入直徑0.3㎝棉繩，一邊縫合。

袋底　中心　鋪棉　胚布（背面）　脇邊　2　2　14

半徑4㎝的圓弧

20

※裡袋為相同尺寸。

4. 將原寸裁剪寬3㎝的斜布條縫合固定於袋口處，接縫提把後，裝入裡袋，進行藏針縫。

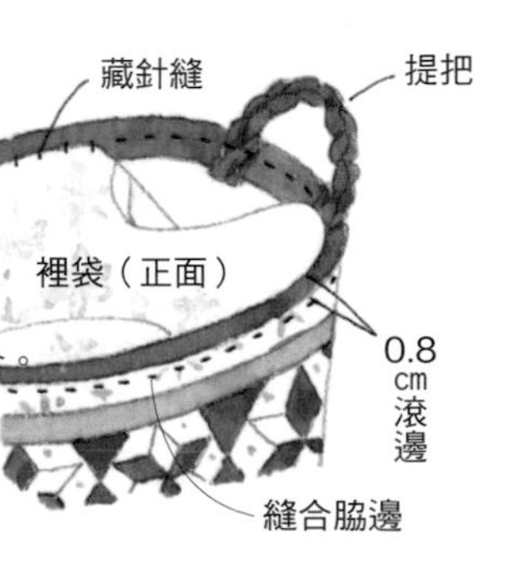

※斜布條正面相對縫合固定於本體的袋口處，摺往內側後，從正面縫合。

※裡袋的袋身裁剪成13×64㎝，正面相對縫合成圈狀之後，再縫合袋底。

原寸紙型

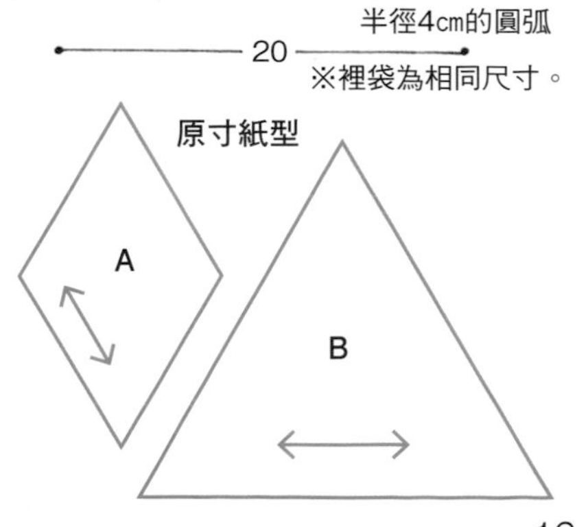

心形花圈

●材料

葉子、果實、鈴鐺用布各適量 舖棉50×35cm #16鐵絲150cm 花圈用寬2cm 舖棉130cm 原寸裁剪寬3cm 布條180cm 寬1cm緞帶25cm 25號繡線、金蔥線、手藝填充棉花、寬0.2cm線繩各適量

※葉子、鈴鐺原寸紙型A面⑪。

冬青心形花圈

使用組成愛心造型的鐵絲製作基底，有如將冬青葉疊放上去似的縫合固定。填塞了棉花的紅色圓形果實為重點裝飾。

設計・製作／柳原みゆき　26×31cm

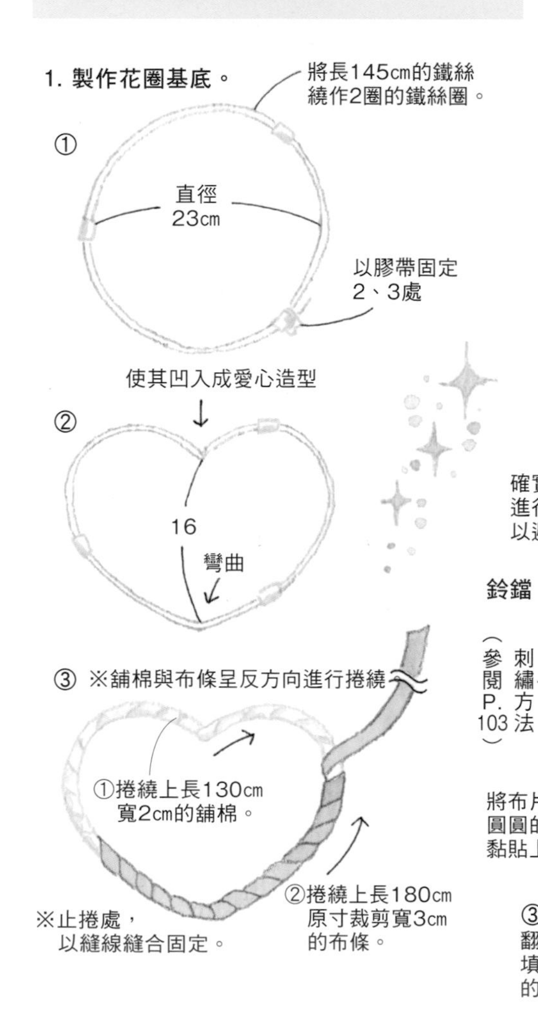

以表布圖案為主角的聖誕襪

加入星星與聖誕樹的表布圖案後，進行拼接。使用紅色和黃綠色的YOYO球，以及不織布的葉子描繪而成的冬青裝飾則成為重點所在。

設計・製作／中川幸子　21.5×14.5cm

聖誕襪

●材料(1件的用量)

各式拼接用布片、各式果實用布片
A用布20×15cm（包含貼邊部分）
N用布25×20cm 單膠鋪棉、裡袋用布各40×30cm 吊耳用布15×5cm
直徑0.7cm 紅色珠子 2顆 不織布、25號 繡線各適量 直徑0.3cm 黃色珠子 5顆（僅限No.17）
※原寸紙型B面②。

1. 拼接布片，黏貼鋪棉，進行壓線之後，製作前片與後片。

前片 No.16：A、B、C、D、E　落針壓線　背膠鋪棉　14.5

前片 No.17：A、F、G、H、I、J、K、L、M　落針壓線　21.5　14.5

後片（通用）※與前片為對稱形。A、N、2　背膠鋪棉

※裡袋與本體相同尺寸。

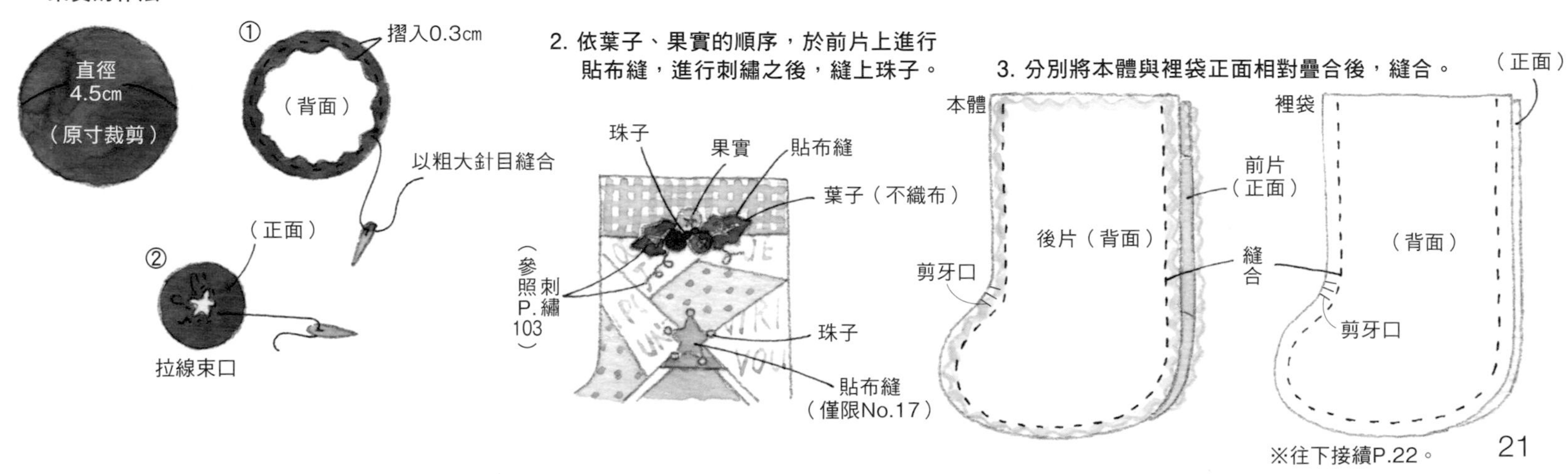

※往下接續P.22。

聖誕小屋收納盒

大量使用聖誕節印花布進行配色的房屋造型收納盒。以六角形拼接、布條、YOYO球製作的屋頂顯得格外出色。將禮物裝入其中，當作贈禮送人，肯定大受歡迎。

設計・製作／吉成直美　8×8×10cm
作法P.84

4. 將裡袋裝入本體中，縫上貼邊。

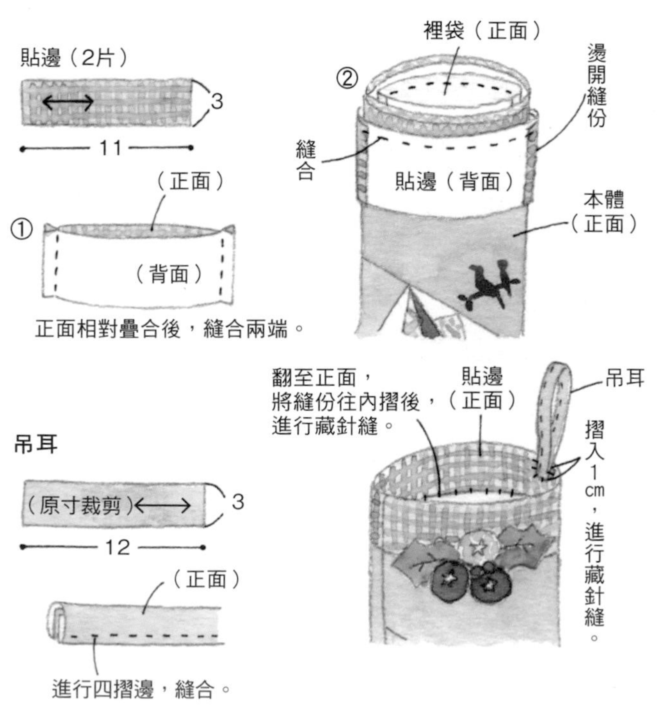

形成盒蓋單邊打開的狀態。內側亦以聖誕節印花布進行統一配置。

貼布縫創作精靈—Su廚娃

以小動物主題發想　自製手作包的第一本設計book

轉變之後的自己，開始明白：
作不來困難的事，就放過自己。
手作之路，只走直線，不轉彎，也可以。
車縫的時候，一條、兩條、三條，
管它有幾條，
我們，開心最重要。

—— Su廚娃

以童趣風打造貼布縫創作，受到大眾喜愛的Su廚娃老師，以招牌人物---廚娃與各式各樣的可愛小動物，創作的貼布縫手作包設計書，是將既有拼布技法簡化，並改良成全新風格日常手作包的一大突破。

本書作品大多使用老師平時收集的小布片、好友贈送的皮革、原本想要淘汰的舊皮帶、衣物上的蕾絲等生活素材，搭配棉麻布、先染布、帆布等各式多元布材，製成每一個與眾不同的獨特包款，完全落實手作人追求的個人魅力，將可愛的小動物貼布縫圖案運用在日常實用的手作包，「因為買不到，所以最珍貴！」

書中收錄的每一款小動物及對應的廚娃，都是Su廚娃老師親自設計的配色及造型：可愛的羊駝與頭上頂著花椰菜的廚娃；勤勞的小蜜蜂與花朵造型廚娃是好朋友；平常較少出現在手作書裡的動物：浣熊、獅子、犀牛、恐龍等，在Su廚娃老師的創作筆下，也變得生動又可愛！

每一款小動物的擬人化過程裡，同時記錄著老師身邊的家人、朋友們的個性與特色，這樣的發想讓老師的貼布縫圖案更加鮮明有趣，亦令人在作品裡，感受到許多暖暖的人情味，就像是每個包，都寫著一個名字。

在製作新書的過程時，Su廚娃老師恰好開啟了她的獨自旅行挑戰，並帶著這些手作包一起走遍各地，在每一個包包的身上，刻劃著創作與旅行的回憶，老師以插畫、貼布縫、攝影留下這些關於創作的養分點滴，豐富收錄於書內圖文，喜歡廚娃的粉絲，絕對要收藏！

書內收錄基礎貼布縫教學及各式包包作法、基礎縫法，內附紙型及圖案。想與廚娃老師一樣將可愛的貼布縫圖案，運用在日常成為實用的手作包，在這本書裡，你一定可以找到很多共鳴！

好可愛手作包
廚娃の小動物貼布縫設計book
Su廚娃◎著
平裝132頁／20cm×21cm全彩／定價520元

攝影／藤田律子（P.28下方）山本和正
插圖／三林よし子

以刺繡裝飾的拼布

拼布與刺繡為完美絕配。敬請體驗以各種刺繡裝飾貼布縫及表布圖案作品的樂趣。

19

於表布圖案的大型布片上進行刺繡。

惹人喜愛的表情，顯得十分俏皮可愛的動物刺繡拼布。以復古的圖騰白線刺繡為概念，使用藍色漸層繡線進行刺繡。表布圖案的印花布，是使用刺繡作家高橋亞紀老師設計的巴黎流「French Chic（優雅時尚）」布料。

設計・製作／東埜純子　66×66㎝　作法P.88

布料提供（une idée de Jeu de Fils）／Textile Pantry（JUNKO MATSUDA planning株式會社）

在以紅白印花布進行配色的「愛爾蘭鎖鍊」的表布圖案上，使用紅色繡線將花朵與蘇姑娘進行輪廓繡的「紅線刺繡」抱枕。清楚鮮明地描繪而出的刺繡在白色底布的襯托下更顯耀眼。

設計／中村敬子　製作／高橋みち子
45.5×45.5㎝

抱枕

●材料

各式拼接用布片 白色底布、後片用布 各55×50㎝ 鋪棉、胚布 各50×50㎝ 包繩滾邊用 寬3㎝ 斜布條、直徑0.5㎝ 細圓繩各 190㎝ 長40㎝ 拉鍊1條 25號紅色繡線 適量

●作法順序

進行拼接後，製作區塊，接縫之後，製作前片的表布→取2股線，進行刺繡（參照P.103）→疊放上鋪棉與胚布之後，進行壓線→製作包繩滾邊→於後片接縫拉鍊→依照圖示進行縫製。

※布片A至D原寸紙型與刺繡圖案B面⑨。

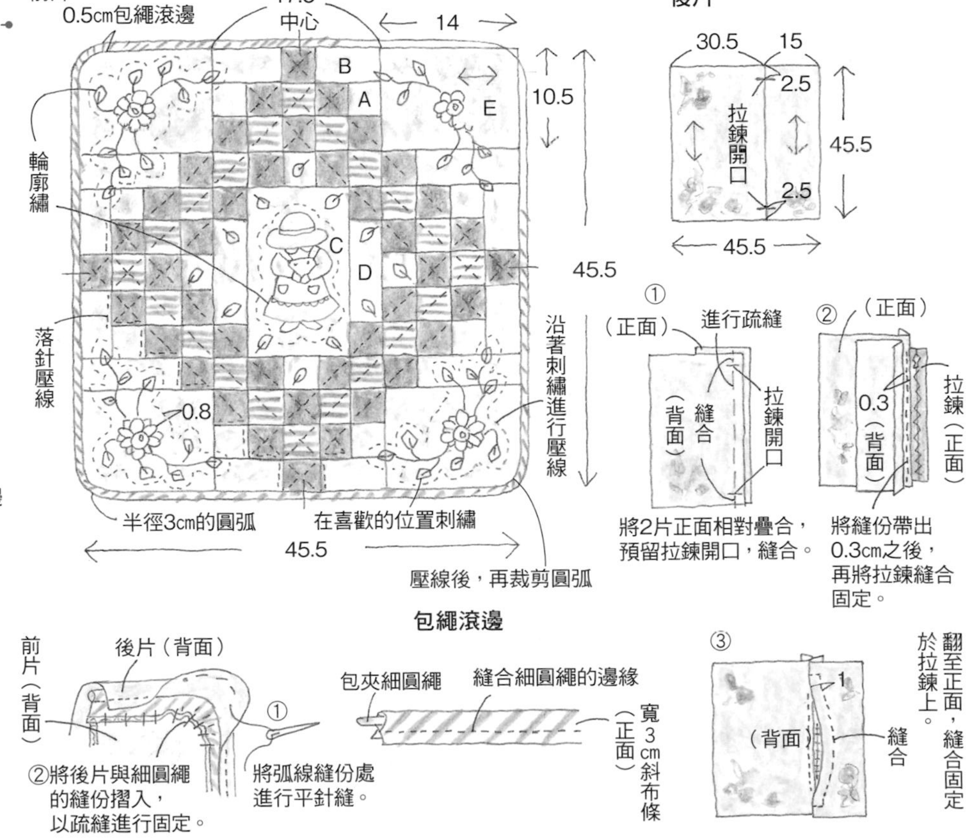

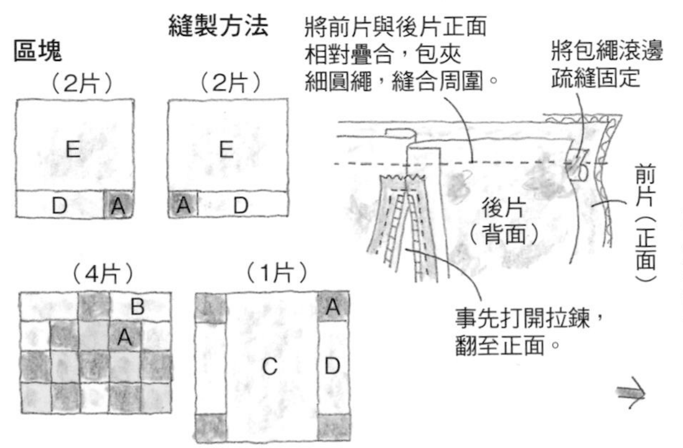

可愛迷人的花朵刺繡

在小小的杯子裡插上小花及葉子的花飾杯樣本拼布。將向上生長的花朵或是從杯緣垂落而下綻放的花朵等，試著隨興地進行刺繡。於飾邊處添加藤蔓狀的刺繡。

設計／加藤礼子　製作／西村秀子
36.5×36.5cm

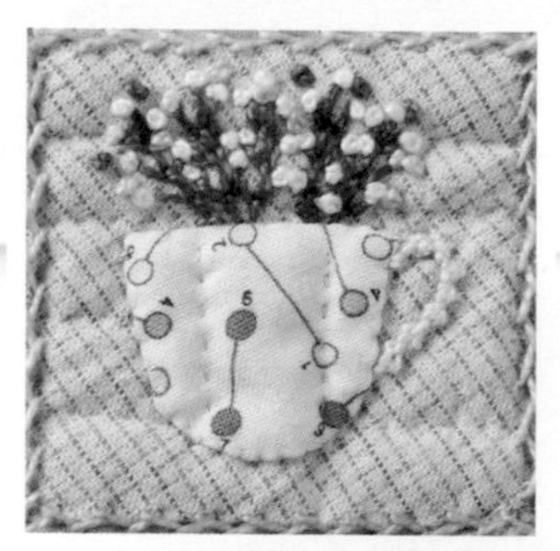

迷你壁飾

●材料

各式拼接用布片、貼布縫用布片 B、C用布55×30cm 滾邊用寬4cm 斜布條155cm 鋪棉、胚布各40×40cm 25號・8號繡線 各適量

●作法順序

於布片A上進行貼布縫與刺繡，併接成5 × 5列→於周圍接縫上布片B與C之後，製作表布→疊放上鋪棉與胚布之後，進行壓線→於布片B與C上進行刺繡→進行滾邊→於接縫處與滾邊的邊緣進行刺繡。

※原寸刺繡圖案B面⑥。

原寸貼布縫與刺繡圖案

八字結粒繡（取2股線）
直線繡（取1股線）

接續繡上德式結粒繡（8號）
※參閱P.70

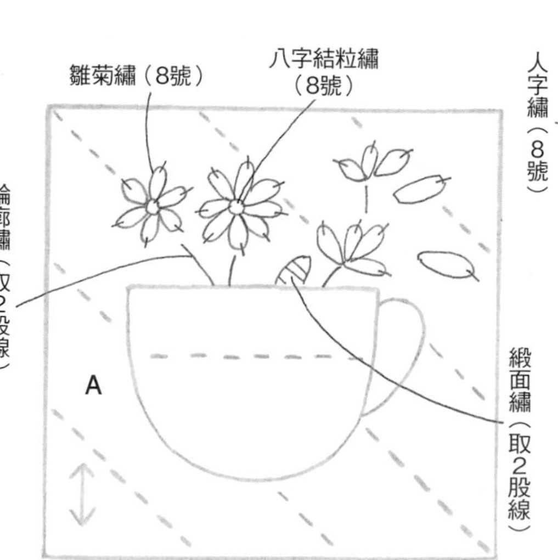

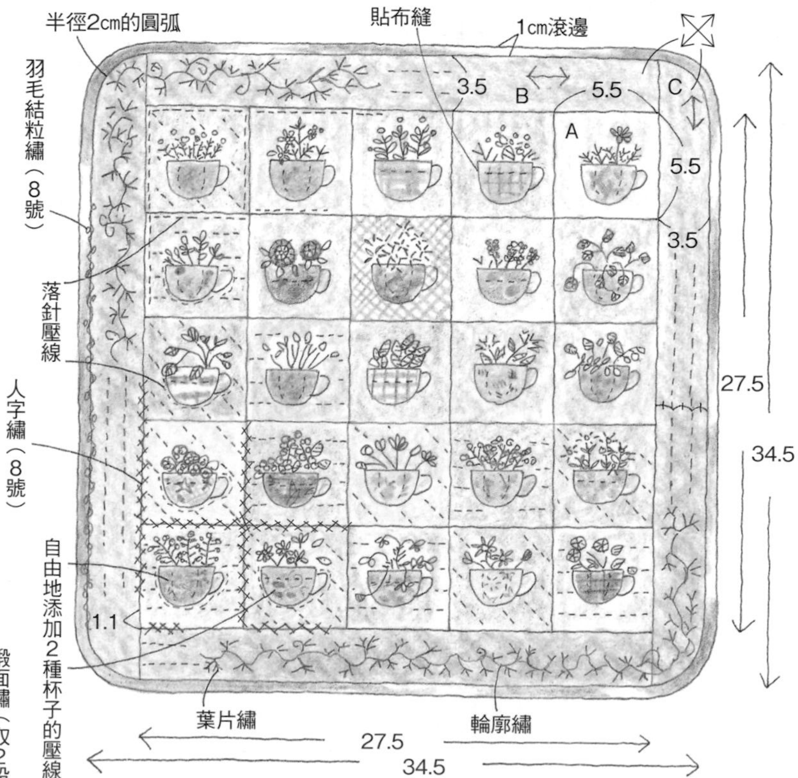

※花朵的刺繡使用25號及8號繡線，依據圖案的不同，可依個人喜好分別使用。25號繡線的取用股數以取2股線為主，想繡得更細的部分，則取1股線。基礎刺繡參照P.103。

在玫瑰與雛菊的貼布縫上，搭配花朵刺繡的浪漫色彩裝飾墊。相同的圖案，左側是以刺繡用緞帶製作。右側則是以刺繡線進行刺繡。

設計・製作／辻 寿美　直徑28cm

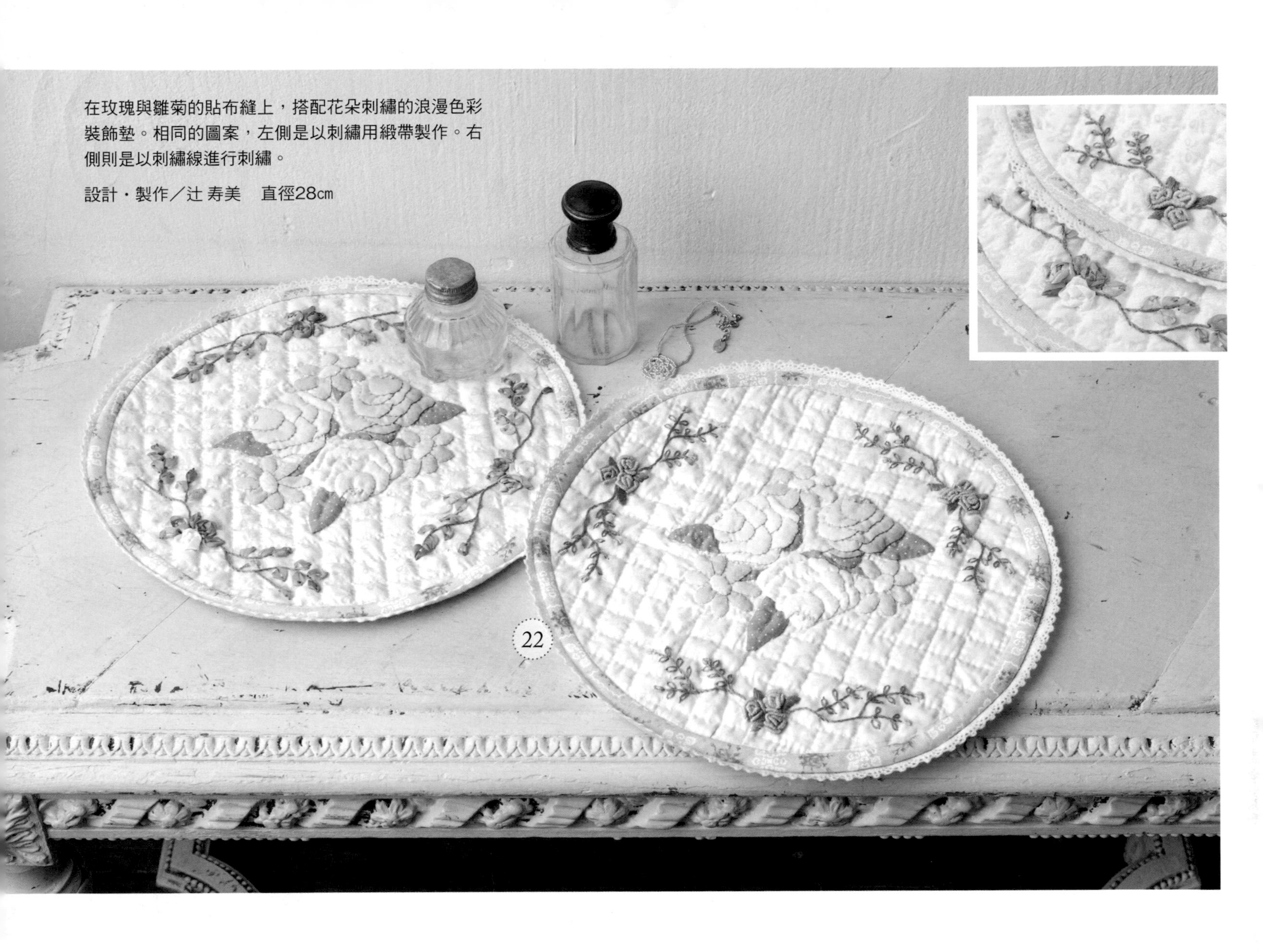

裝飾墊

●材料（1件的用量）

各式貼布縫用布片 表布、鋪棉、胚布 各30×30cm 滾邊用寬4cm 斜布條、寬1.8cm 蕾絲各95cm 25號繡線、寬3.5mm 刺繡用緞帶 各適量

●作法順序

於表布上進行貼布縫與刺繡之後，製作表布→疊放上鋪棉與胚布之後，進行壓線→將周圍進行滾邊→接縫蕾絲。

※原寸貼布縫與刺繡圖案A面⑭。

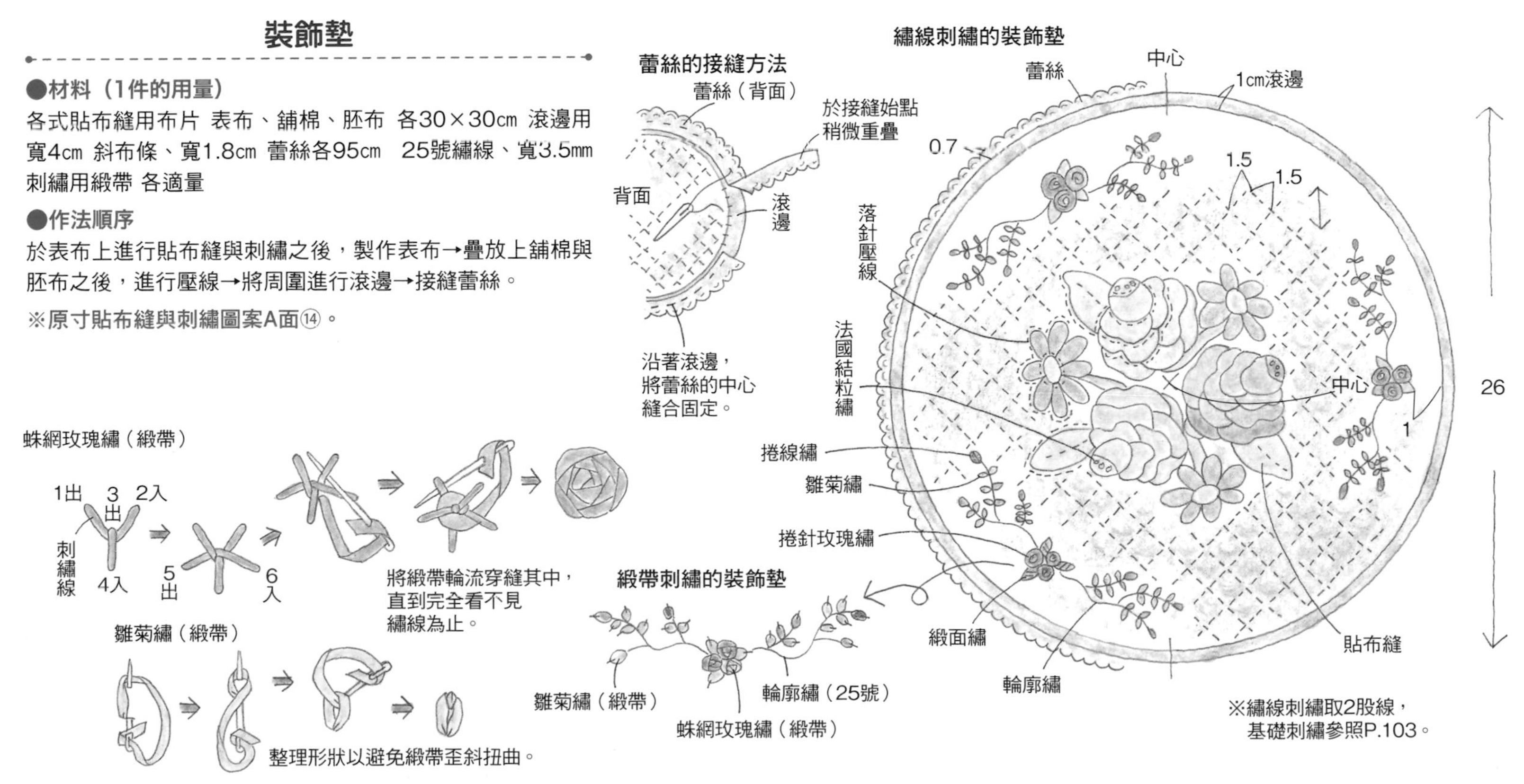

鏤空繡的作法於P.59進行解說。

將以纖細的釦眼繡進行鑲邊的主題花樣剪下來的鏤空繡製作而成的花朵圖案，裝飾在波奇包上。將內側縫合固定後，使外側呈懸浮狀。因為是將一朵大花作成花樣，看起來更加栩栩如生。

設計・製作／馬場茂子　16.5×24㎝　作法P.80

將另外縫製的內口袋，
包夾縫合固定於袋口處。

以白花三葉草的刺繡包圍「八角形圖案」周圍的布作飾框。圓圓的白色花朵則以天鵝絨繡表現。沿著布片，進行刺繡，暈染表布圖案的線條，幻化成柔美的氛圍。

設計・製作／鈴木淳子　內徑尺寸　35×35cm
作法P.96

24

天鵝絨繡

天鵝絨繡是手縫蠟線刺繡的刺繡方法之一。使用鬆撚製成的粗棉線，營造柔軟蓬鬆的效果。

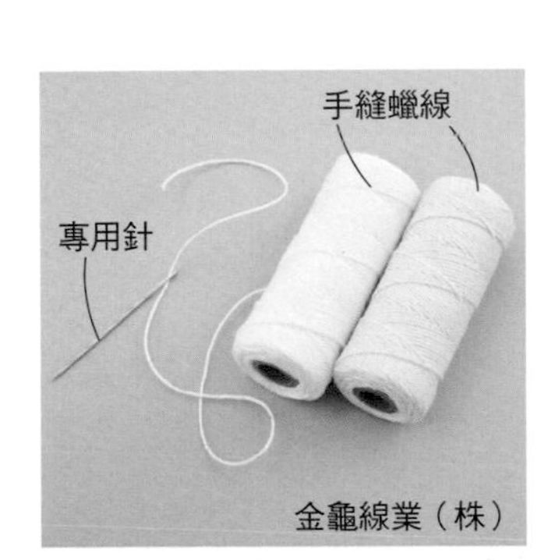

金龜線業（株）

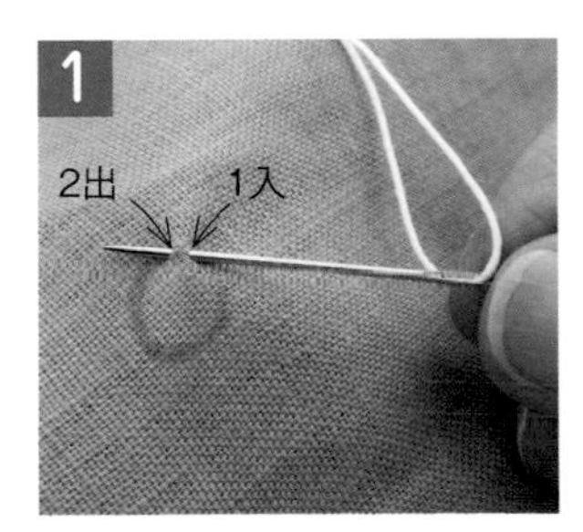

畫上圓形記號，由布片的正面入針後，再微微挑一針。

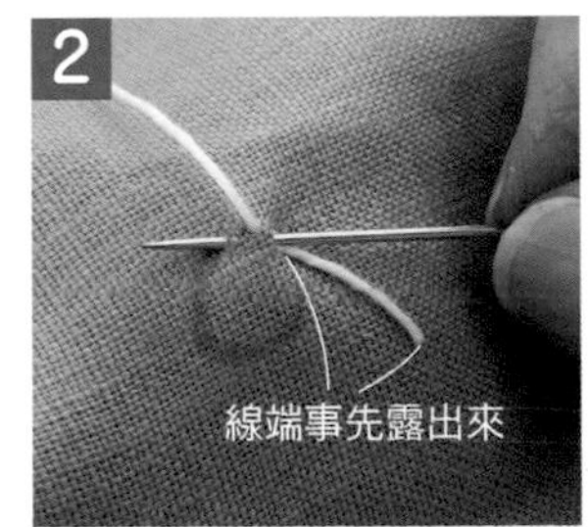

出針之後，於1入的相同位置入針，再比2出稍微前側出針後，進行回針縫。

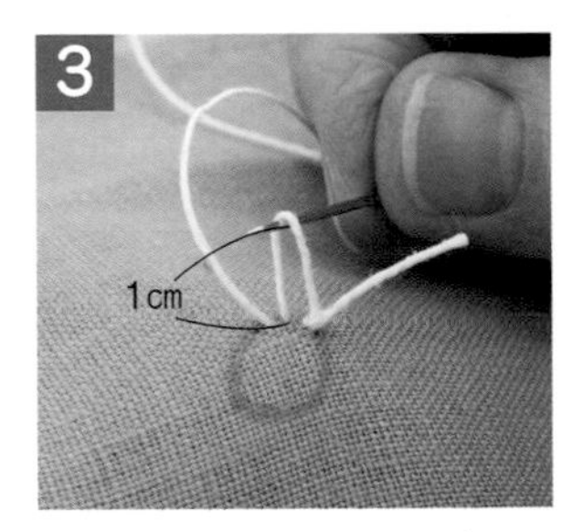

拉線，製作高度約1cm的線圈。

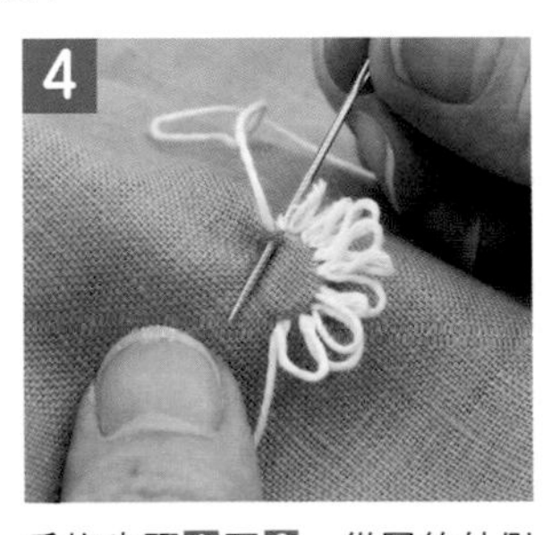

重複步驟1至3，從圓的外側往內側，一圈一圈沒有縫隙滿滿地進行刺繡（重疊於相鄰的針趾處，緊密刺繡）。

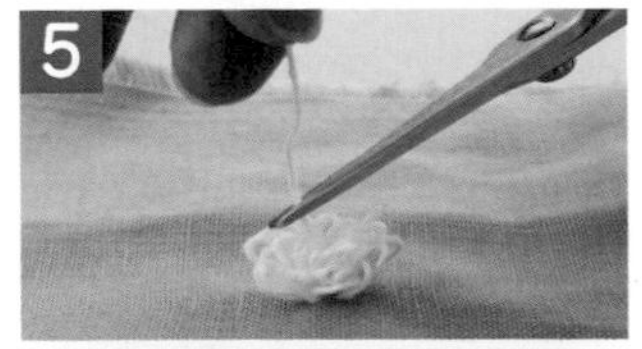

起繡處與止繡處的繡線露於正面側，依線圈的相同長度剪斷。

剪斷線圈。

放上牙刷用力刷，以鬆開紗線的撚合。或是以針尖鬆開紗線的撚合亦可達到效果。

修剪毛端，整理成圓形。雖然刺繡的密度或是裁剪的方法多少有些差異，但是直徑1cm圓形記號的情況，可完成直徑大約1.5至2cm的成品。

運用各種設計製作的

刷毛切割拼布

將疊放的布片裁剪之後製作，有如起毛素材風格般的刷毛切割拼布。本單元將為讀者介紹拓展設計範圍、富有魅力的作品。

攝影／藤田律子（P.31、作法流程）山本和正　插圖／三林よし子

有如羊毛般材質的格紋手提袋

帶有深邃色調的色彩，最適合秋冬兩季外出時使用。左側使用法蘭絨，右側使用VIYELLA（維也拉法蘭絨）格紋布。由於是大花格紋布，就算經過裁剪之後，花樣依然美麗如故。

設計・製作／榊 真理子
23.5×32㎝　作法P.94

疊放的布料在於挑選格紋布與同系色彩的素布為重點。
左側搭配藏青色、紅色與黑色，右側則搭配黃色、藏青色與深藏青色。

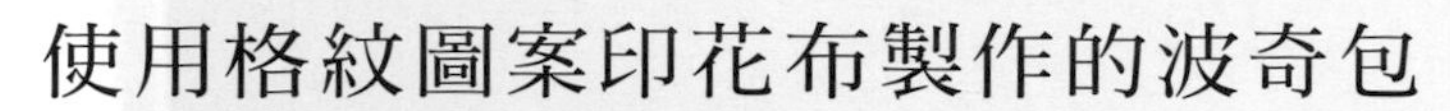

使用格紋圖案印花布製作的波奇包

將相同的布料分開製作成壓線的部件與刷毛切割的部件。可同時體驗層次分明的格子花紋與輕盈蓬鬆的花樣等，兩種不同風格的樂趣。

設計・製作／水木里子　12×25cm
作法P.95

27

布料提供／株式會社moda Japan

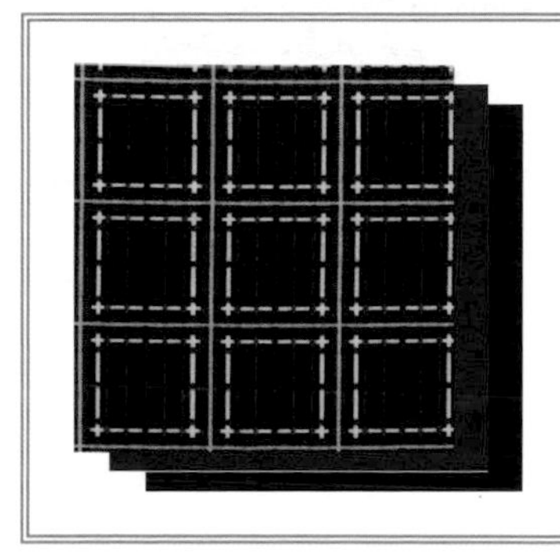

於格子花紋布，另行疊放1片紅色及2片黑色布。

將拉鍊的下止側露於外側，並以毛線絨球進行裝飾。

使用層次分明的大圖案印花布製作

將第2片布料配置成與第1片底色相似的同系色，圖案就會更顯出眾。

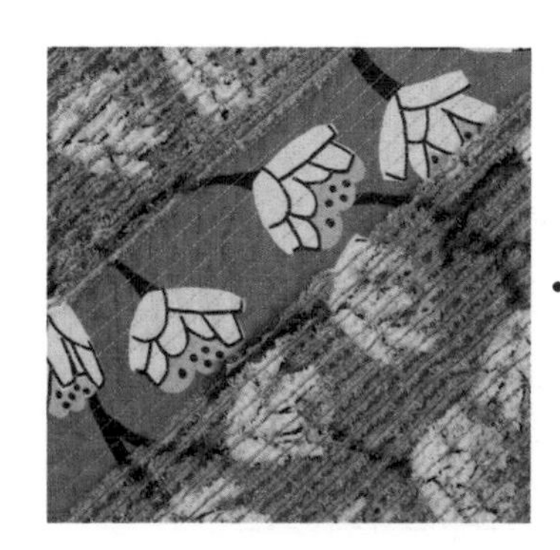

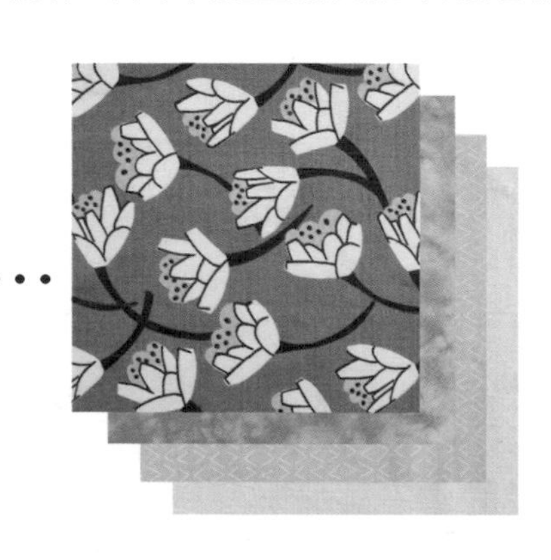

在繪有白色花朵的土耳其藍印花布上，另行疊放水藍色混染布、灰色布、白色底布。

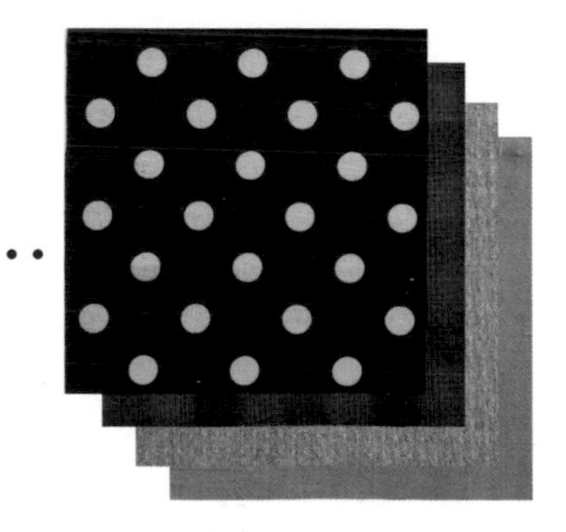

在比平織布再稍具厚度的水玉點點花樣布上，疊放2片同系色的先染布與卡其色布。

享受拼布風配色樂趣的手提袋

將第1片布進行繽紛多彩的配色，右側使用黑色拼布標示帶分區劃分，營造彩繪玻璃拼布風。左側則是疊放奶油色的薄底布之後，進行裁剪。分別配合各自的氛圍，右側搭配黑色的天鵝絨布，左側則組合帶有織品本身質感的淺駝色布料。

設計・製作／庄司安子　左側 34×43cm　右側 30×37cm　作法P.90

左側手提袋的後片側為拼接的設計。
可配合心情或服裝穿搭選擇。

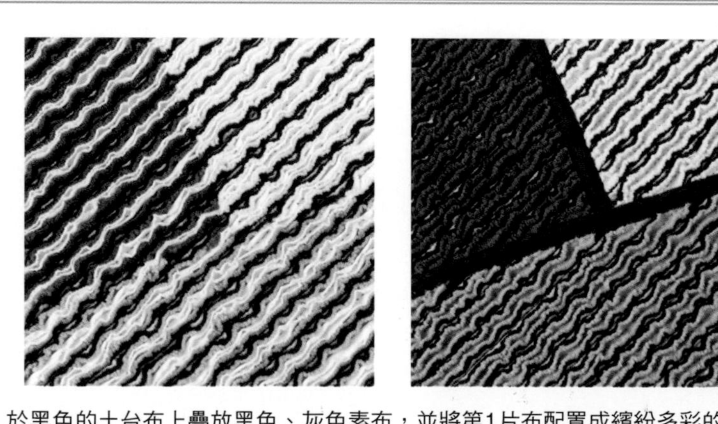

於黑色的土台布上疊放黑色、灰色素布，並將第1片布配置成繽紛多彩的布片。
雖然2件作品皆為相同布料，但是左側手提袋則另外疊放薄型的奶油色素布。

刷毛切割拼布的基本作法

建議使用可呈現出美麗起毛感的平織布。
織目密集的細平布幾乎不會起毛，因此較不適合。

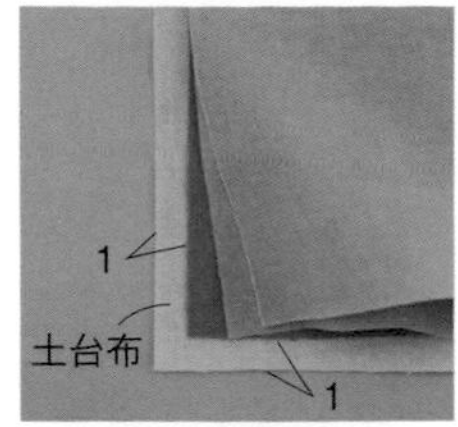

土台布裁剪得比其他布片再大1cm

使用內附45度角標線的定規尺較為便利

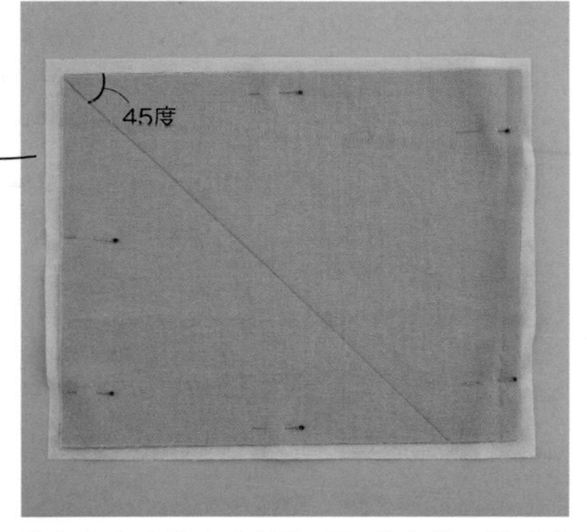

①在土台布的上方疊放3至4片布片，並以珠針固定數個地方，描畫上45度的基準線。布片請準備比所需部件尺寸再大5至6cm。

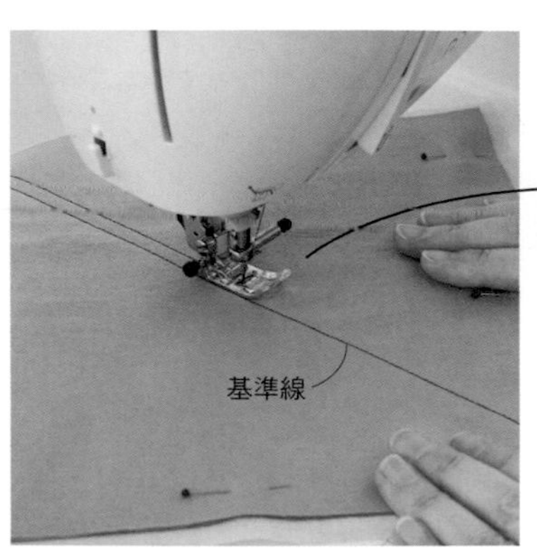

②將基準線的上方，以0.2cm左右的針趾進行車縫之後，再以0.7cm的間隔，於一旁繼續往前車縫。每車縫1條再進行回針縫之後，可選擇剪斷縫線，或不剪線，繼續車縫亦可。

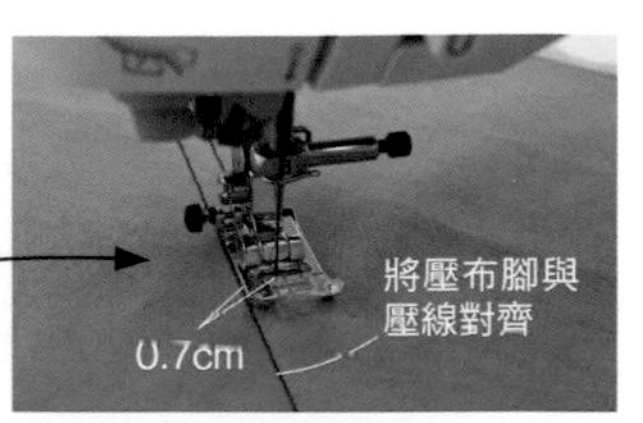

將落針位置調整在壓布腳的邊端算起0.7cm處，再行車縫。

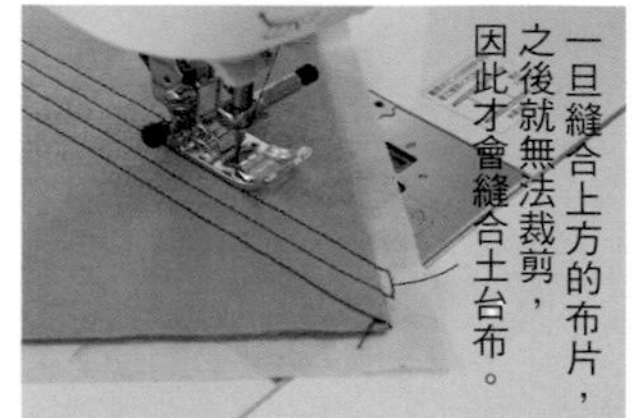

繼續車縫的情況下，則是將土台布的部分如圖所示縫合後，再往旁邊繼續車縫。

③保留土台布，裁剪上方的布片。將剪刀置入壓線之間，仔細地裁剪中央處。請使用刀片尖銳，鋒利程度較佳的剪刀。

使用滾輪式切割刀迅速裁切！

可樂牌Clover（株）的滾輪式切割刀（拼布割絨技法切割刀），刀片下方附有軌道狀的導板，為刷毛切割拼布專用的切割刀。軌道較短的曲線用導板也一併成組附贈。

在土台布以外的上方布片上，以剪刀剪出大約2cm的牙口。

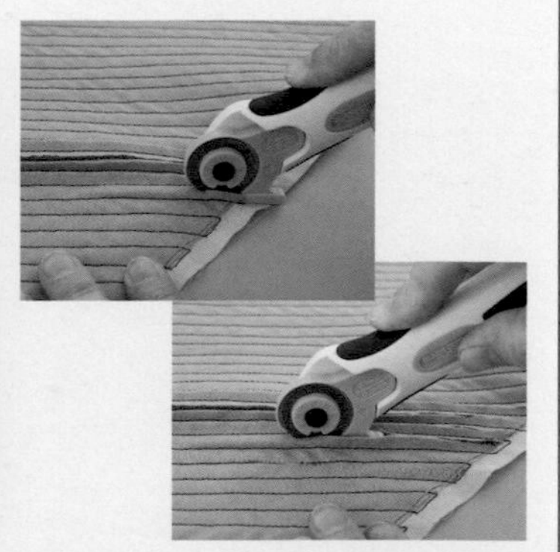

從牙口處插入滾輪式切割刀，筆直地向前推進滾刀，將壓線之間進行裁剪。

以洗衣機清洗5至10分鐘，再行脫水（因為會產生大量線屑，所以請單獨清洗）。若是小型尺寸，以手清洗即可。擰乾水分之後，使其呈半乾狀態。

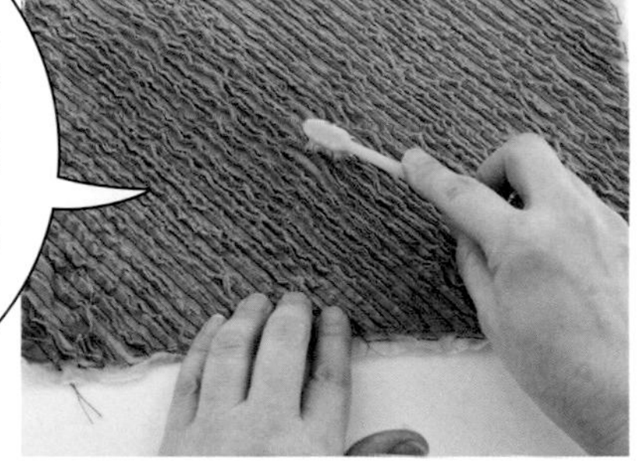

④使用牙刷輕刷表面，使切口處起毛。之後，整理形狀，晾乾。

亦可一邊以吹風機吹乾，一邊以手輕搓表面，使其起毛。

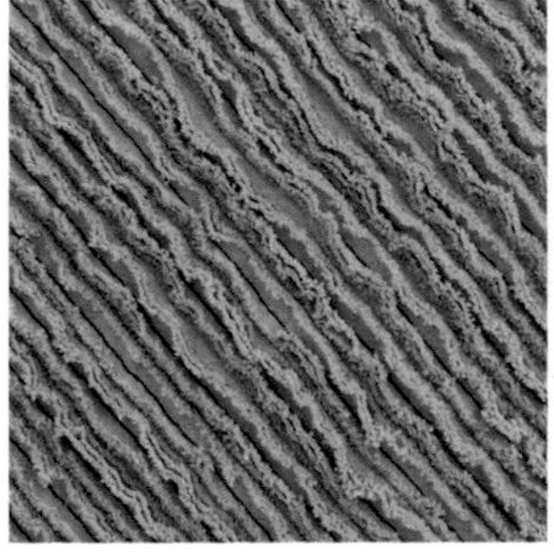

將土台布＋3層布片弄乾的狀態。水藍色與粉紅色混雜後，散發著微妙的色調，手感也相當輕柔。

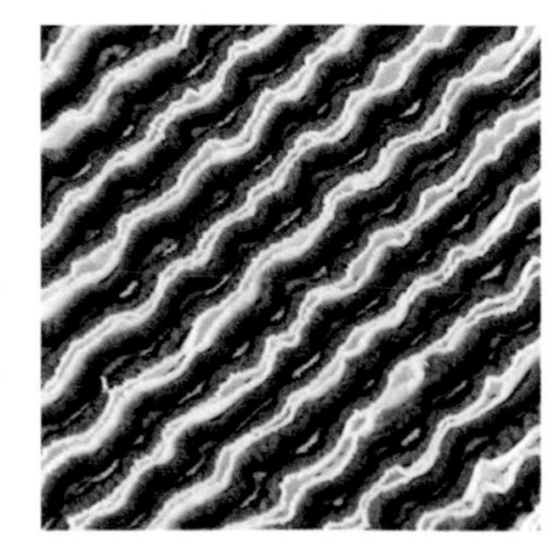

此處是土台布＋4層布片。形成更有深度的色調。

裁剪成所需部件

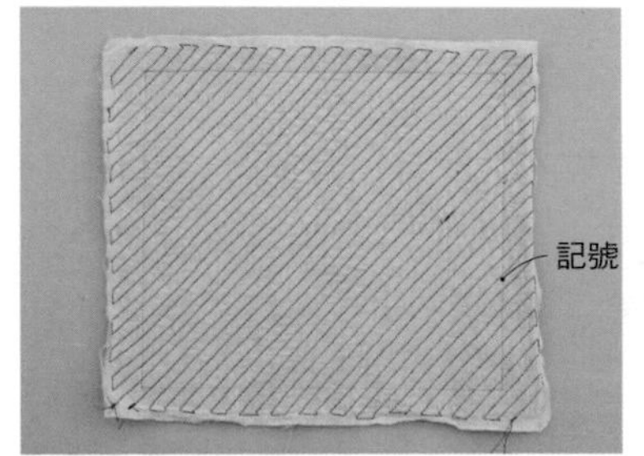

整理形狀，於背面畫上部件的記號。由於布端並不平穩，因此請盡量避開布端部分。

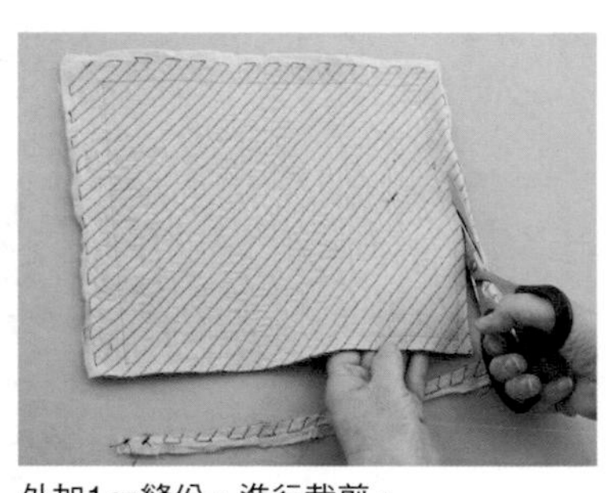

外加1cm縫份，進行裁剪。

於記號的0.2cm外側，進行防止鬚邊綻線的車縫。

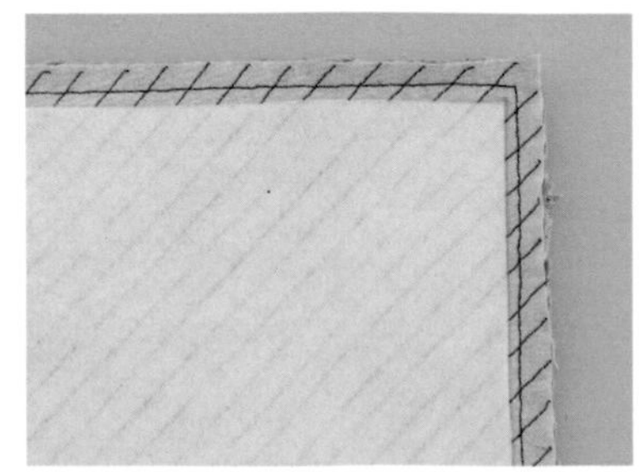

即便刷毛切割拼布的布料具有厚度，也沒有張力，因此只要配合所需，黏貼上接著襯即可。

動物圖案造型小肩包

左側為貓熊的臉型。右側是以貼布縫作描繪般的貓咪。兩者都是在最上層的布片置放上花樣布，製作而成。臉型的設計也相當受到小朋友喜愛。

設計・製作／尾崎洋子
左側 18.5×21.5㎝　右側 18×20㎝
作品No.30　作法 P.92

貓熊的其中一面為改變顏色與面孔之後，製作成棕熊。貓咪的後片側則外加尾巴與貓掌的花樣。

耳朵包夾在前片・後片與側身之間，縫合固定。

No. 31小肩包

材料

灰色、粉紅色、深灰色、炭灰色布各50×26㎝ 主題花樣用布、雙膠棉襯各適量 側身用布50×20㎝（包含吊耳部分）單膠鋪棉50×15㎝ 裡布50×30㎝ 縫份收邊用 寬3.5㎝ 斜布條150㎝ 長22㎝ 拉鍊1條 內徑尺寸1.7㎝ D型環2個 附活動勾肩帶1條

作法順序

疊放4片布片，黏接花樣布之後，製作刷毛切割布→裁剪前片與後片→於下側身黏貼鋪棉，進行壓線→於上側身接縫拉鍊→製作吊耳→依照圖示進行縫製後，接縫肩帶。

※花樣原寸圖案A面⑨。

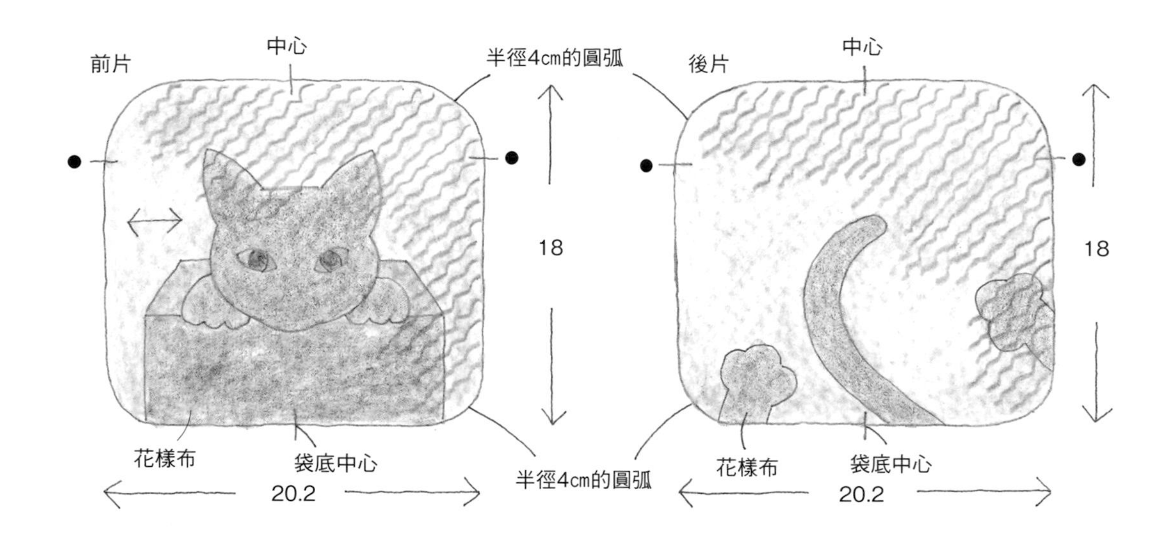

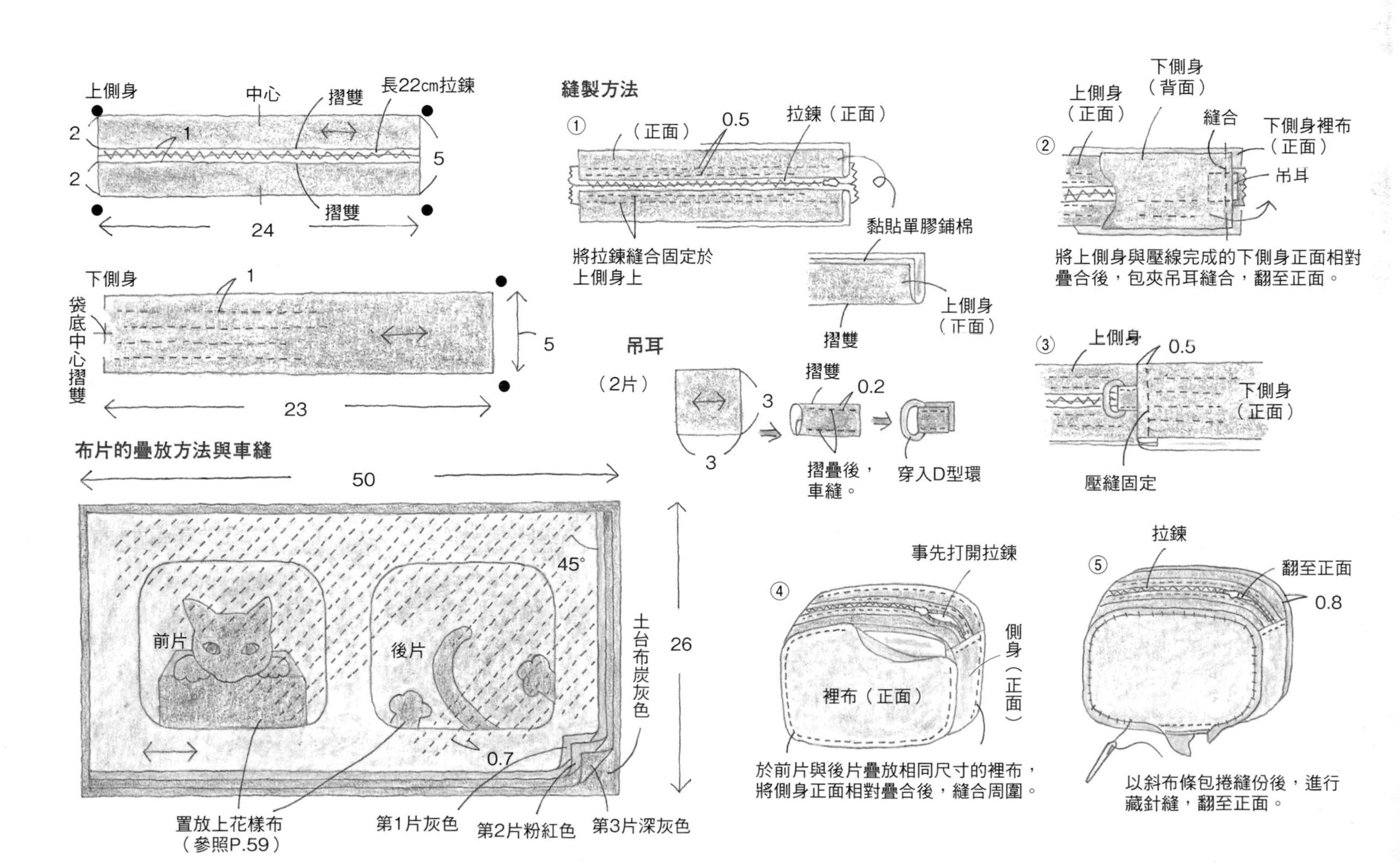

攝影／山本和正　插圖／木村倫子

運用拼布搭配家飾

連載

試著輕鬆地使用拼布裝飾居家吧！
本單元由大畑美佳老師提案，
製作讓人感受到當季氛圍拼布的美麗家飾。

星星拼布耀眼閃爍的聖誕節家飾

今年的聖誕節，嘗試以冷色系的色彩統整吧！
以「伯利恆之星」花圈及刺繡勾勒出的雪花，層層包圍住運用「小木屋」圖案描繪的大型星星拼布，是一款即便在聖誕節過後，也能繼續成為裝飾的設計。
在冷色系上添加黃色的色調，優雅地彩繪整個房間。
以聖誕樹、星星、月亮為基本圖案的吊飾風小掛飾，也能裝飾在房間的小小角落裡。搭配上馴鹿的裝飾墊，打造出夢幻的聖誕節！

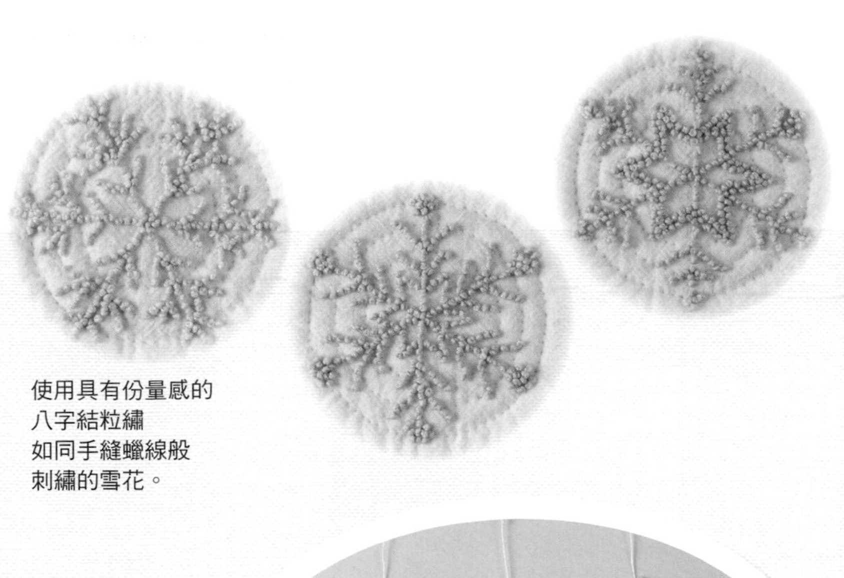

使用具有份量感的
八字結粒繡
如同手縫蠟線般
刺繡的雪花。

在塞有棉花的
主題花樣上，
自然隨興地點綴
閃亮飾片及
萊茵石小物。

設計／大畑美佳
壁飾製作／加藤るり子
小掛飾與裝飾墊製作／大畑美佳
壁飾 180×162.5㎝　作法P.38
小掛飾　約110㎝、122㎝
裝飾墊 41×87㎝　作法P.39

使用與壁飾相同色調製作的
小掛飾，掛在壁飾的橫桿上
也相當出色。
將大型珠飾穿在細圓繩上，
作成特色重點。

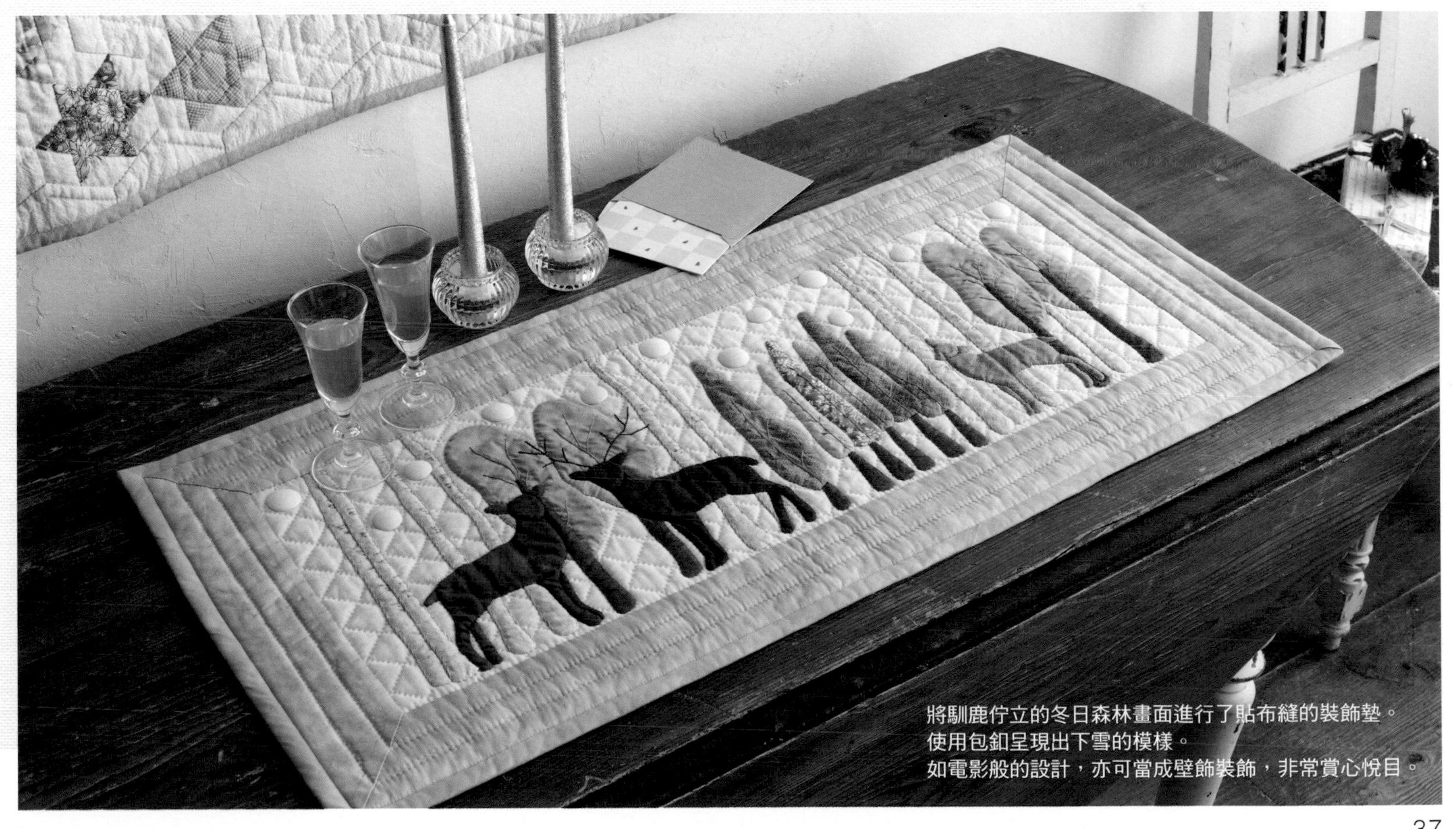

將馴鹿佇立的冬日森林畫面進行了貼布縫的裝飾墊。
使用包釦呈現出下雪的模樣。
如電影般的設計，亦可當成壁飾裝飾，非常賞心悅目。

壁飾

材料

各式拼接用布片 b、d至f用原色素布110×400cm　K、L用灰色素布90×20cm　滾邊用寬6cm斜布條690cm　鋪棉、胚布各90×380cm　25號繡線適量

作法順序

將16片「小木屋」的表布圖案進行拼接後，接縫，並於周圍接縫上布片K、L→製作96片「伯利恆之星」的表布圖案，並與布片d至f以鑲嵌縫合併接，再接縫於中央區塊的周圍→將已刺繡（參照P.103）的圓形花樣進行貼布縫之後，製作表布→疊放上鋪棉與胚布之後，進行壓線→將周圍進行滾邊（參照P.66）。

※表布圖案原寸紙型與刺繡圖案B面⑭。

表布圖案的縫合方法

伯利恆之星

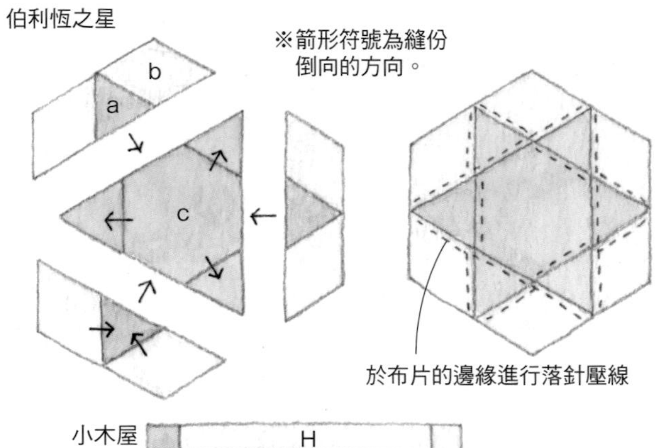

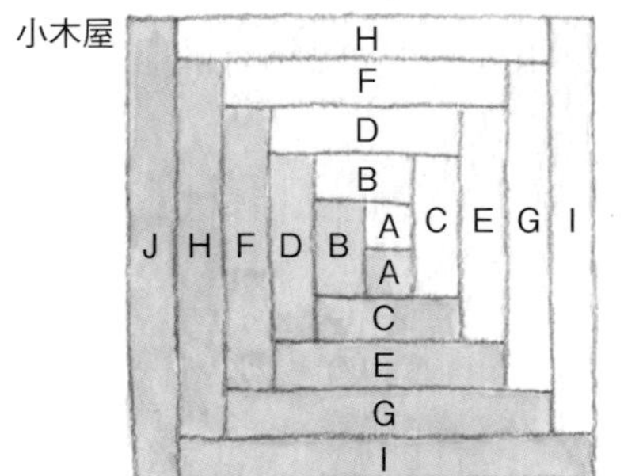

依照布片A至J的順序接縫，縫份倒向外側。

表布的組合方法

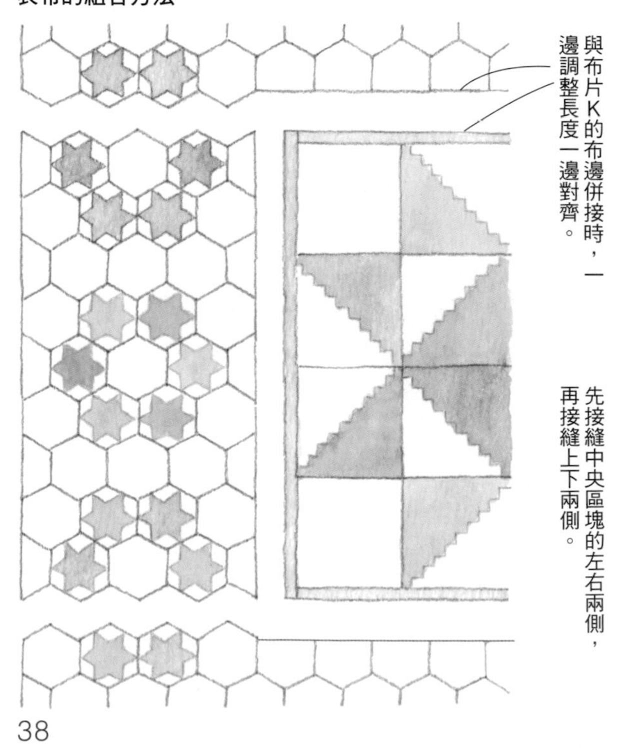

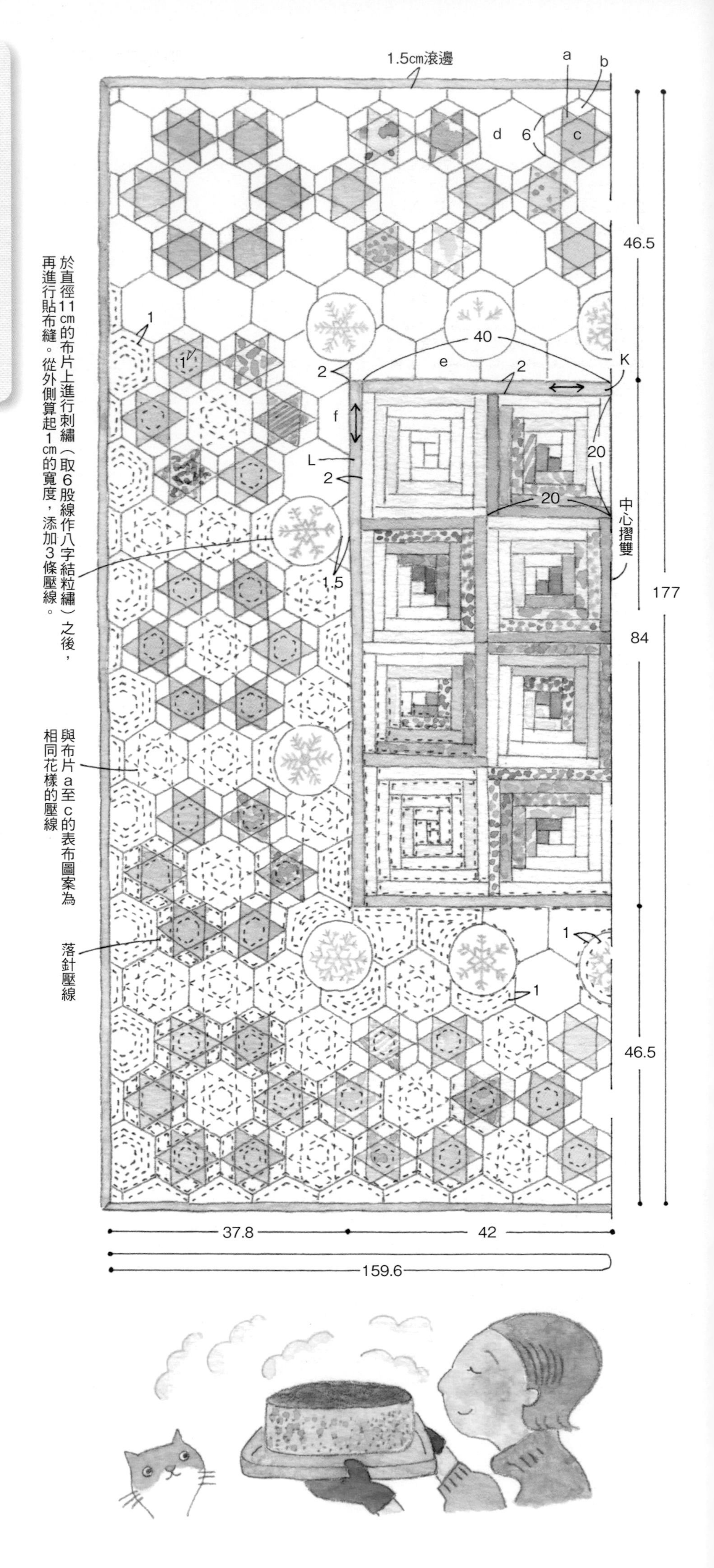

裝飾墊

材料

各式貼布縫用布片 A用布75×30cm B、C用布110×65cm（包含滾邊部分） 鋪棉、胚布各90×45cm 直徑2.4cm，2cm包釦用芯釦各6顆 25號繡線適量

作法順序

於布片A上進行貼布縫與刺繡（參照P.103）→於周圍接縫上布片B與C之後，製作表布→疊放上鋪棉與胚布之後，進行壓線→製作包釦，藏針縫固定→將周圍進行滾邊（參照P.66）。

※原寸貼布縫圖案B面⑩。

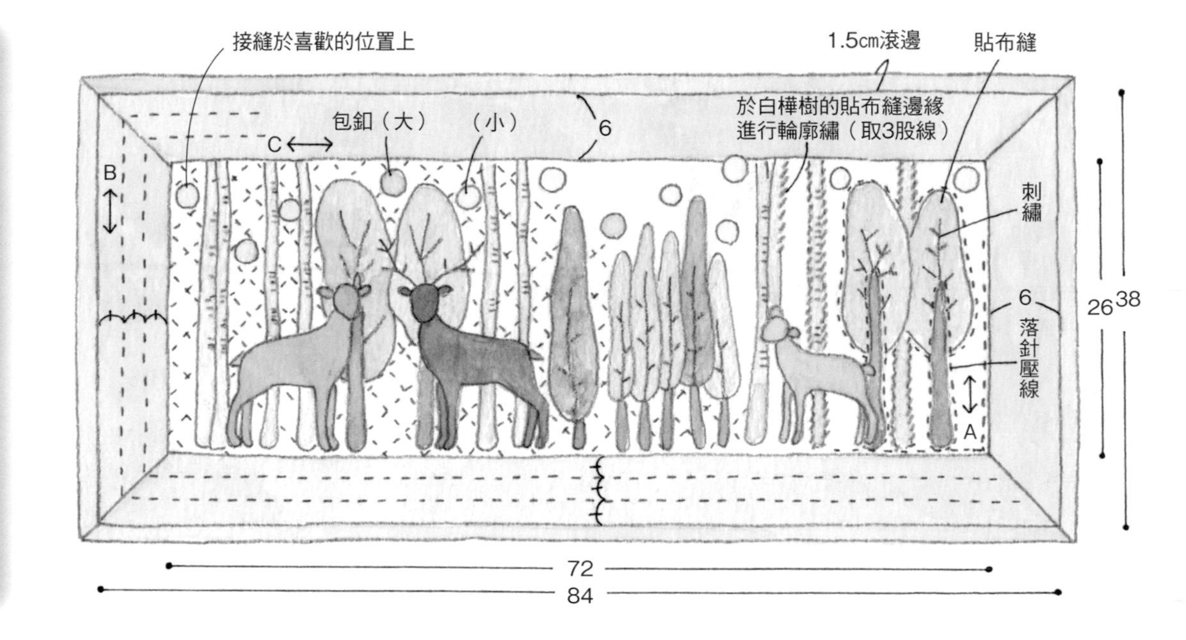

包釦

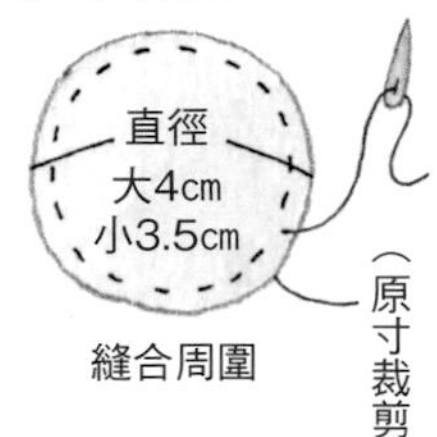

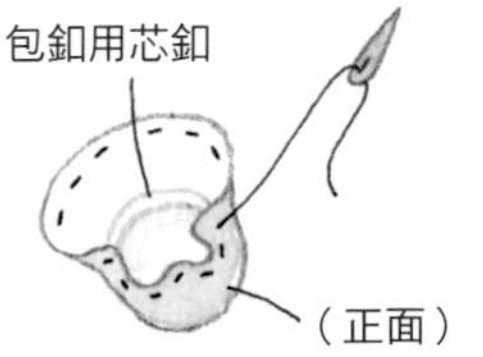

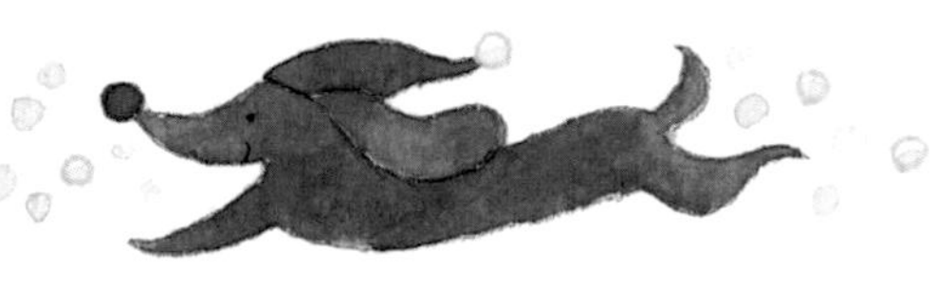

小掛飾

材料（3件的用量）

各式拼接用布片 月亮用布50×30cm 星星用布80×30cm 鋪棉85×30cm 單膠鋪棉70×60cm 樹幹用布40×20cm 聖誕樹的裡布70×30cm 直徑0.1cm 蠟繩510cm 寬1.5cm・1.2cm 星形閃亮飾片合計16片 直徑0.3cm珠子16顆 寬1.2cm至1.4cm穿線珠12顆 喜歡的珠子、萊茵石等的裝飾、手藝填充棉花各適量

※原寸紙型A面②。

1. 製作聖誕樹的表布

30
70
鋪棉
背膠鋪棉
2
（背面）
1
①將布片縫合固定於鋪棉上。
②黏貼背膠鋪棉。
原寸裁剪寬4cm布片（正面）
③畫上記號，外加縫份後，進行裁剪（直條紋6片・橫條紋3片）。

2. 製作樹幹

（18片）
4
4
0.7
（背面）
縫合
（正面）
鋪棉（於針趾的邊緣裁剪）
翻至正面
（正面）
0.2cm車縫
製作9片

3. 縫製完成

①
表布（正面）
將樹幹疏縫固定

②
裡布（背面）
返口
樹幹
與裡布正面相對縫合

③
珠子
閃亮飾片
0.2
翻至正面，塞入棉花，進行車縫之後，將珠子縫合固定。

4. 製作月亮與星星

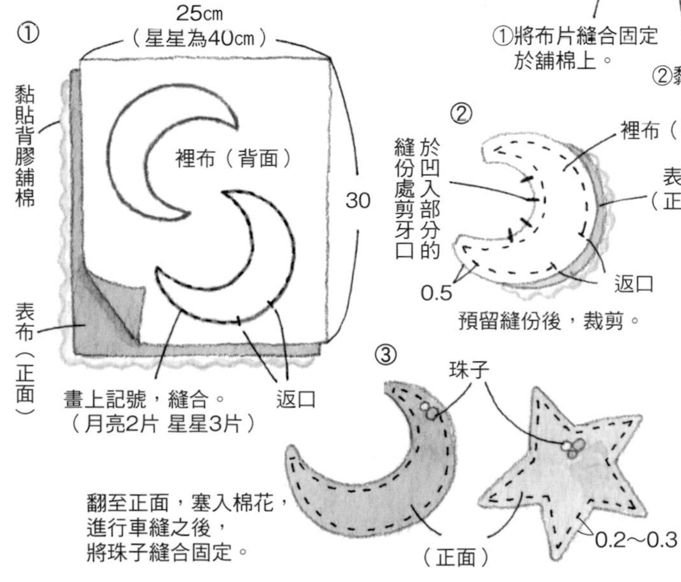

5. 縫製完成

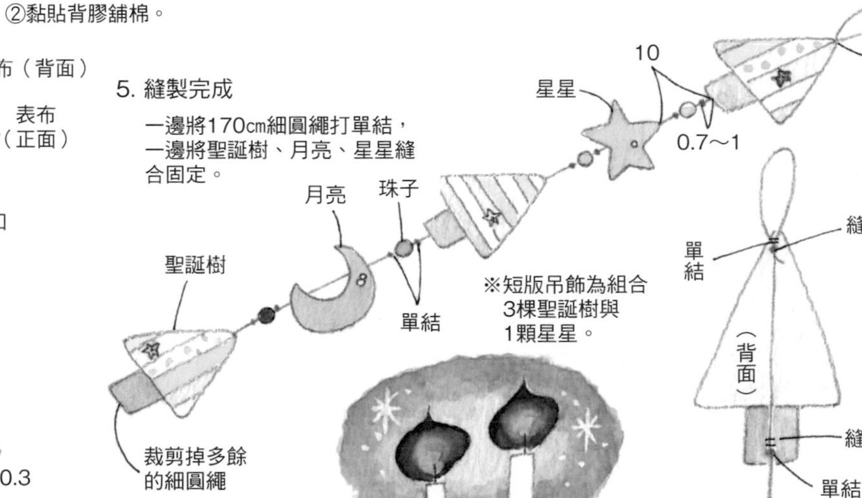

攝影／藤田律子（作法流程） 山本和正

連載

想要製作、傳承的 傳統拼布

在此介紹長年以來一直持續鑽研拼布的有岡由利子老師，所製作的傳統圖案美式風格拼布。正因為我們身處於這個世代，更讓人想要返璞歸真，製作出懷舊且樸質的拼布。

35

「扇子」

以展開的扇子為設計元素的「扇子」圖案，是自古以來就深受大眾喜愛的古老圖案。也大量地被運用在1800年代中葉流行的維多利亞瘋狂拼布上，當時，絲織布、羊毛布、天鵝絨等各式各樣的素材皆被廣泛使用。到了1900年代，逐漸演變成使用以印花棉布縫製而成的古著洋裝（舊洋裝）製作，從中誕生了眾多「扇子」圖案的拼布。併接零碼布的飾邊也隨之流行。

此一拼布作品就是懷著對當時拼布的一種懷舊情感，進而運用零碼布製成。布料上使用許多鮮明的花朵圖案，並以明亮的1930年代復刻色彩加以統整。表布圖案是也被稱之為「祖母的扇子」的簡單設計。另外亦一同附上以1片表布圖案製作的小型抱枕。

設計・製作／有岡由利子　拼布 80×80㎝　抱枕25×25㎝　作法P.43

拼布的設計解說

將6片布片作為各種花色的零碼布運用，在底色白色的襯托之下更顯美麗。邊角的扇形布片，配置上與零碼布不相衝突的花色。此處雖然選擇了粉彩色調，但也有配置上深色的色彩，作為強調色。

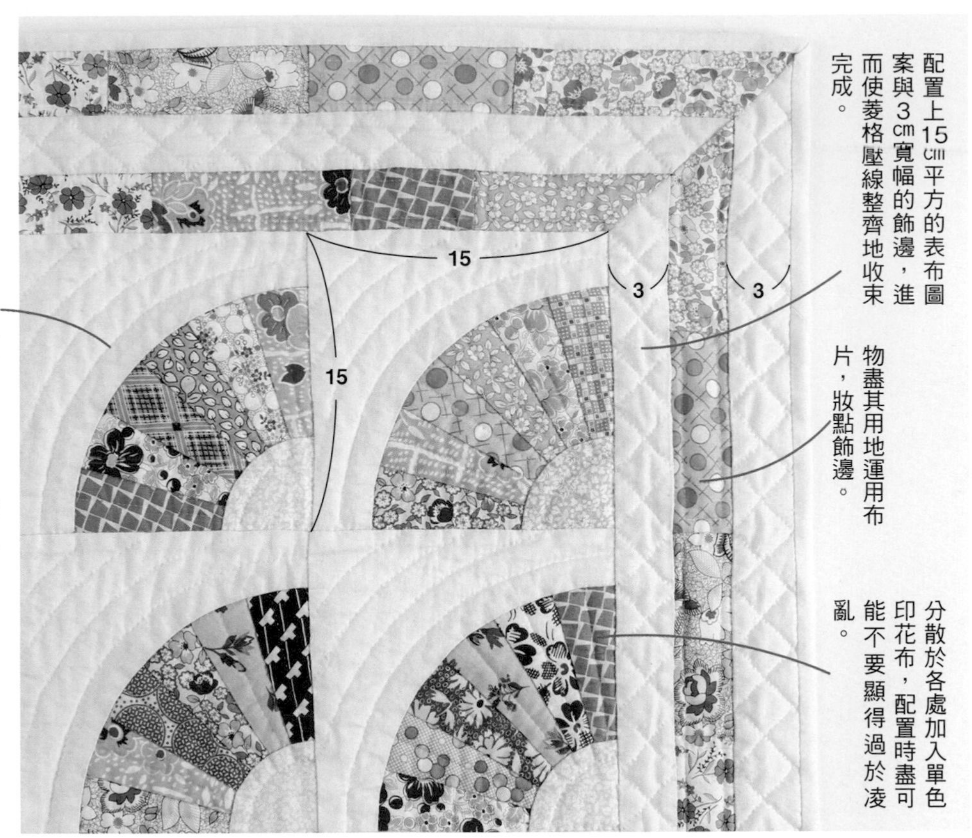

在大面積底色的布片上，以等寬的距離添加上沿扇形曲線進行的壓線。

配置上15㎝平方的表布圖案與3㎝寬幅的飾邊，進而使菱格壓線整齊地收束完成。

物盡其用地運用布片，妝點飾邊。

分散於各處加入單色印花布，配置時盡可能不要顯得過於凌亂。

＊彩繪瘋狂拼布的「扇子」圖案

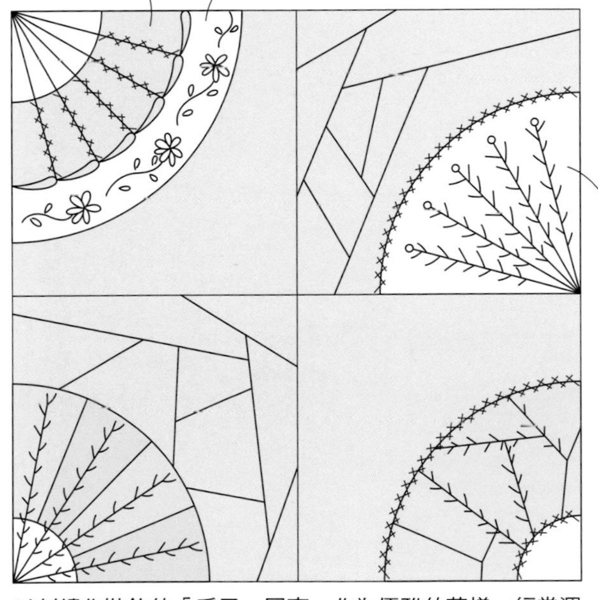

以刺繡作裝飾的「扇子」圖案，作為優雅的花樣，經常運用在瘋狂拼布上。

＊使用古著的拼布

1910至1920年代的拼布表布。被認為是衣服布料的花樣經常被運用作為拼布。由於可從古著取得大量的布片，因此如圖所示，可以大量使用在1件壁飾上。

＊設計豐富多元的「扇子」圖案

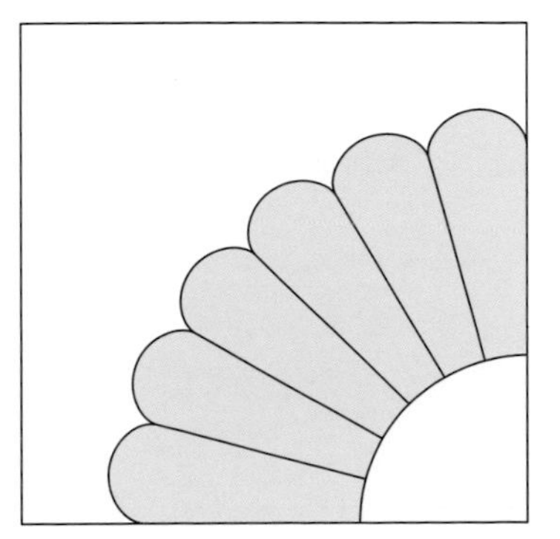

如同花朵般的設計。

布片前端尖銳的「瑪麗皇后的扇子」。

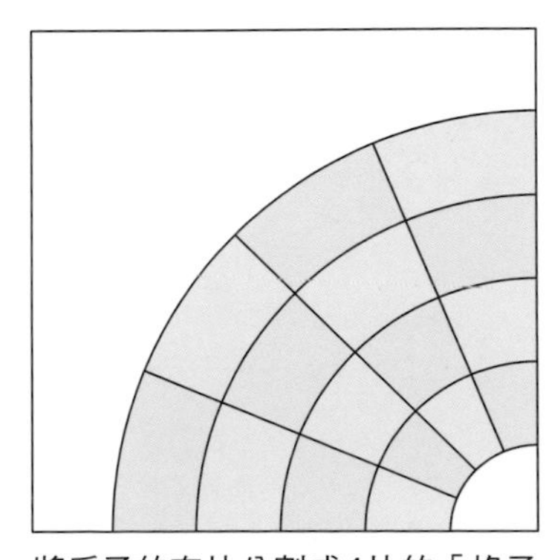

將扇子的布片分割成4片的「格子扇」。

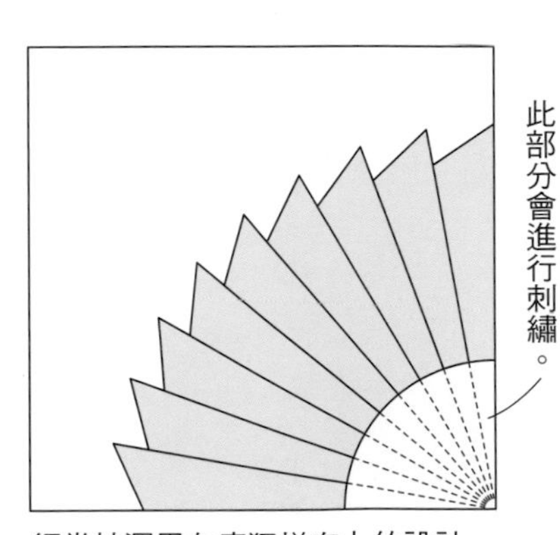

經常被運用在瘋狂拼布上的設計。

「扇子」的縫法

將6片A的布片併接之後，製作扇子的區塊，再接縫布片B與C。由於布片B與C為弧線縫合，因此在相當於布片A接縫處的位置作上合印記號。請將合印記號與接縫處對齊後，以珠針固定，仔細地縫合。此處是將縫份單一倒向布片B與C側。

●縫份倒向

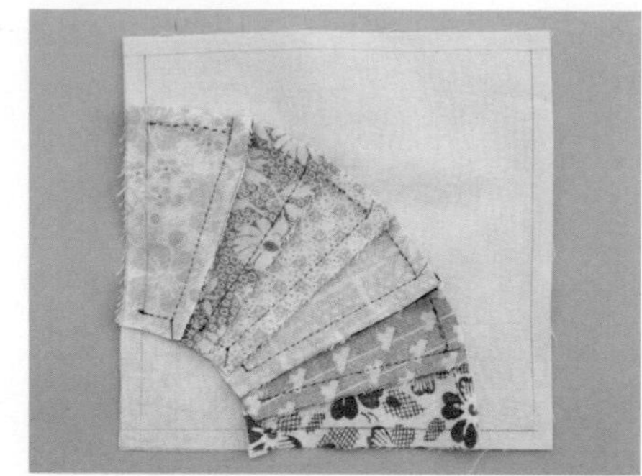

●製圖的作法

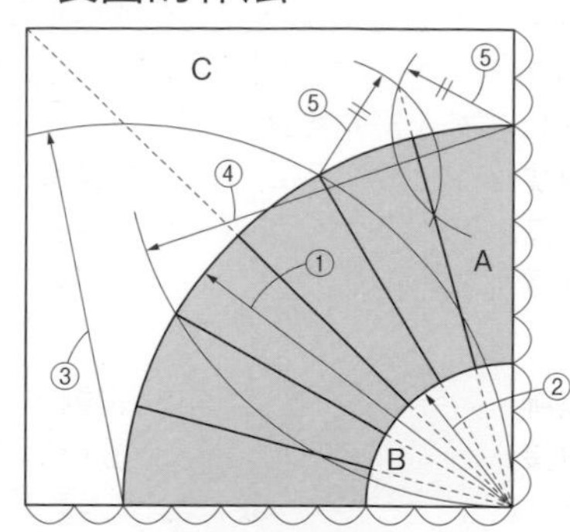

1 準備6片A的布片。將紙型置放在布片的背面，使用2B鉛筆等筆類畫上記號，外加大約0.7㎝左右的縫份後，進行裁剪。請先排列一次，以便作配色的確認。

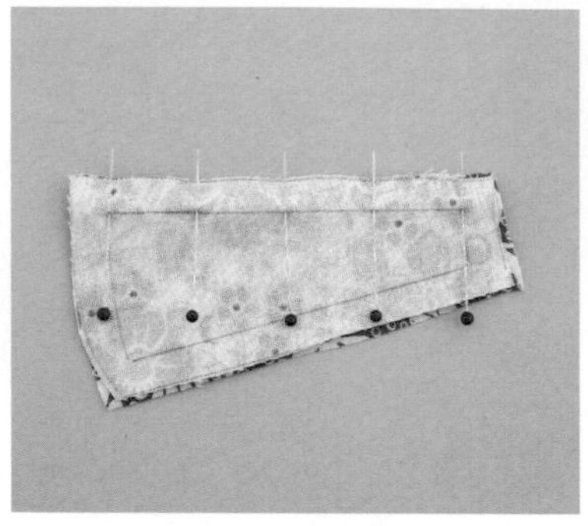

2 將2片正面相對疊合，對齊記號，以珠針固定兩端、中心、其間。

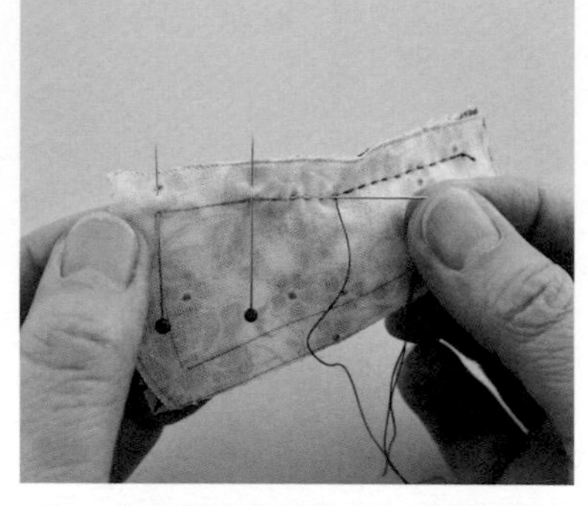

3 由記號處開始進行一針回針縫之後，再行平針縫。縫合至記號處，止縫點亦進行一針回針縫。縫份一致裁剪成0.6㎝。

4 第3片以後亦以相同方式接縫，縫份單一倒向同一方向。此處縫份往下側傾倒。扇子部分的區塊完成。

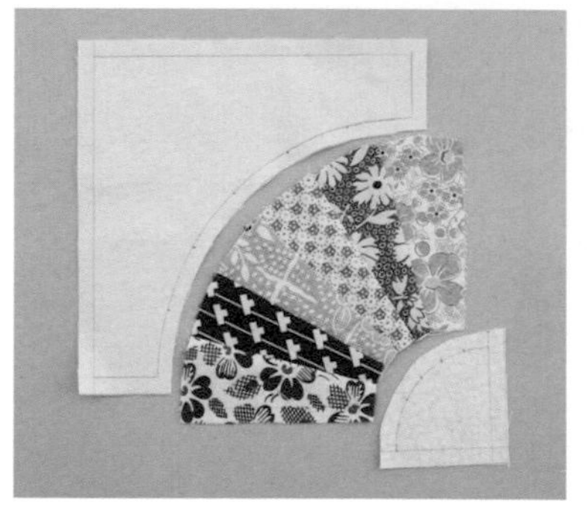

5 於扇子的區塊上接縫布片B與C。於布片B與C的弧邊上作上6等分的合印記號。

6 將區塊朝上，與布片B正面相對疊合，對齊記號處與接縫處，以珠針固定至半邊為止。雖然只要在接縫處固定珠針就沒問題，但之間亦可固定珠針。

7 由記號處開始進行平針縫。於接縫處避開縫份縫合。如同照片所示，於接縫處的記號處入針，於相鄰布片的記號處出針，進行一針回針縫後，繼續往前縫合。

8 待縫合至半邊之後，休針，剩餘的半邊亦以相同方式以珠針固定，縫合至記號處。縫份單一倒向布片B側。

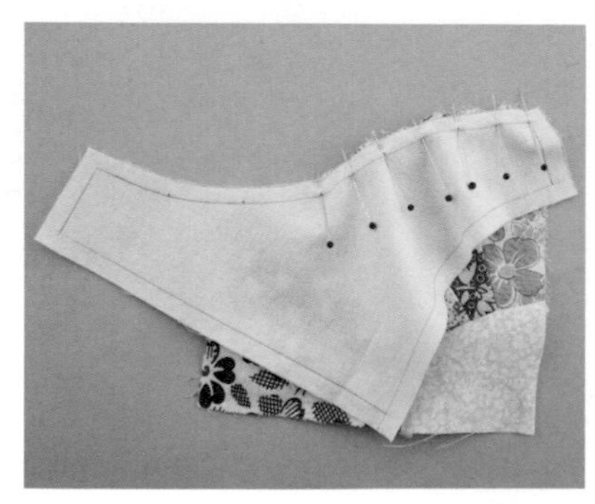

9 將布片C正面疊放在AB的區塊上，對齊接縫處與合印記號，以珠針固定，之間也要固定。固定至半邊為止。

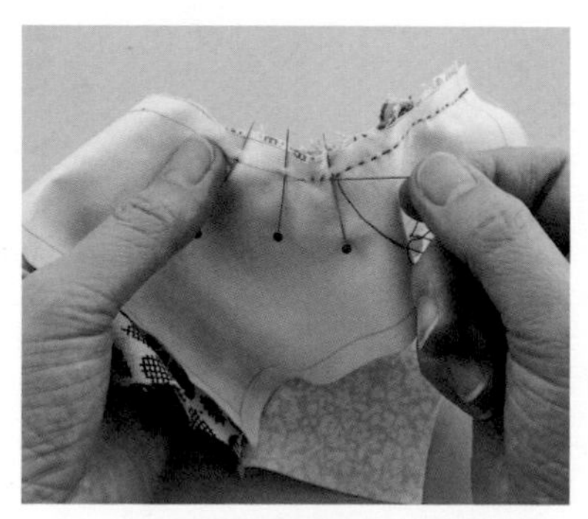

10 由記號處開始縫合。弧線容易偏移錯位，請看著扇子區塊，確認針趾有無偏移記號處。依照步驟7作法，於接縫處進行回針縫，並將剩餘的半邊縫合至記號處。

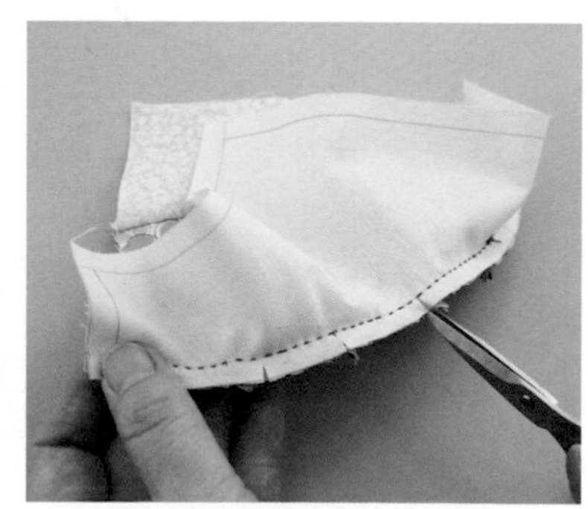

11 縫份倒向布片C側。由於布片C的縫份會歪斜變形，因此在縫份處剪牙口。請注意避免剪至扇子區塊的縫份處。

壁飾與抱枕

●材料

壁飾　各式拼接用布片 C用白色素布110×110㎝（包含㋐㋑㋒用布、滾邊部分）鋪棉、胚布各90 × 90㎝

抱枕　各式拼接用布片 D用布60×30㎝（包含後片部分）鋪棉、胚布各30×30㎝ 寬1.2㎝ 蕾絲70㎝ 手藝填充棉花適量

●作法順序

壁飾　參照P.42，將16片表布圖案進行拼接，進而併接成4×4列→進行拼接之後，製作㋐㋑㋒的飾邊，接縫在表布圖案的周圍之後，製作表布→疊放上鋪棉與胚布之後，進行壓線→將周圍進行滾邊（參照P.66）。

抱枕　於表布圖案上，將蕾絲進行疏縫固定→於周圍接縫上布片D，製作前片的表布→疊放上鋪棉與胚布之後，進行壓線→參照圖示進行縫製。

※表布圖案原寸紙型B面⑦。

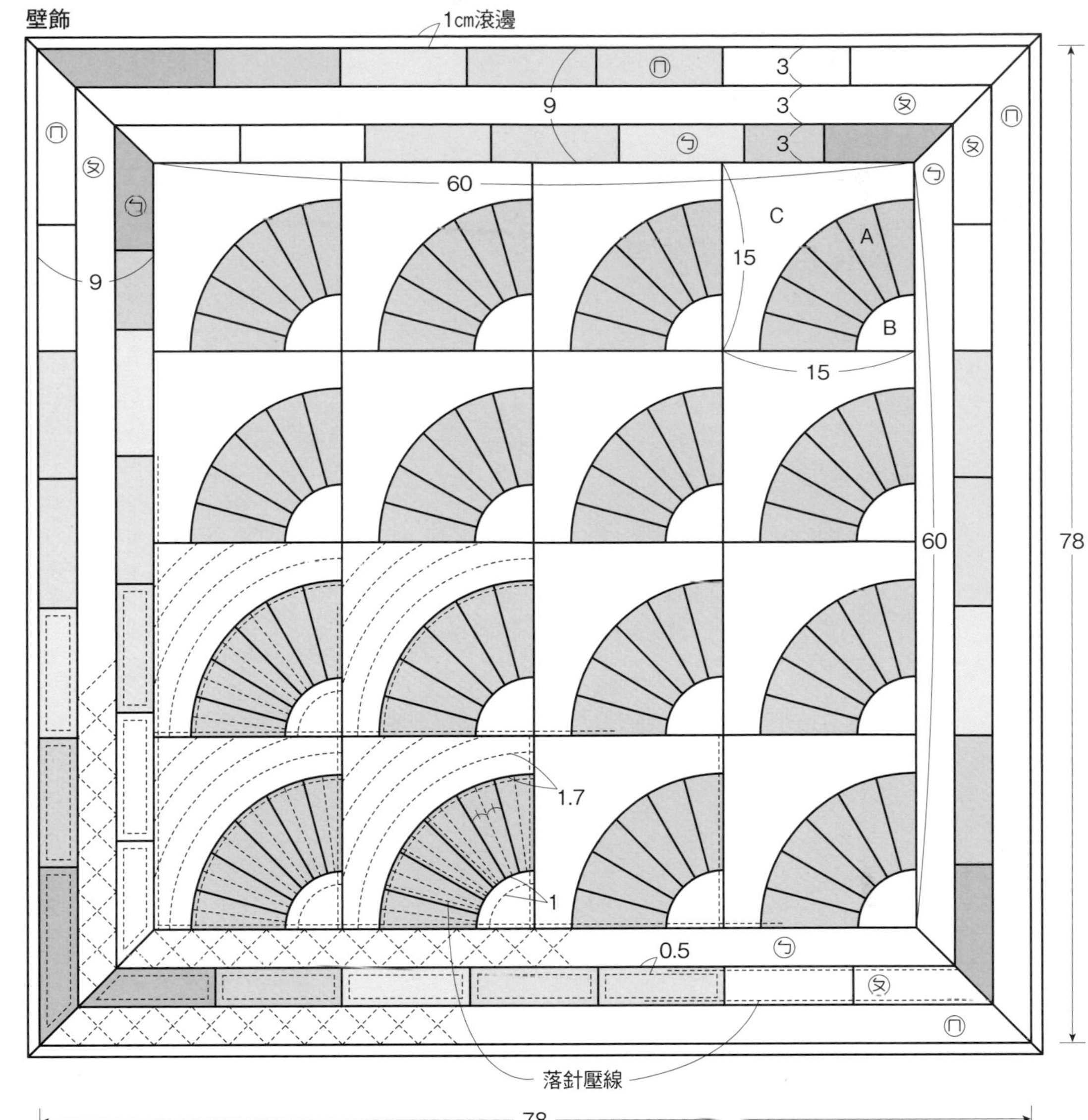

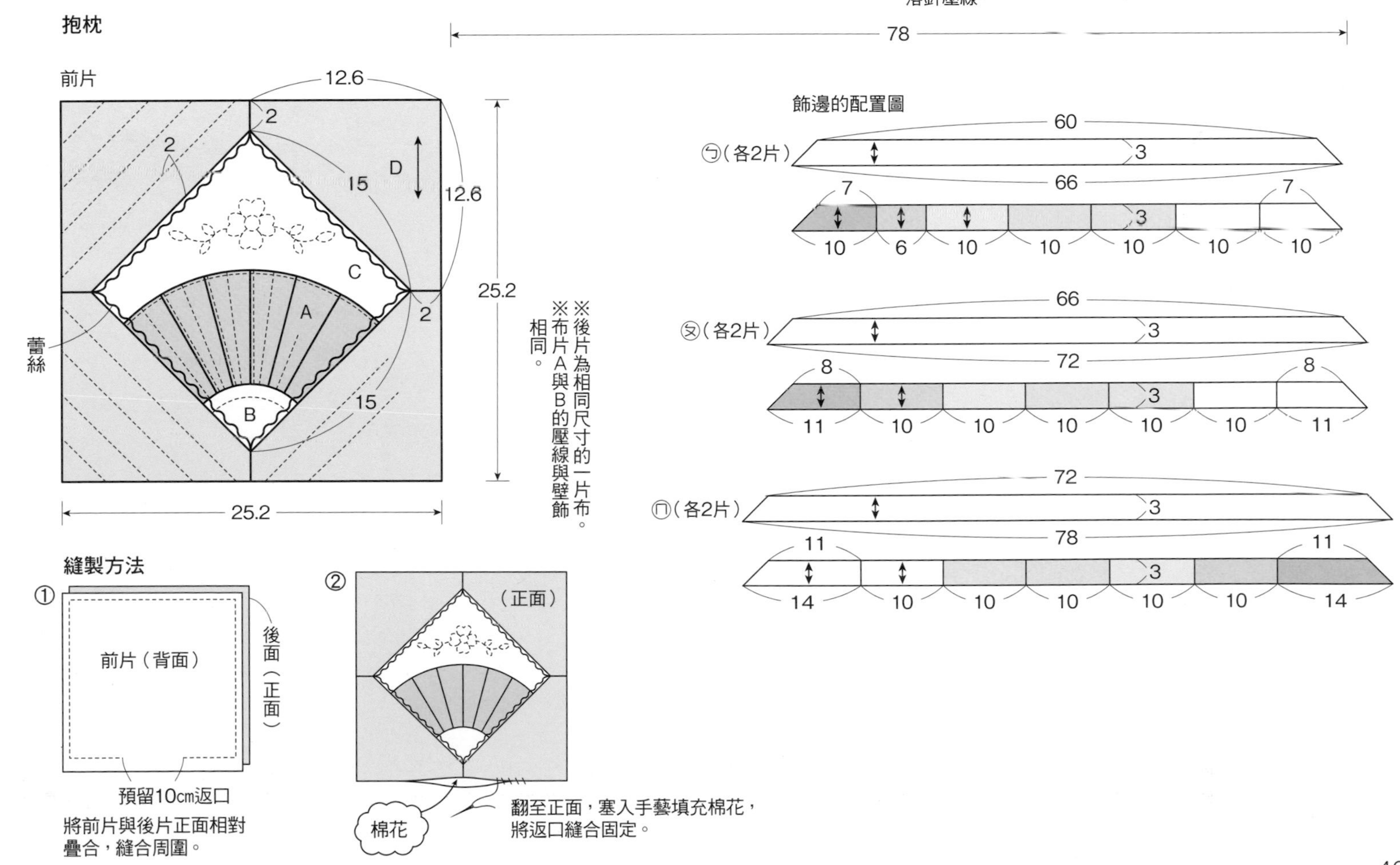

第18回 基礎配色講座の
配色教學

一邊學習基礎的配色技巧，一邊熟悉拼布特有的配色方法。第24回主要在於學習挑戰活潑有樂趣的配色方法。不妨使用手繪風的印花布及有趣的花樣，嘗試以藝術的感覺體驗自由配色的樂趣吧！

指導／後藤洋子

活潑有樂趣的配色

喜歡獨特又有趣的印花布，不知不覺買個不停，然而卻不知道用法所在，而感到困擾的讀者必看的單元。透過了解讓布料彼此間不產生衝突，而是互相影響發揮相乘作用的小秘訣後，無論是何種花樣都能成為鮮活閃耀的配色。珍惜未泯的童心，自由自在地開開心心不斷挑戰，肯定會是學習配色的第一步。

運用獨特的英文字樣印花布

在底色上使用大花樣

郵票風格的英文字樣印花布

比起細緻地進行剪裁，更想嘗試大面積使用，因此將其運用在底色上。左圖的布片則是刻意上下顛倒，以增添童趣感。

阿拉伯的帳棚

底色上使用大圖案的英文字樣印花布。就那些表布圖案上所使用的布片，則利用近似黃綠色、青色與白色布的布，作出差異。特別是白色印花布，在作為緩和轉換的效果上，特別活躍好用。

使色調搭配一致的同系色

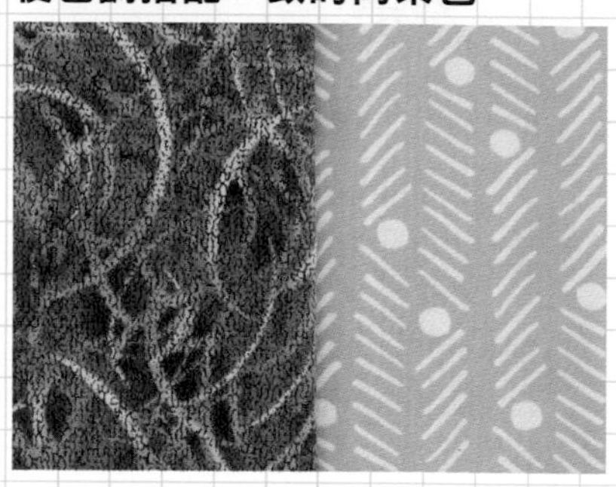

色彩飽和度高，又容易讓人瞬間映入眼簾，鮮明色調的青色與黃綠色的組合，由於也是類似色，因此相容性非常良好。

以黑色與白色加以收斂整合

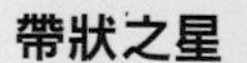

帶狀之星

以黑色將2片紅色及綠色系的個性派印花布收斂整合。由於左圖黑色稍嫌過於搶眼，因此在改換成白底較多的印花布之後，呈現自然隨興的感覺。

有如當代藝術般的水玉點點風

並非精準簡潔的點點花樣，而是透過加入手繪風的圓形花樣印花布的方式，呈現幽默的表情。

拼貼風印花布

將英文字樣的報紙裁剪成條狀後，再鑲入般的印花布。使用於大型布片上，使花樣的特徵得以發揮。

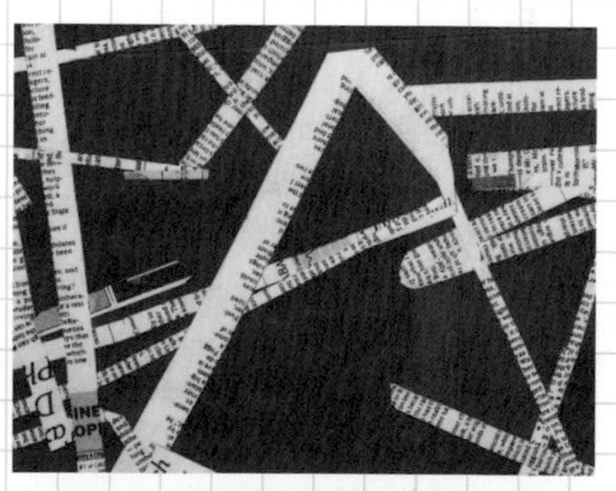

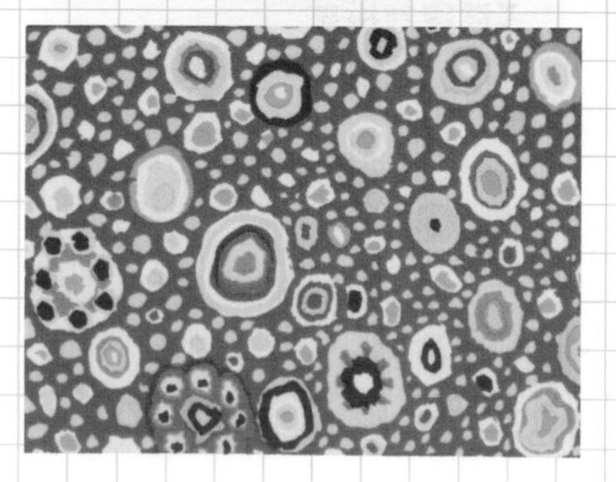

零碼布運用的技巧

整合色調

車輪

將8片布片進行色調統一的配色，進而取得平衡。由於左圖因底色的黑色稍嫌沈重黯淡，因此更換成右圖的灰色點點花樣。將原色的底色改變成音符圖形等富有樂趣的花樣。

使用連鎖性質挑選布片

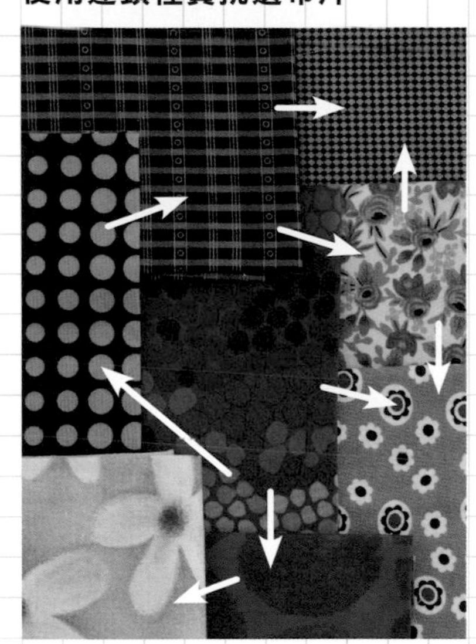

乍看之下雜亂無章的8片零碼布，分別以連鎖性質聯繫彼此的關係。從多色印花布之中選出顏色，以作為挑選下1片布片的依據為其祕訣所在。

以類似色進行整合

世界博覽會拼布

運用在表布圖案上的六角形布片，是將黃色到水藍色的類似色，以此特性作挑選。底色也是以零碼布構成，為了避免相鄰的布片形成相似的顏色，因此請先排列一次作為確認。

所謂的類似色

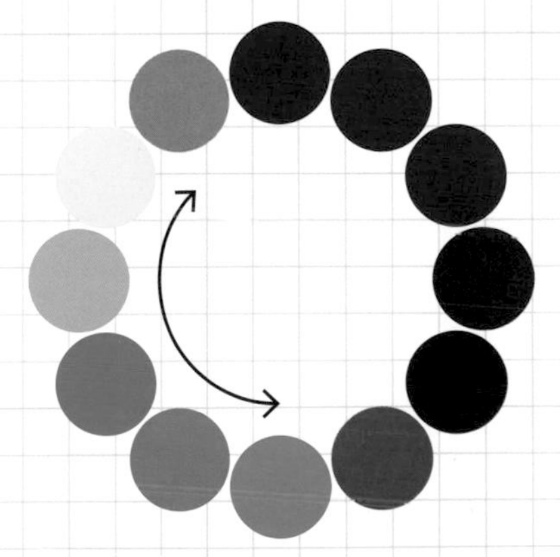

在以色彩為順序進行排列的基礎12色相環中，依照箭頭所示的狹小範圍即為類似色。此一情況，使用了黃色到青色。即便花紋圖樣不同，也易於整合之處為其特徵所在。

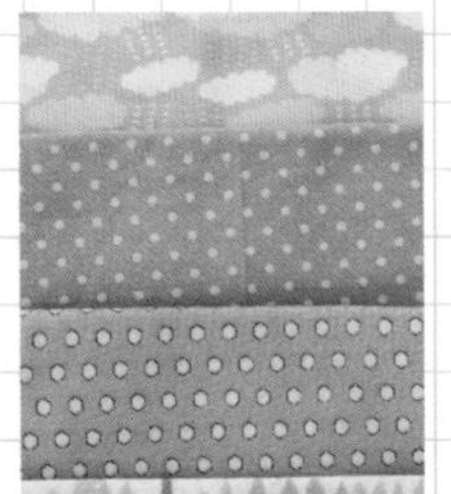

扮演緩和角色的淡色

雖然僅以強烈色彩也能進行統整，為了營造輕鬆感的療癒系色彩，加入淡淡灰色調的綠色。

以原色底布進行統一

當底色亦作為零碼布運用的時候，為了襯托出主要色彩的醒目，因此以原色底布進行統一。

底色上也加入強調色

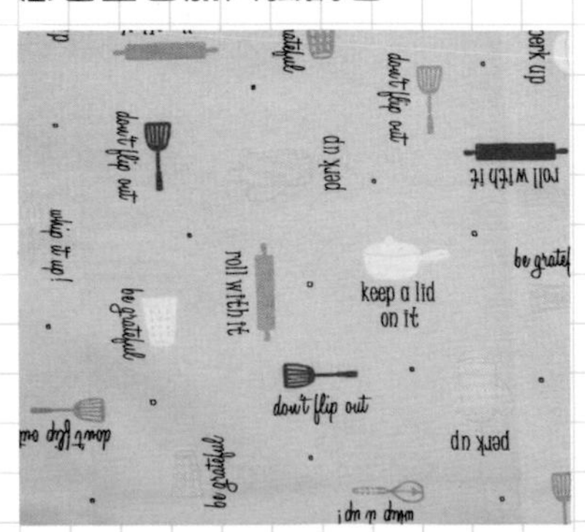

若將底色全部配置成原色底布，會顯得過於無趣，因此在各處添加了黃色以作為強調色。

互補色的組合

以所有大花樣進行選擇

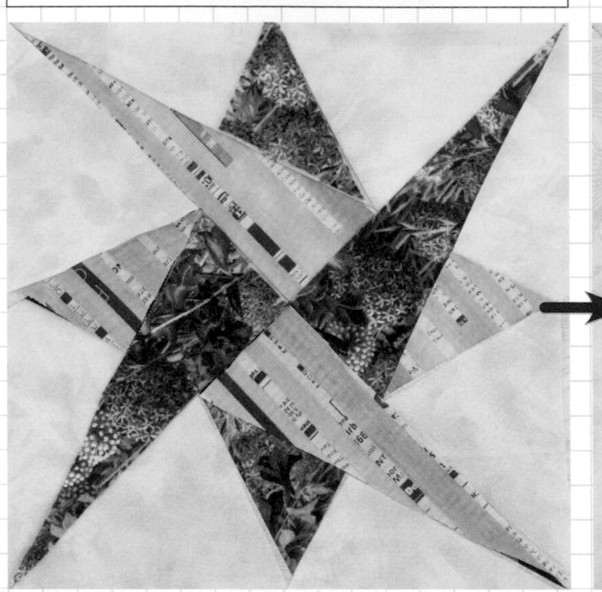

束縛之星

雖然最初僅以黃色英文字樣印花布與紫色花朵圖案布的2種顏色構成，一旦改變成4種顏色之後，星星的光輝變成往四面八方擴展開來。底色亦配置上2種顏色，顯得更加活潑有趣。

使用布片的背面

剛好沒有淡色布料時，使用布片的背面側也是一種對策。同時也和另外1色的原色底色非常搭配。

所謂的互補色（對比色）

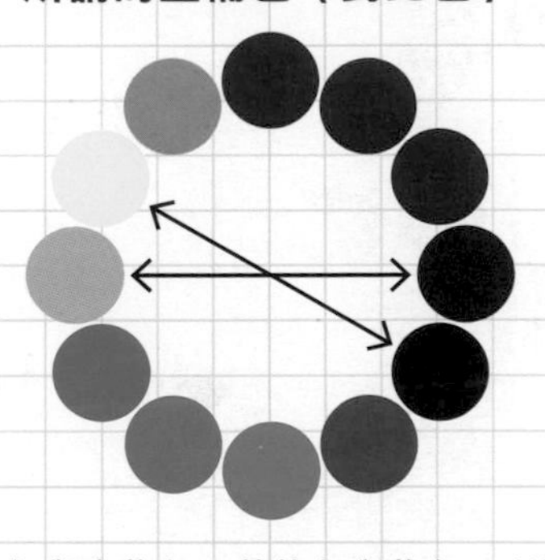

黃色與青紫色、黃綠色與紫色，所謂的互補色，為色感相搭的顏色。位於上方12色相環中相反側的2個顏色即為互補色。

使用手繪風印花布

烏龜

在烏龜的表布圖案上，添加2片正方形，進行了配置。為了表現出烏龜幽默橫生的印象，因此大量使用了普普藝術風的個性派布片。

活用互補色

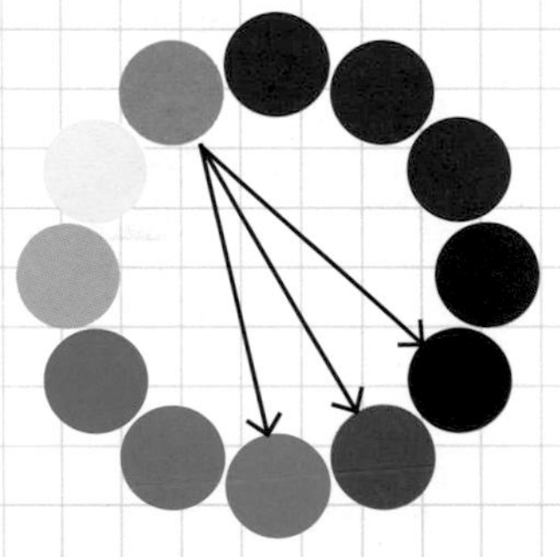

相對於橘色※而言，青色到紫色作為互補色，是色感非常搭配的顏色。互補色運用成為個性化配色的好幫手。 ※茶色為橘色的同類色。

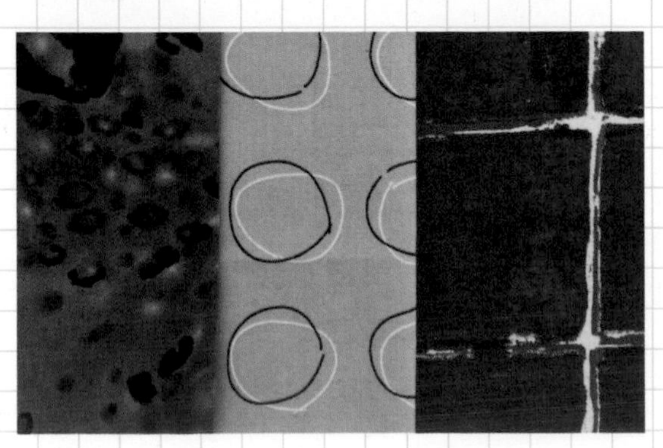

呈現動態感的直條紋

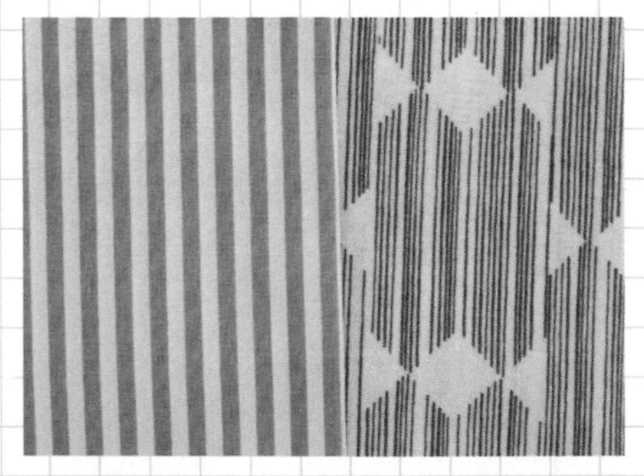

使用於烏龜圖案的底色上的直條紋布，是透過使其不停地旋轉裁剪布片的方式，呈現動態感。看起來就像是烏龜在游泳的樣子。

推薦的手繪風印花布

簡潔的水玉點點或格紋布，給人整齊俐落的印象，但若是手繪風布料，則帶來恰到好處的溫和感。

享受具象圖案印花布樂趣的方法

使用可愛有魅力的印花布

扭繩

為了展現繩子扭轉的模樣，作出色調明暗反差為重要關鍵。左圖的黑色格紋布感覺上稍嫌薄弱，改換成深色調的灰色之後，隨即變得更加立體。

避免花樣短少

若想要完整地呈現動物或是生活小物等印花布，可選擇使其在幾何圖案中登場的方式較為出眾。此處選擇在八角形的大布片上，使花樣完整地呈現。

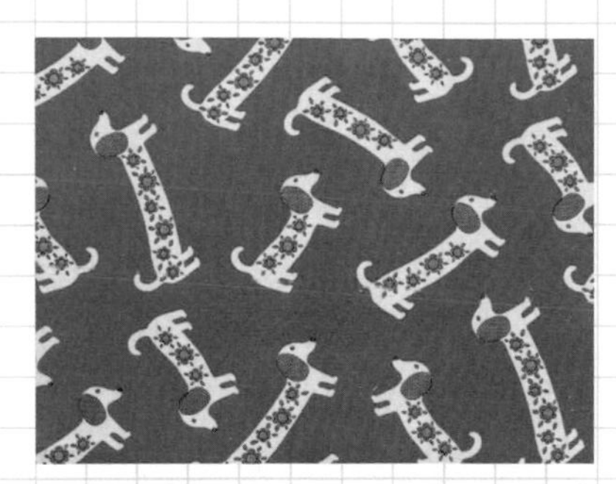

利用白底的份量確認亮度

右側雖為白底黑色，但遠處看起來卻像是灰色。左側雖然是灰色，但因為白底的份量較少，因此看起來比右側顏色更深。

花樣若隱若現的樂趣

號角齊鳴

大量使用喜愛的布料，自由地進行配色的2片表布圖案。左圖為零碼布運用，右圖則是將往四面八方延伸的布片每2片配置成相同布料。兩者皆縫製成獨具個性的作品。

以深色進行收斂整合

中心的正方形，若如左圖所示，以深色進行收斂整合，表布圖案就會顯得協調統一。

活用單色的印花布

雖然將喜愛的布料自由地進行配置，然而可在關鍵處配置上黃色、青色、灰色等所謂的單色印花布，藉以凸顯多色印花布的美麗。

生活手作小物

攝影／山本和正

36

享受午茶時光的壁飾

在五彩斑斕的「杯子」及「壺具」的表布圖案上，將甜點花樣進行貼布縫的壁飾。為了欣賞與花盆及觀葉植物一起陳列的樂趣，而進行排列。

設計・製作／大倉好子
97×97㎝　作法P.86

楓紅落葉壁飾

以橘色、綠色繡線，表現楓紅景象越來越濃厚的落葉。以4號粗繡線繡縫各式針目填滿圖案，完成彩繪般的漂亮壁飾。

設計／加藤礼子
製作／斉藤由子
29.5×32㎝　作法P.101

38

秋季花卉繽紛綻放的杯墊

銀杏葉、桔梗、大吳風草、大波斯菊貼布縫圖案的杯墊。以刺繡表現花心、葉脈等部分，構成重點裝飾。

設計・製作／吉田ひろみ
直徑 10㎝　作法P.98

日常用迷你手提袋＆波奇包

三角形拼接圖案的迷你手提袋＆波奇包

以茶色印花布彙整色彩繽紛的三角形布片，完成迷你手提袋。縫合脇邊之後車縫側身的手提袋，最適合日常外出使用或當作便當袋。安裝醫師口金的波奇包，是以充滿聖誕氣氛的印花布構成華麗配色。

設計・製作／後藤洋子　迷你手提袋18×32cm　作法P.100　波奇包12×20cm　作法P.97

安裝醫師口金的波奇包，
可大大地敞開袋口，使用超方便。

先染布拼接圖案斜背小物袋

拼接「Fancy Nine Patch」與「五月花」圖案，接縫四角形拼接小區塊，完成斜背小物袋。接縫窄幅橢圓形袋底的筒形設計，十分合身，實用又便利。

設計・製作／加藤まさ子
21.5×18cm　作法P.89

攝影／藤田律子（作法流程）　山本和正

火焰之星

圖案難易度

以菱形布片構成的星形圖案種類非常多，此圖案也是其中之一。由外往內拼接，以三段菱形布片構成圖案，每一段都變換顏色，完成熊熊燃燒般，恰如圖案名稱的閃亮星星。周圍區塊接縫小片三角形布片，精心配色營造縱深感，突顯圖案設計。

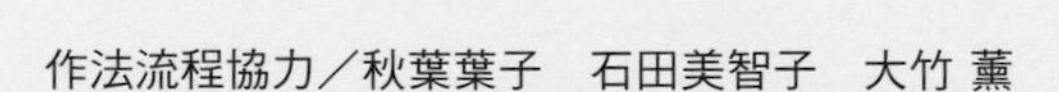

作法流程協力／秋葉葉子　石田美智子　大竹 薰

指導／古澤惠美子

典雅色彩星形圖案整齊排列的床罩

以接縫小片「九宮格」圖案的帶狀區塊，彙整星形圖案。邊飾進行貼布縫，縫上「檸檬星」區塊，盡情使用星形圖案的設計。色澤沉穩，也很適合男性使用的床罩。

設計／古澤惠美子　製作／石田美智子
217.5×183.5㎝　作法P.102

42

時髦帥氣的薄形手提包

以拼接兩片圖案的口袋為設計重點的手提包。僅口袋部分疊合鋪棉進行壓線，本體則黏貼接著襯進行車縫。輕輕鬆鬆就能夠完成縫製，外形簡單俐落。接縫窄版側身，方便擺放書籍、文件資料。

設計・製作／古澤惠美子
30.5×33cm　作法P.55

43

詳細解說
製作步驟

後片的二分之一範圍接縫大口袋。掛在包包上，當作裝飾的檸檬星圖案波奇包，連同手機等物品一起放入，空間都仍綽綽有餘。
波奇包直徑11cm

波奇包後片側接縫小口袋。

區塊的縫法

拼接4片A布片，完成8個菱形小區塊，接縫成星形圖案。拼接B、C布片完成三角形區塊，拼接B、D布片完成正方形區塊，分別完成4片，進行鑲嵌拼縫，接縫於星形圖案周圍。重點是必須確實地對齊布片接縫處，請以珠針確實固定，避免布片錯開位置，接縫處進行回針縫。

＊縫份倒向

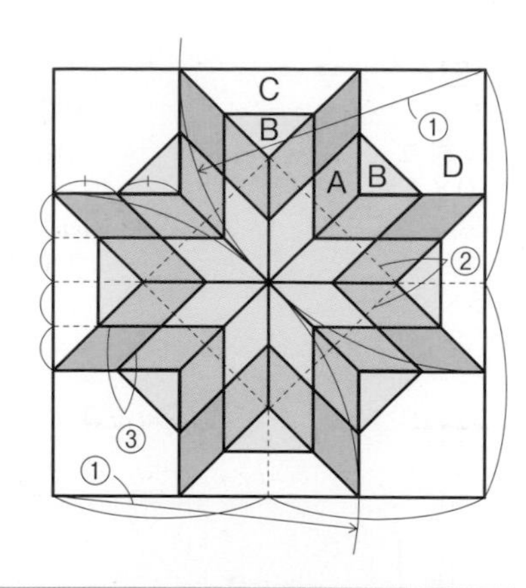

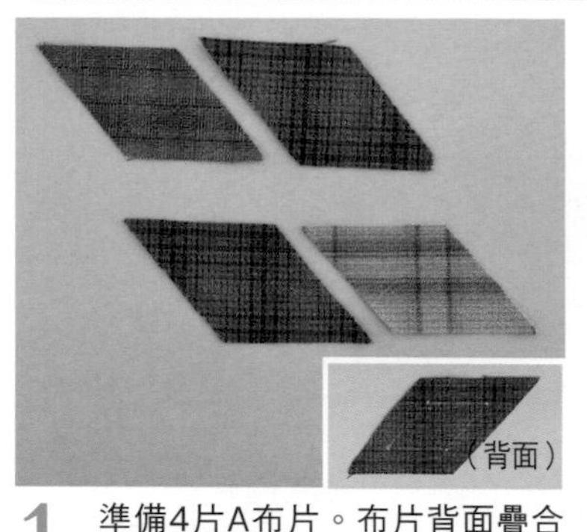

1 準備4片A布片。布片背面疊合紙型，以2B鉛筆等作記號，預留縫份約0.7cm，進行裁布。布片的角上正確地作上點記號。

2 正面相對疊合第1與第2段的2片布片，對齊記號，以珠針固定兩端。在記號外側2、3針處，進行回針縫再作平針縫，縫至記號外側2、3針為止，再進行回針縫。

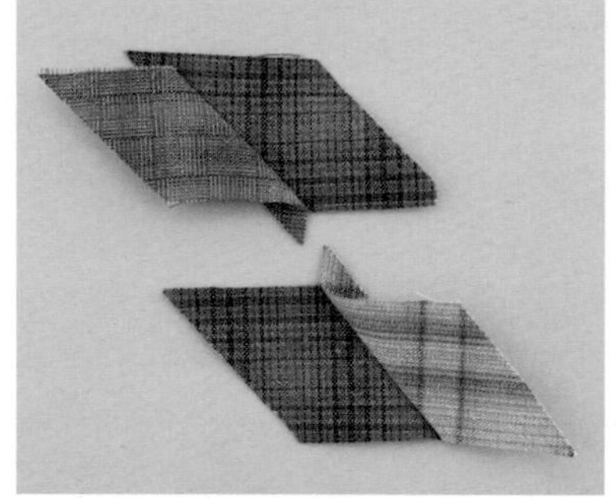

3 將縫份整齊修剪成0.6cm。第3段也以相同作法進行拼接，縫份依圖示一起上下交互倒向同一側。

4 正面相對疊合上、下小區塊，對齊兩邊端與接縫處，以珠針固定，進行平針縫。接縫處附近比較厚，縫至接縫處前進行回針縫，跨越接縫處，再完成回針縫。

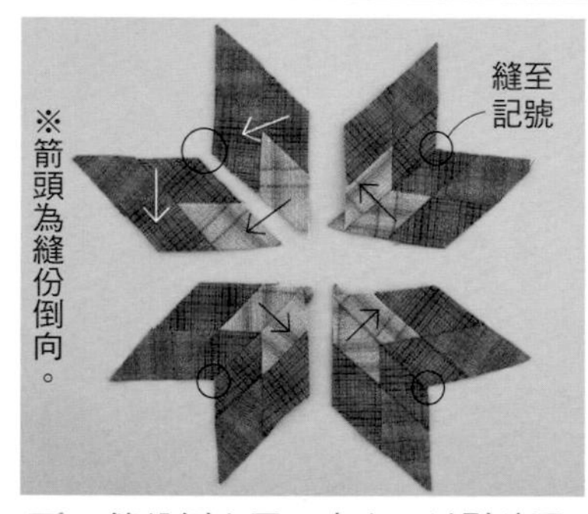

5 縫份倒向同一方向，以熨斗壓燙降低縫份厚度。完成8個區塊，依右圖示分別接縫2個區塊。

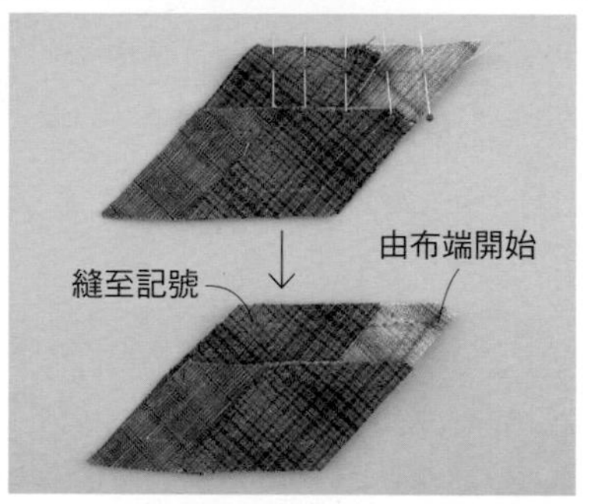

正面相對疊合2個區塊，對齊記號，以珠針固定兩端、接縫處、兩者間。由布端開始，縫至記號為止，在接縫處附近進行回針縫。

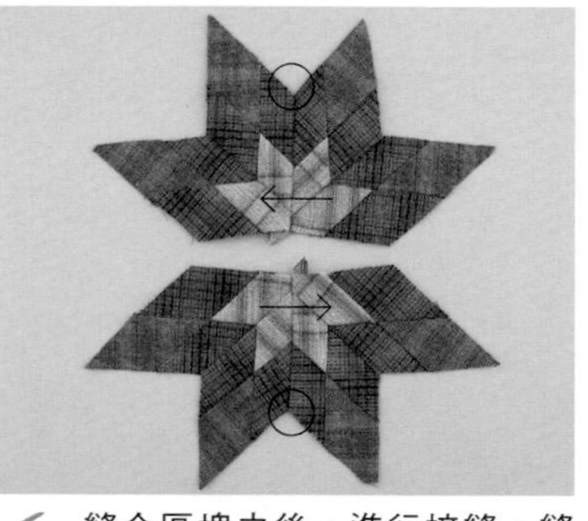

6 縫合區塊之後，進行接縫。縫份上下交互倒向同一方向。

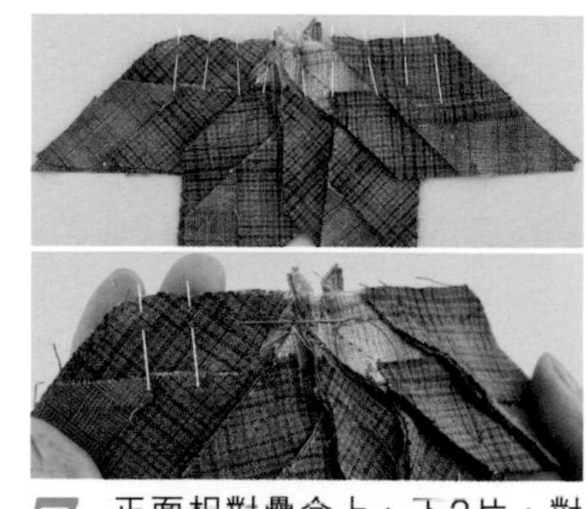

7 正面相對疊合上、下2片，對齊記號，以珠針固定兩端、接縫處、兩者間。由記號縫至記號，在接縫處附近進行回針縫。

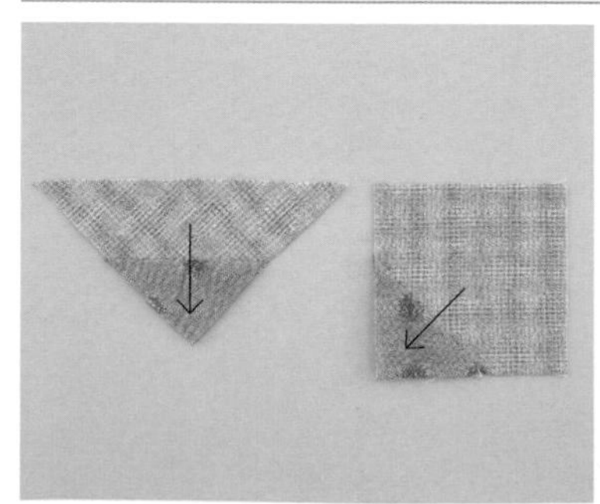

8 拼接B與C、B與D布片，分別完成4片三角形與正方形小區塊。縫份倒向B布片側。

9 步驟7縫份倒向任一側（圖示中倒向上側）。星形區塊周圍進行鑲嵌拼縫，接縫步驟8的小區塊。

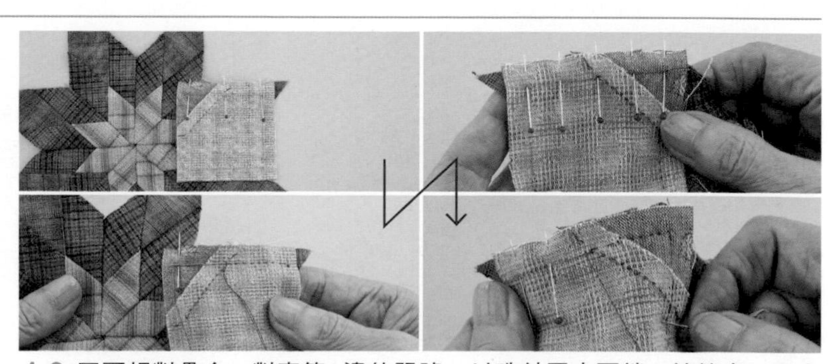

10 正面相對疊合，對齊第1邊的記號，以珠針固定兩端、接縫處、兩者間，進行縫合。縫至記號，進行一針回針縫之後，暫休針（左）。對齊第2邊，同樣以珠針固定之後，繼續進行接縫（右）。三角形區塊先進行接縫亦可。

P.53 手提包＆波奇包

裁布圖（單位：cm）
※除了註記為原寸裁剪外，其餘皆需外加縫份。

●材料

手提包 各式拼接用布片 前片用布110×45cm（包含C、D、後片、側身部分） 後片口袋布110×40cm（包含提把、扣帶、扣帶絆、滾邊部分） 裡布110×45cm（包含口袋胚布部分） 鋪棉40×20cm 中厚接著襯85×30cm 厚接著襯85×15cm 單膠鋪棉45×15cm 直徑1.4cm 縫式磁釦1組 domett鋪棉2.5×80cm

波奇包 各式拼接用布片 後片用布40×15cm（包含b、口袋部分） 鋪棉、胚布各30×15cm 滾邊用寬3.5cm斜布條75cm 長13cm 拉鍊1條 直徑0.15cm 繩帶60cm 直徑1.2cm 包釦心、直徑1.3cm 串珠各1顆 直徑0.5cm 串珠3顆 中厚接著襯適量

●波奇包作法順序

拼接布片，完成前片表布→前片與後片表布疊合鋪棉、胚布，進行壓線→進行周圍滾邊→製作口袋→依圖示完成縫製。
※A至EE'、前片、後片、後片口袋、波奇包的a與b原寸紙型B面⑧

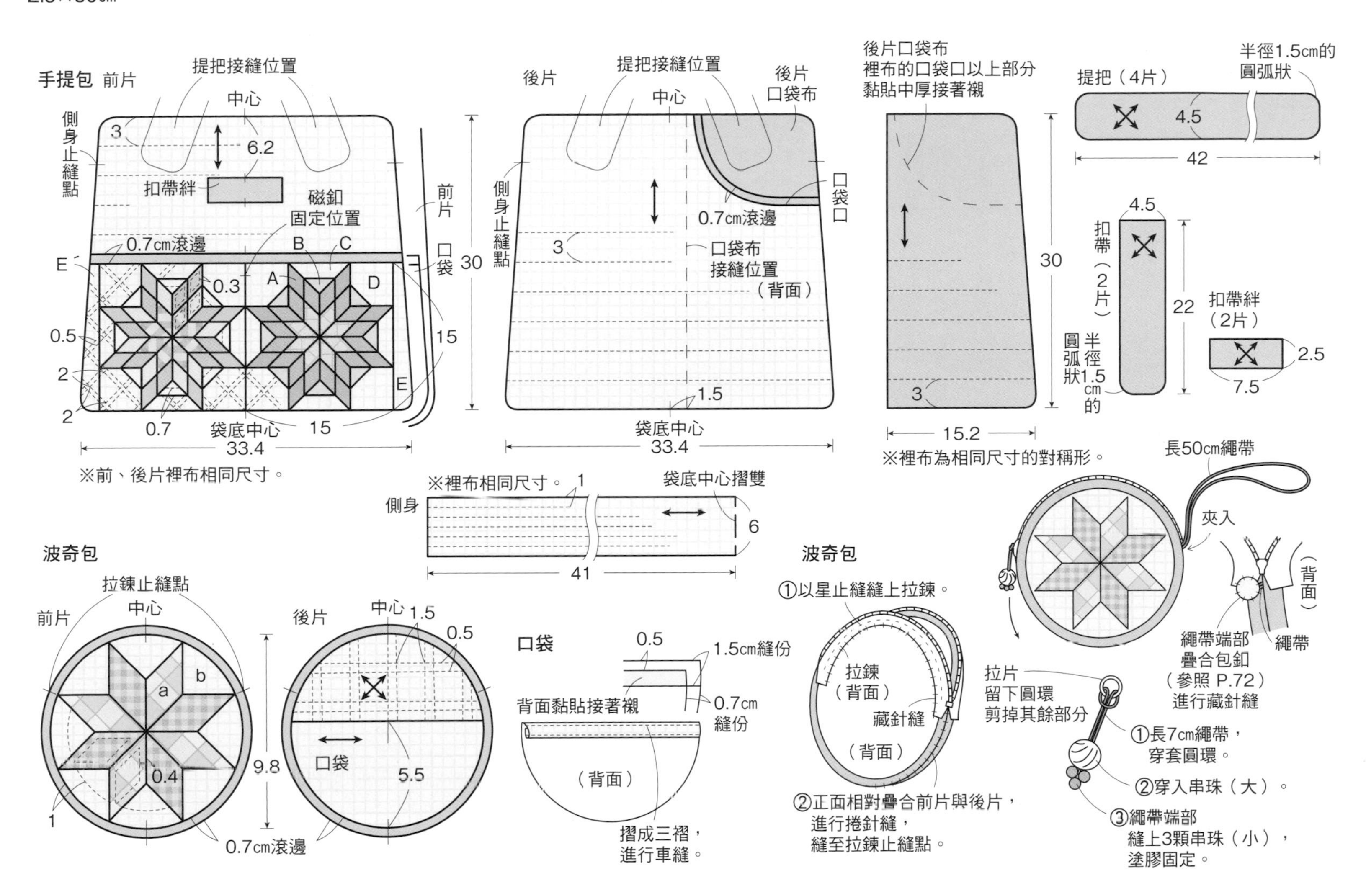

1 口袋表布描畫壓縫線。

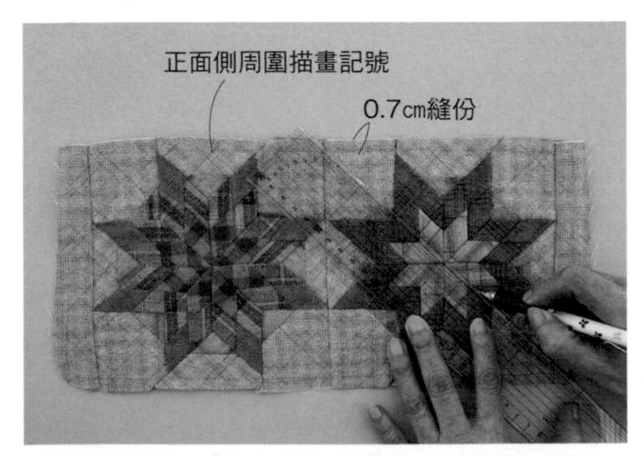

拼接A至EE' 布片，完成口袋表布，使用定規尺，描畫壓縫線。布片內側也描畫。

2 進行疏縫。

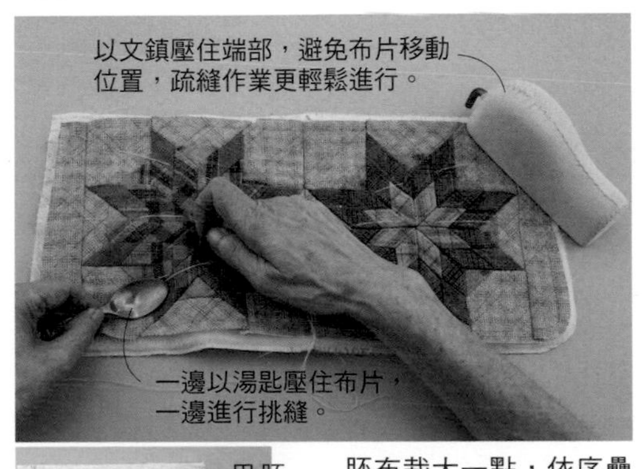

胚布裁大一點，依序疊合鋪棉、表布。由中心開始，疏縫成放射狀。以十字形→對角線→兩者間順序完成疏縫。

對角線不容易筆直疏縫，請依圖示先渡線，當作導引線。

略微靠近周圍記號外側，取2股繡線，進行疏縫。正式縫合之後即拆掉疏縫線，因此上部與其餘3邊分別進行疏縫。

3 進行壓線。

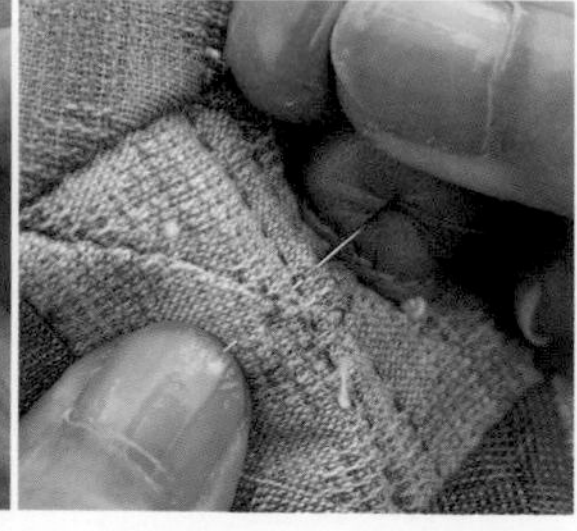

由中心附近開始，一邊以頂針器推壓縫針，一邊挑縫3層。一次挑縫相同針數，完成整齊漂亮的針目。

掃描就能夠觀看影片！

掃描QR Code就能夠進入網頁，觀看「YouTube影片」。

※觀看影片需要網路流量。

https://youtu.be/bSPbwE6H9sE

4 進行上部滾邊。

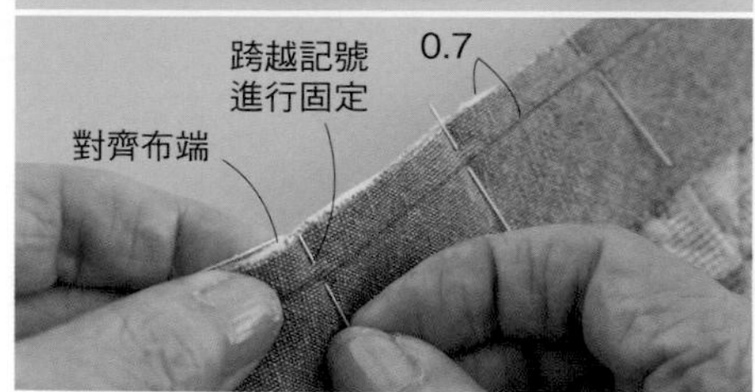

寬3.5cm斜布條背面作記號，標出0.7cm的縫合線，正面相對疊合於上部，對齊記號，以絲針固定。

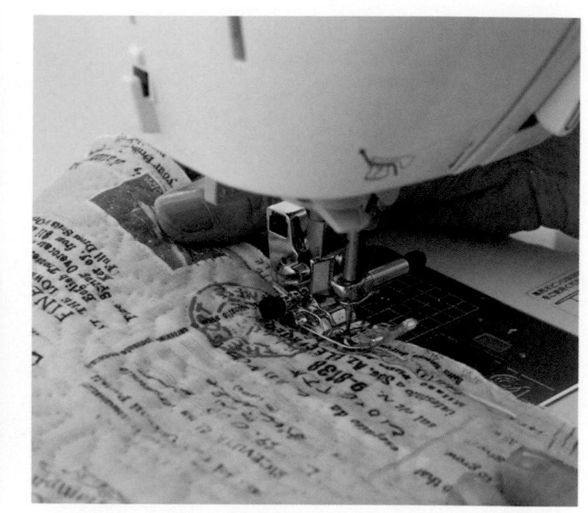

由背面進行車縫。略微靠近疏縫處內側，仔細地車縫。車縫之後取下絲針。

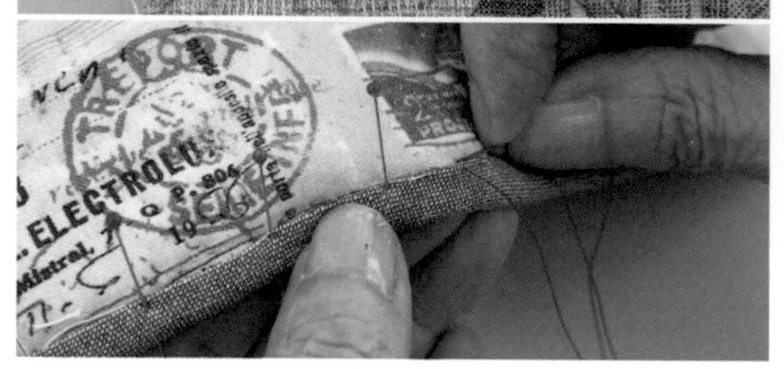

往上摺疊斜布條，完成的滾邊才不會鬆垮。包覆縫份，沿著縫合針目邊緣，以珠針固定，進行藏針縫，縫於背面。

5 製作前片。

前片表布的正面，依序作記號，標出周圍的完成線、中心、袋底中心、側身止縫點。裡布背面黏貼中厚接著襯。裡布背面噴膠，背面相對貼合表布與裡布。進行車縫，取2股疏縫線，略微靠近完成線外側，進行疏縫。中心等部分的記號容易消失，縫上記號更安心。

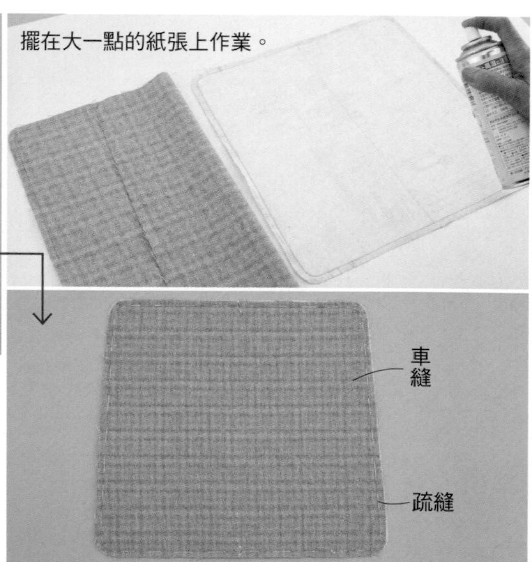

6 前片暫時固定口袋。

前片正面疊合口袋，對齊袋底中心，以珠針固定。取2股疏縫線，略微靠近疏縫處外側，進行疏縫。

7 製作後片。

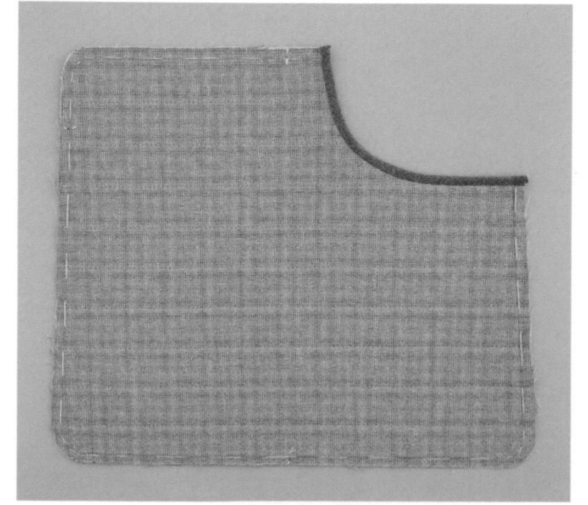

如同前片作法，貼合表布與裡布，進行車縫，沿著口袋口進行滾邊。略微靠近完成線外側進行疏縫，以線縫上側身止縫點與中心的記號。

8 製作後片的口袋布。

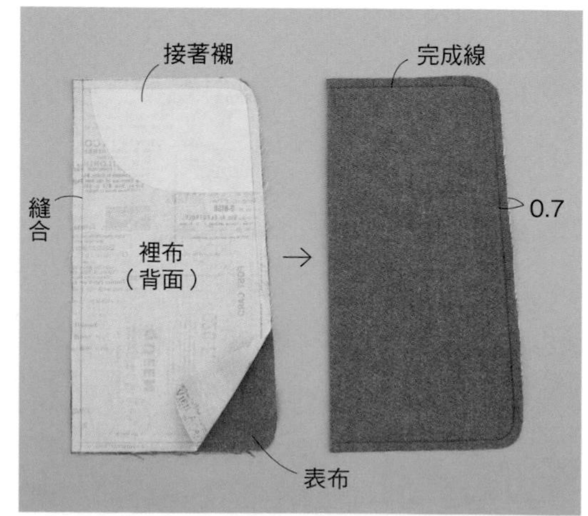

裡布上部黏貼中厚接著襯，正面相對疊合表布，縫合左側邊端，翻向正面，以熨斗壓燙縫合針目，噴膠貼合。周圍作上完成線記號。

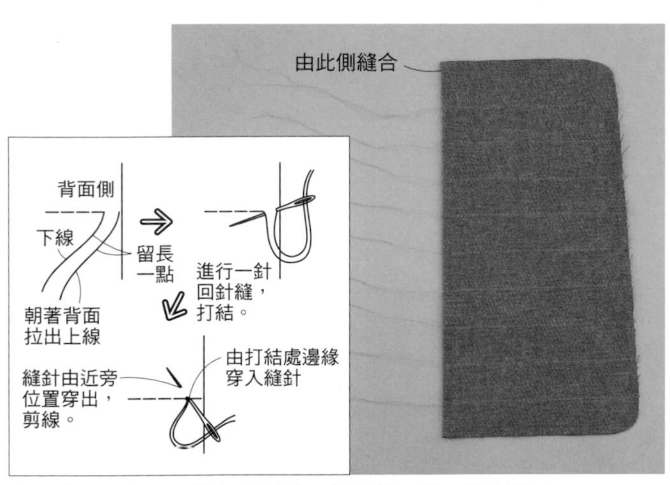

進行車縫。左側不進行回針縫，線留長一點，進行縫合※。
※進行回針縫時，容易發生縫後出線的情形，請依圖示處理。

9 後片接縫口袋布。

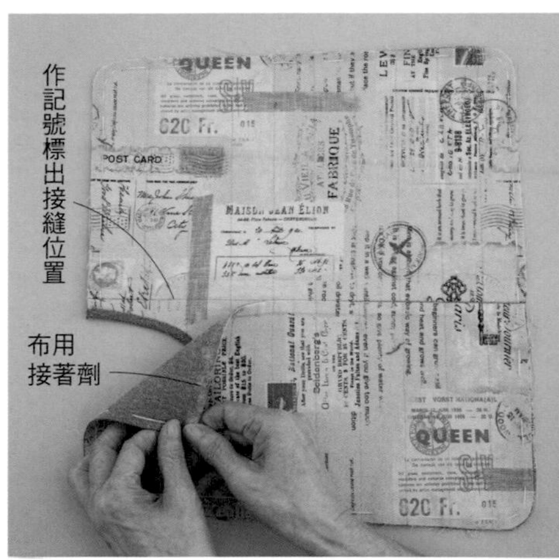

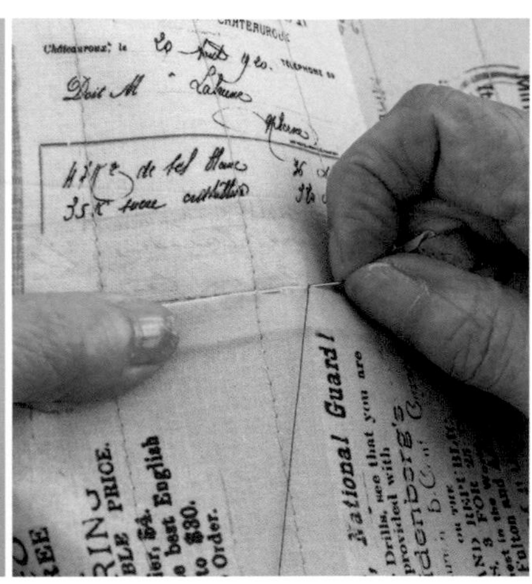

口袋布左端，塗抹布用接著劑（或塗膠），黏貼於後片背面，進行藏針縫。避免正面側出現縫合針目。

10 製作側身。

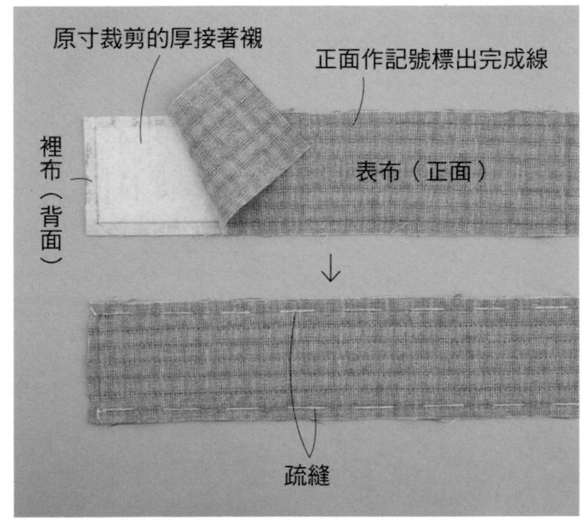

裡布黏貼接著襯，表布噴膠，背面相對貼合。進行車縫，沿著長邊完成線，進行疏縫。

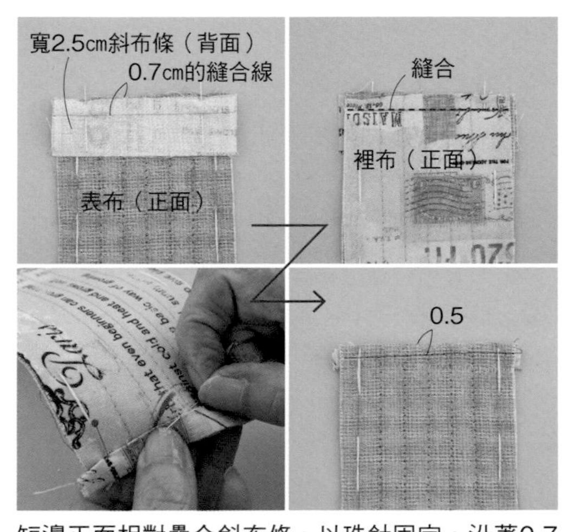

短邊正面相對疊合斜布條，以珠針固定，沿著0.7cm內側，由裡布進行縫合。沿著縫合針目反摺斜布條，進行藏針縫，縫於背面。由正面進行車縫。

11 製作扣帶。

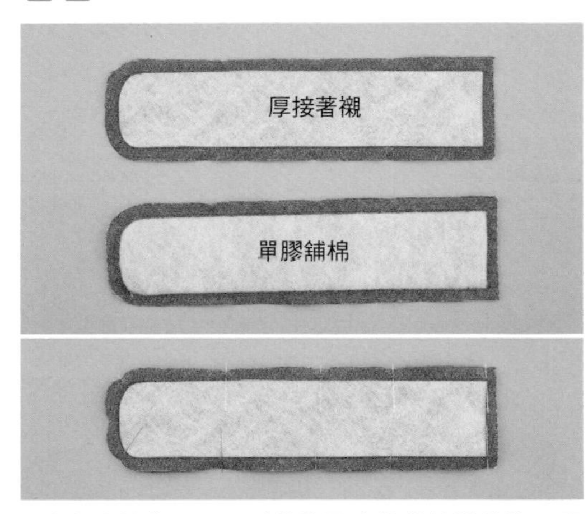

2片布片的背面，分別黏貼原寸裁剪的接著襯、單膠鋪棉※，以熨斗燙黏。正面相對疊合2片，以珠針固定，進行車縫，短邊除外。
※由鋪棉迅速壓燙之後，由布片側壓燙促使黏合。

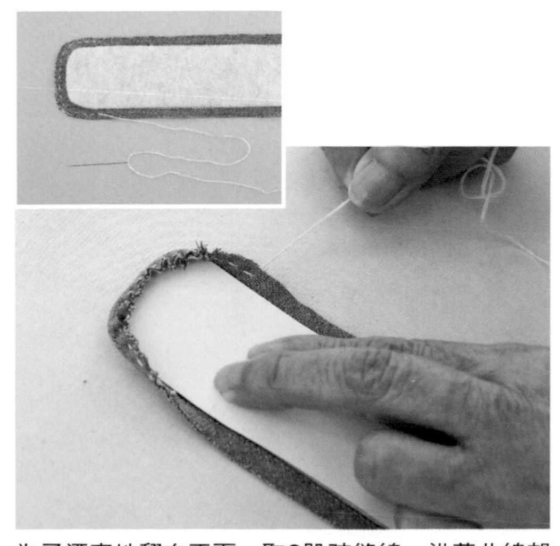

為了漂亮地翻向正面，取2股疏縫線，沿著曲線部位縫份進行疏縫，疊合紙型，拉緊縫線。

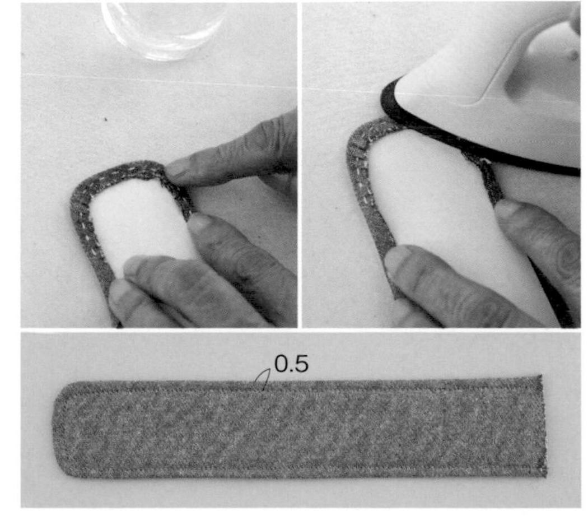

摺入縫份之後，以手指沾水塗抹，以熨斗壓燙。取掉紙型，翻向正面，以熨斗整燙，黏貼鋪棉側朝上，沿著縫合針目的0.3cm處進行車縫。

12 製作提把。

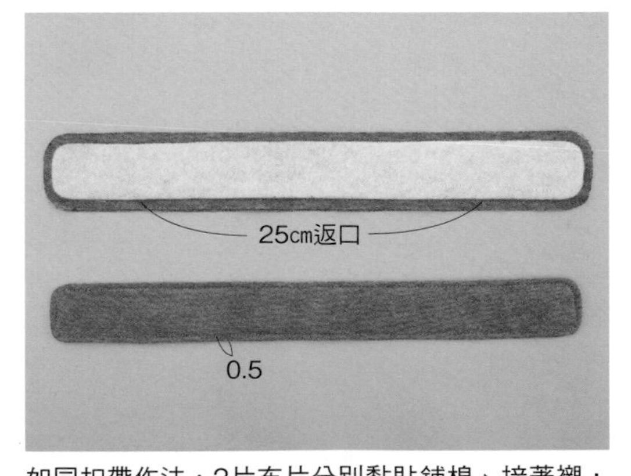

如同扣帶作法，2片布片分別黏貼鋪棉、接著襯，正面相對疊合，預留返口，進行車縫。
如同扣帶作法，翻向正面，縫合返口（請參照P.59），車縫周圍。製作2條。

13 製作扣帶絆。

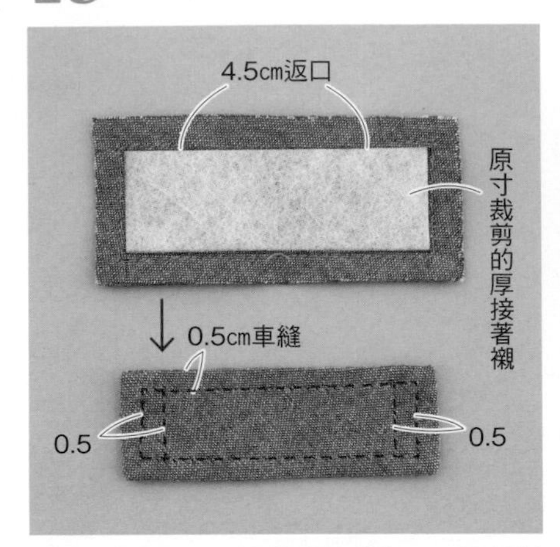

裁剪2片布片，1片黏貼接著襯。正面相對疊合2片，預留返口，進行縫合，翻向正面（請參照P.59），縫合返口，進行車縫。

14 縫合前、後片與側身。

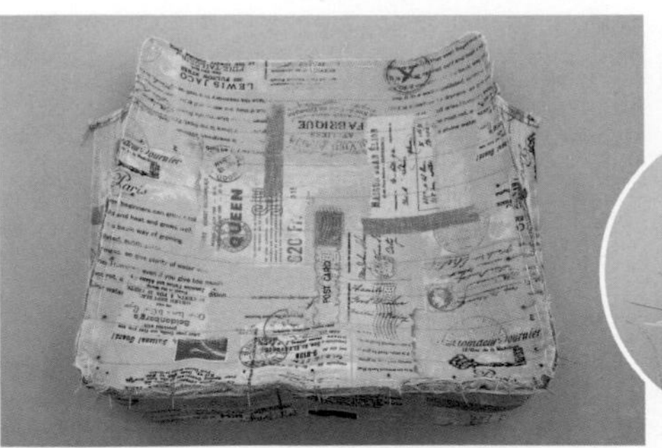

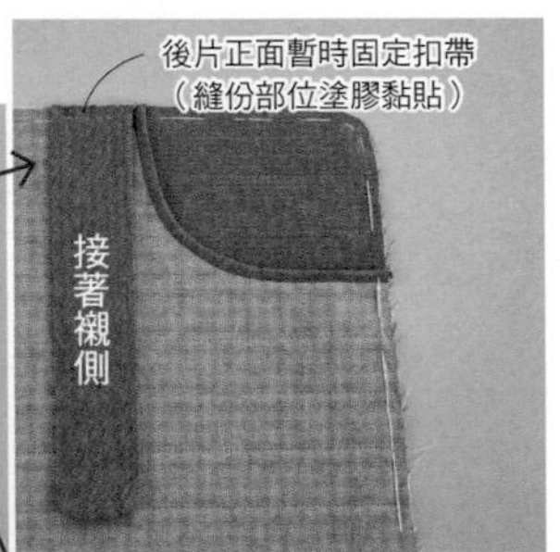

進行回針縫，不挑縫布片，縫針一針一針地穿縫，就不會錯開位置。

前片在上，側身在下，正面相對疊合，對齊布端，以珠針固定袋底中心與側身止縫點的記號處。接著固定直線部分，最後固定曲線部分，細密地固定。取2股疏縫線，沿著前片的疏縫處邊緣，進行回針縫。

進行車縫。避免錯開位置，略微靠近疏縫處外側，仔細地車縫。

15 進行前、後片上部滾邊，處理縫份。

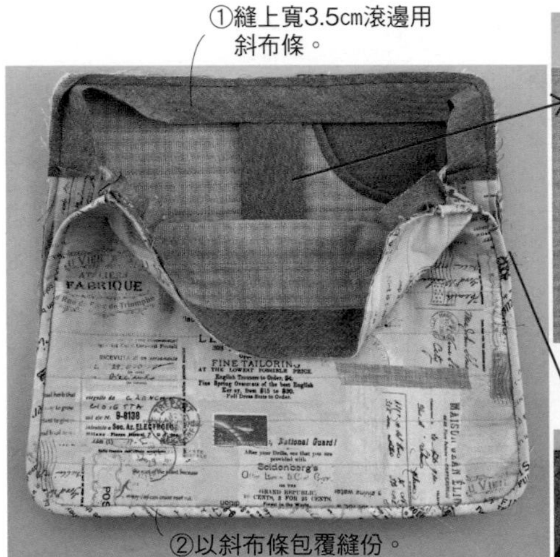

後片也以相同作法縫合側身。

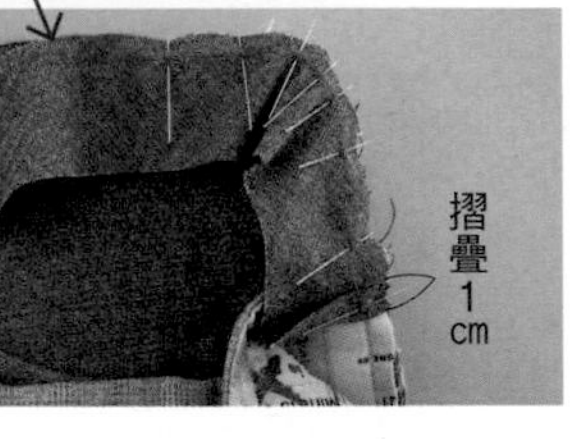

摺疊邊端1cm，縫合固定至側身接縫位置下方1cm處。曲線部位的斜布條進行微調縫出立體感。

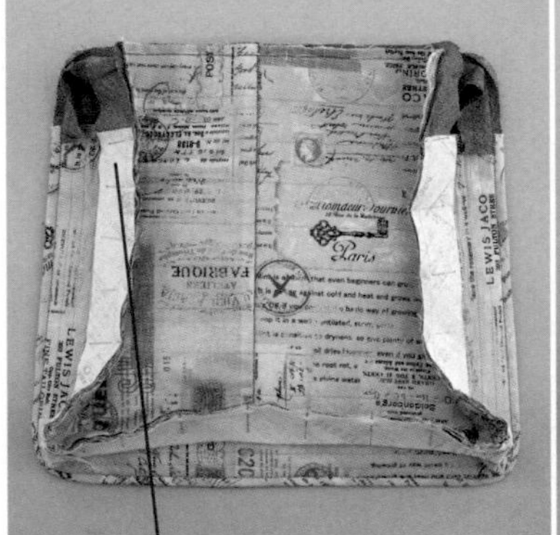

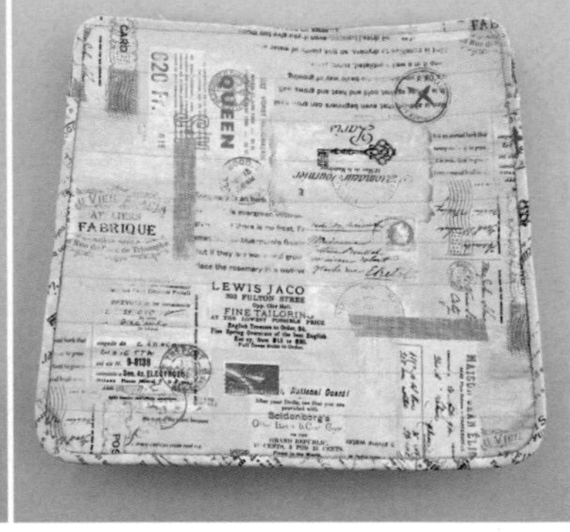

寬3.5cm處理縫份用斜布條，作記號標出0.7cm的縫合線，正面相對疊合於縫份，對齊布端，以珠針固定。縫合起點重疊上部斜布條約1.5cm（左）。反摺斜布條，包覆縫份，進行藏針縫，縫於前、後片（右）。

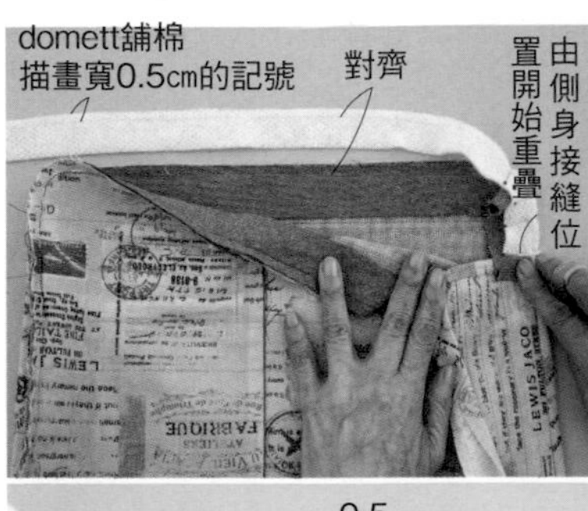

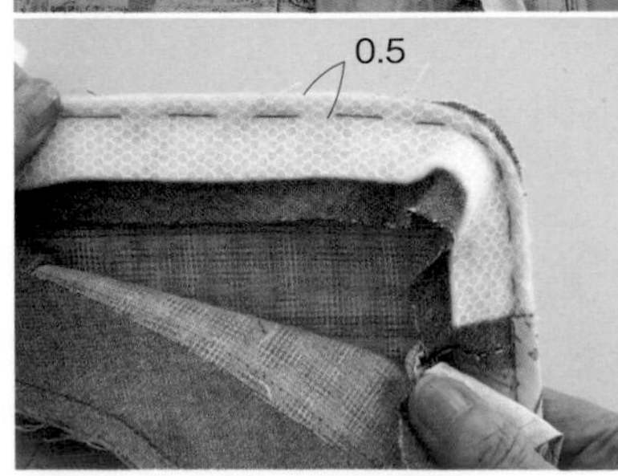

上部的斜布條背面，疊合寬2.5cm的domett舖棉，對齊斜布條邊端，以珠針固定。沿著0.5cm位置進行粗針縫。如同口袋口滾邊作法，反摺斜布條，以珠針細密地固定，進行藏針縫，縫於背面。

16 接縫提把與扣帶絆。

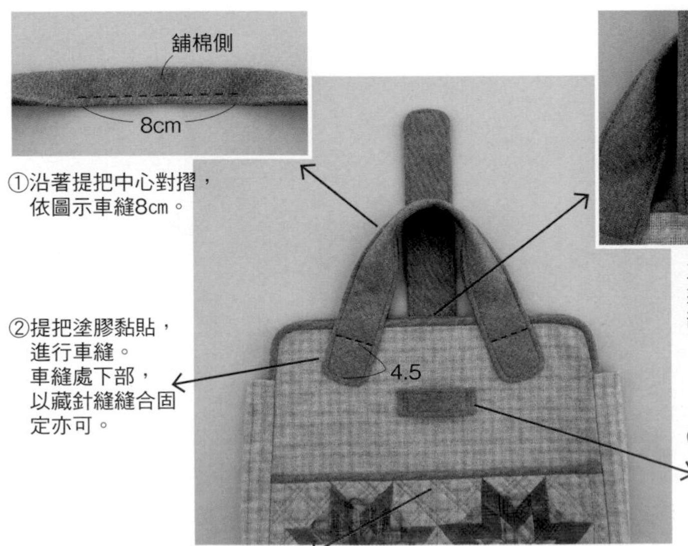

拼布小建議

本期登場的老師們，將為拼布愛好者介紹不可不知的實用製作訣竅，可應用於各種作品，大大提昇完成度。

雕繡技巧（Cut work） 指導／馬場茂子

P.28刊載的波奇包，是運用雕繡技巧，以大花圖案布料，完成漂亮花片之後縫製完成。

大花圖案布料為表布，以雙面膠帶貼合裡布。以花圖案的花心為中心，描畫花瓣的記號，沿著記號內側0.2cm處，進行平針繡。

取3股繡線，沿著外側的記號，進行釦眼繡（請參照P.103）。縫針由平針繡下方穿入，由記號處穿出，刺繡重點是緊密繡縫針目避免出現空隙。

花瓣交界處與花心進行刺繡，固定串珠，沿著釦眼繡邊緣，仔細地修剪。小心修剪，避免剪到繡縫針目。

刷毛拼布用圖案布片的疊合方式 指導／尾崎洋子

P.34刊載的斜背小物袋，是將貓圖案布片，疊合於第1片布片上，依序完成縫製。

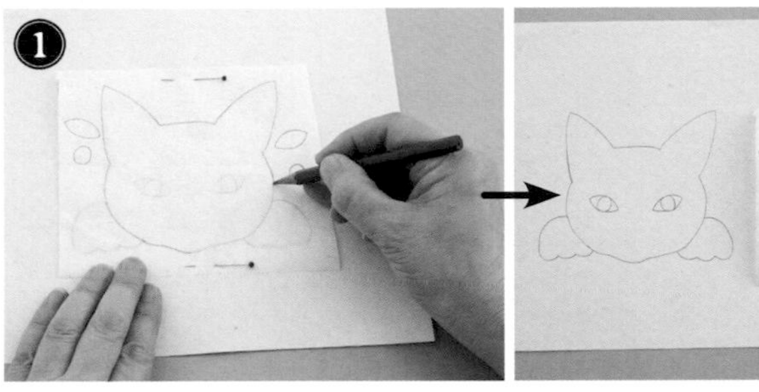

準備反轉的主題圖案（左右對稱的圖案可直接使用），雙面接著襯的背紙面朝上，疊合之後以珠針等固定。沿著穿透的原圖線條，描繪圖案。各部位分開描繪。

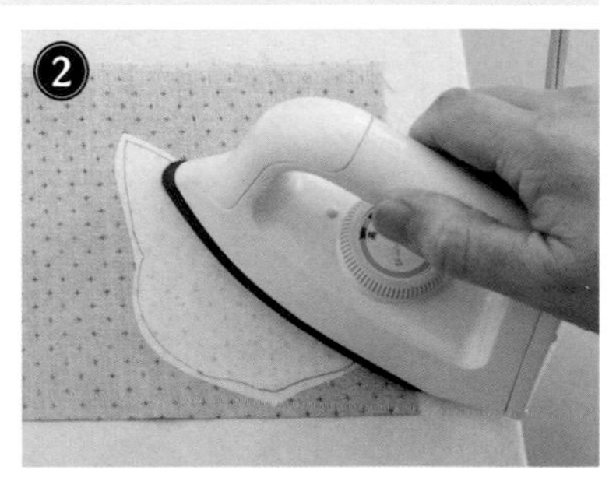

略微靠近圖案外側，裁剪雙面接著襯，疊合於布片背面，以熨斗燙黏。

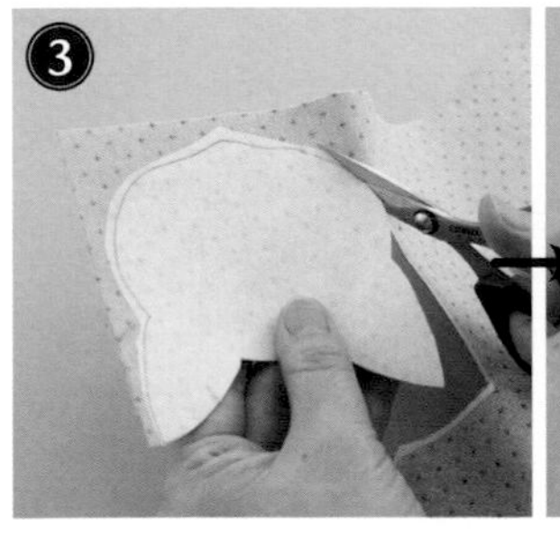

布片冷卻之後，沿著記號剪下貓圖案，撕掉背紙。

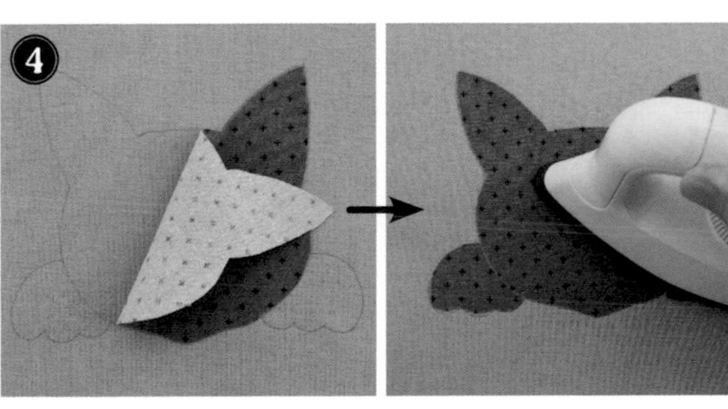

在刷毛拼布的第1片布片上作記號，標出圖案黏貼位置，疊合步驟3剪下的貓圖案布，以熨斗燙黏。

製作重點

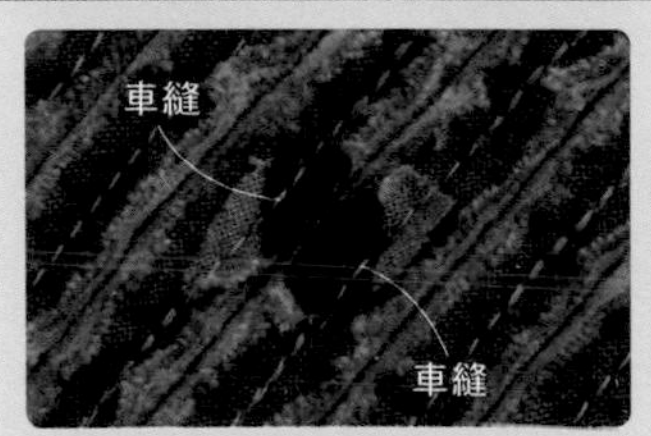

圖案布片尺寸必須充足。依圖示車縫兩道以上更安心。

正面相對縫合各部位之後，漂亮地翻向正面的訣竅 指導／古澤惠美子

黏貼接著襯的扣帶絆（P.58），角上部位堅挺，漂亮地翻向正面的樣貌。

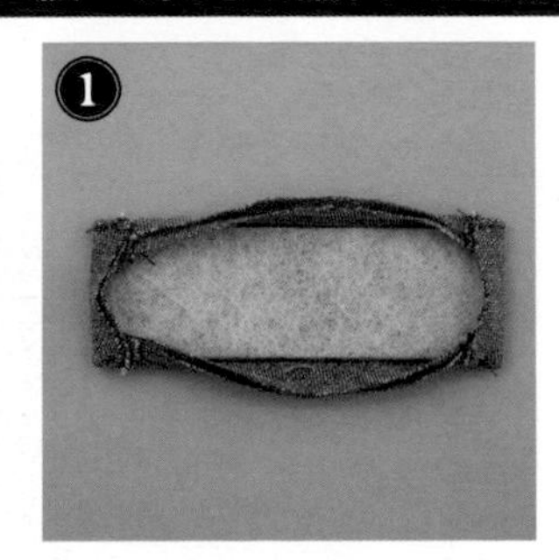

朝著黏貼接著襯側，摺疊縫份，縫合固定角上部位。

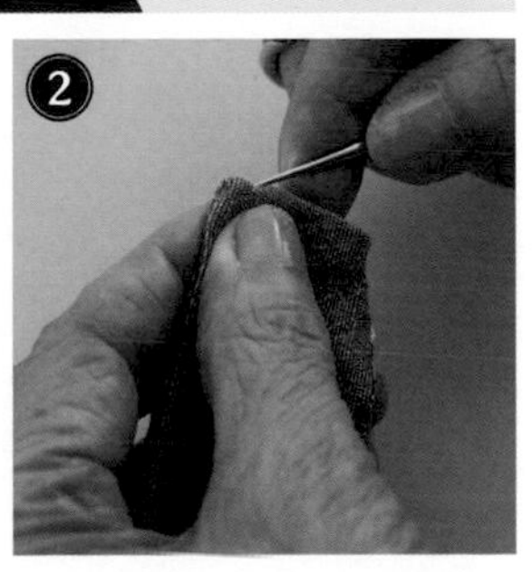

由返口翻向正面，由縫合針目穿入尖錐，調整角上形狀。

返口不縫合！塗膠黏合的方法

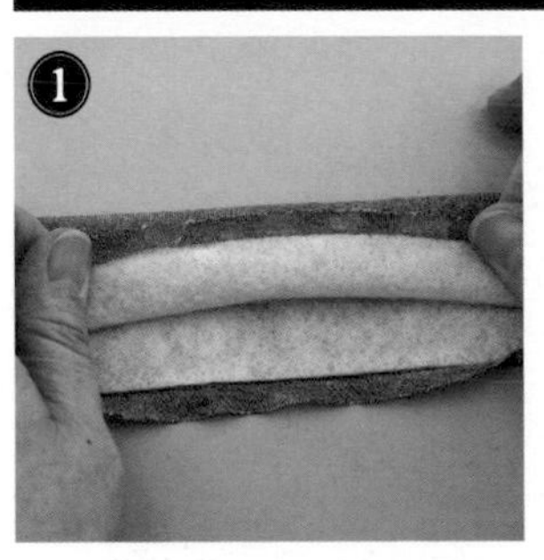

返口縫份的背面，塗抹布用接著劑，朝著內側摺疊，黏貼於鋪棉或接著襯。

朝著內側摺疊的縫份，塗抹布用接著劑，進行貼合。

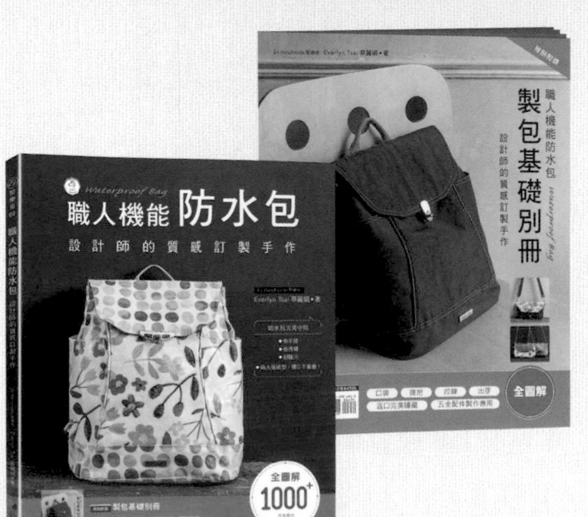

職人機能 防水包
設計師的質感訂製手作
製包基礎別冊

防水包的完美守則：免手縫、免燙襯、耐髒汙、兩大張原寸紙型，獨立不重疊！

★ 1000^{+} 作法照片超詳解步驟教學

★ 特別附錄《製包基礎別冊》
口袋、提把、拉鍊、出芽、返口完美隱藏、
五金配件製作應用全圖解

★ 內附兩大張原寸紙型

EZ Handmade聚樂布Everlyn Tsai老師，第一本以防水布為素材的原創設計製包書。
本書使用布料以英國防水布為主，多數 家飾厚棉布加防水膜壓膜（亮面及霧面）。製作袋包一般不需另外燙襯，即有一定的挺度， 書中亦有收錄搭配以肯尼布、尼龍布、仿皮製作的作品，您可依個人喜好的包款，選擇喜愛的布料變換製作，相同的包款，以不同布料製作，會有全然不同的視覺感受。

從防水布介紹、各種關於防水布的運用提示，從簡單的基礎製包教學，帶領初學者或是未曾接觸防水布的您，製作基本款的可愛托特包，就是進入防水包的第一步！
書中作品教學皆有標示難易度，您可依照個人程度，選擇想要挑戰的包款，不論是初學者或是稍有程度的進階者，都可在本書找到適合自己製作的作品。

本書附有兩大張原寸紙型，紙型不重疊，您可更加輕鬆取得包包的版型，特別附錄<製包基礎別冊>，製包時，搭配別冊內豐富的教學內容：各式拉鍊口袋、開放式口袋、拉鍊口布、提把、斜背帶製作、出芽、五金配件運用，並且收錄作者在創作包包時的製包小祕密，讓您製作防水包時，更加得心應手！學到更多！

若您未曾接觸防水布，或是想要接觸，但一直卻步不敢入手，不妨藉由本書，跟著Everlyn Tsai老師詳盡的耐心教學，一起進入防水包的手創世界吧！

以清新又溫暖的可愛圖案
打造一針一線的慢活時光
Instagram
新生代刺繡作家
艾荷瑪
第一本手繪刺繡全創作
★Instagram追蹤粉絲8000超人氣刺繡作家
★作法照片超詳解步驟教學
★帆布包、口金包、領圍、衣物改造超可愛手作實用生活小物創意妝點
★內附原寸圖案紙型

instagram新生代刺繡作家──艾荷瑪，第一本以森林、花草、小動物為主題的原創手繪圖案刺繡書。

在instagram擁有眾多粉絲的艾荷瑪老師，以熱愛創作的手繪圖案，刺繡喜愛的花草植物、小動物，以刺繡記錄日常，落實靈感來自生活的手作精神，在她的作品裡，總能發現關於生活的各種可愛面貌。

以家中萌寵貓咪及狗狗為靈感啟發創作的口金包、繡框系列，展現其對小動物的寵愛心情，

以旅行經驗觀察海洋生物，而刺繡創作而成的實用帆布包，還有在十分受到粉絲歡迎的衣物改造系列作品，是加入了極具風格的蕨類植物、花朵等圖案，讓原先的汰舊衣物，有了全新的生命，也徹底將創作置入生活，體現美好的職人手作態度。

本書附有原寸紙型圖案，搭配詳細的全圖解基礎繡法、作品教學、基本技法等，是初學者也能輕鬆上手的實用工具書，您可以取用紙型上的圖案，變換成想要製作的品項，刺繡的樂趣，便是在於創意無限，只要手握針線，即可運用基本刺繡技巧，創作出美麗的作品，不同的繡法和技巧組合， 帶來不同的質感和風采。只是簡單地在自有的布品上，妝點喜愛的繡圖，就是獨一無二的個人單品，跟著艾荷瑪老師，拿起繡針，展開一段特別的手作之旅。

艾荷瑪，愛刺繡：森林、花草、小動物相伴的可愛生活

艾荷瑪◎著
平裝88頁／21cm×26cm／全彩／定價480元

一定要學會の拼布基本功

基本工具 

針

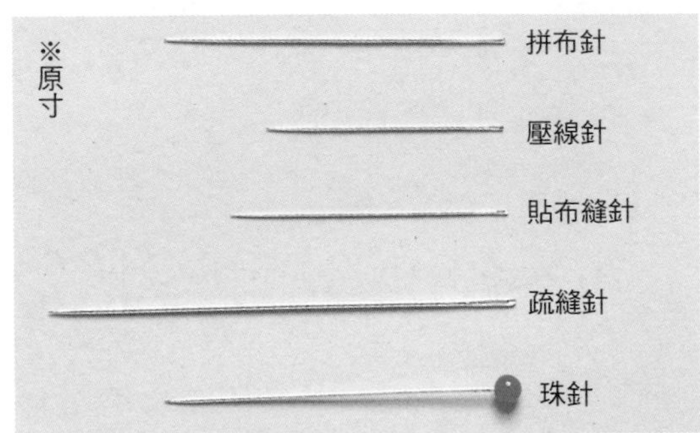

配合用途有各式各樣的針。拼布針為8至9號洋針，壓線針細且短，貼布縫針像絹針一樣細又長，疏縫針則比較粗且長。

線

拼布適用60號的縫線，壓線建議使用上過蠟、有彈性的線。但若想保有柔軟度，也可使用與拼布一樣的線。疏縫線如圖示，分成整捲或整捆兩種包裝。

記號筆

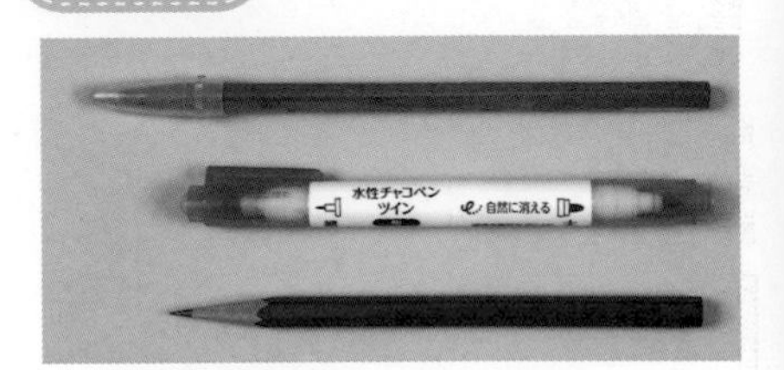

一般是使用2B鉛筆。深色布以亮色系的工藝用鉛筆或色鉛筆作記號，會比較容易看見。氣消筆或水消筆在描畫壓線線條時很好用。

頂針器

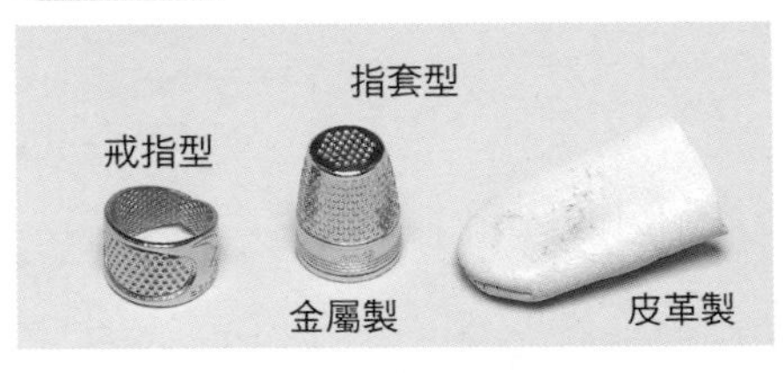

平針縫與壓線時的必備工具。一旦熟練使用，縫出的針趾就會漂亮工整。戒指型主要用於平針縫，金屬或皮革製的指套則用於壓線。

壓線框

繡框的放大版。壓線時將布框入撐開。直徑30至40cm是好用的尺寸。

拼布用語

◆圖案（Pattern）◆
拼縫三角形或四角形的布片，展現幾何學圖形設計。依圖形而有不同名稱。

◆布片（Piece）◆
組合圖案用的三角形或四角形等的布片。以平針縫縫合布片稱為「拼縫」（Piecing）。

◆區塊（Block）◆
由數片布片縫合而成。有時也指完成的圖案。

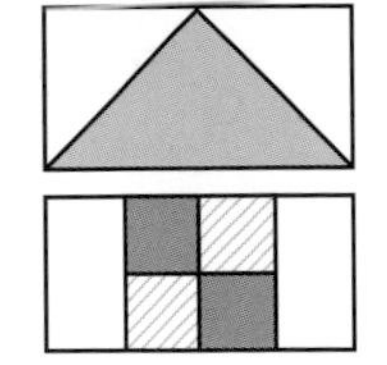

◆表布（Top）◆
尚未壓線的表層布。

◆鋪棉◆
夾在表布與底布之間的平面棉襯。適用密度緊實的薄鋪棉。

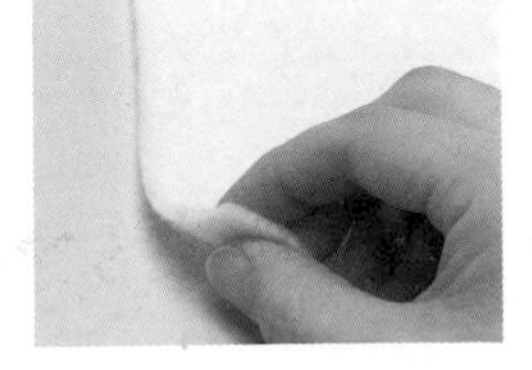

◆底布◆
鋪棉的底布。夾在表布與底布之間。適用織目疏鬆、針容易穿過的材質。薄布會讓壓線的陰影無法漂亮呈現於表層，並不適合。

◆貼布縫◆
另外縫合上其他的布。主要是使用立針縫（參照P.83）。

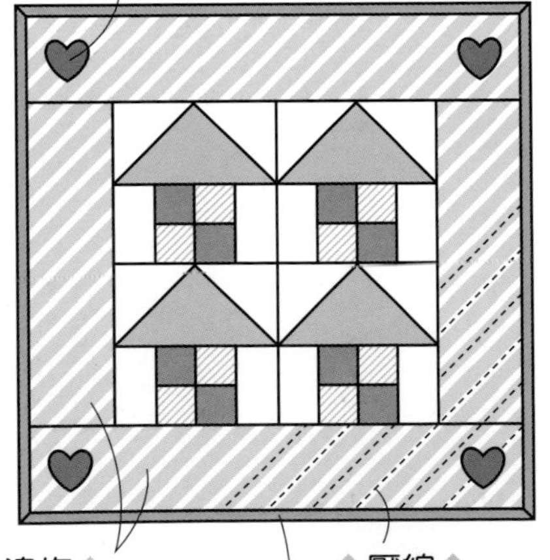

◆大邊條◆
接縫在由數個圖案縫合的表布邊緣的布。

◆壓線◆
重疊表布、鋪棉與底布，壓縫3層。

◆包邊◆
以斜紋布條包覆完成壓線的拼布周圍或包包的袋口縫份。

◆壓線線條◆
在壓線位置所作的記號。

主要步驟

製作布片的紙型。

使用紙型在布上作記號後裁布，準備布片。

拼縫布片，製作表布。

在表布描畫壓線線條。

重疊表布、鋪棉、底布進行疏縫。

進行壓線。

包覆四周縫份，進行包邊。

拼縫前準備工作

下水

新買的布在縫製前要水洗。即使是統一使用相同材質的布拼縫，由於縮水狀況不一，有時作品完成下水仍舊出現皺縮問題。此外，以水洗掉新布的漿，會更好穿縫，且能預防褪色。大片布就由洗衣機代勞，洗後在未完全乾燥時，一邊整理布紋，一邊以熨斗整燙。

關於布紋

原寸紙型上的箭頭所指方向代表布紋。布紋是指直橫交織而成的紋路。直橫正確交織，布就不會歪斜。而拼布不同於一般裁縫，布紋要對齊直布紋或橫布紋任一方都OK。斜紋是指斜向的布紋。與直布紋或橫布紋呈45度的稱為正斜向。

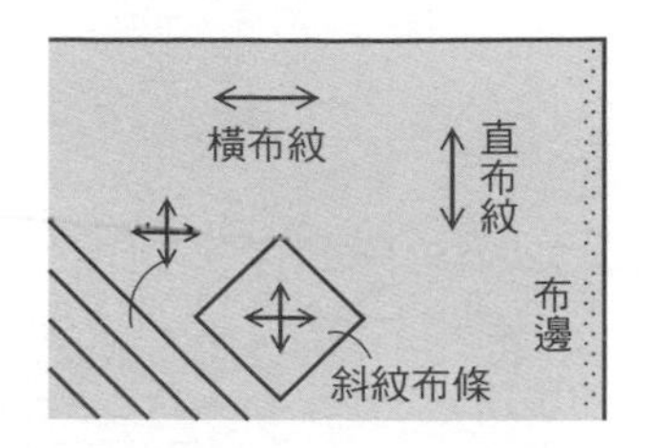

製作紙型

將製好圖的紙，或是自書本複印下來的圖案，以膠水黏貼在厚紙板上。膠水最好挑選不會讓紙起皺的紙用膠水。接著以剪刀沿著線條剪開，註明所需數量、布紋，並視需要加上合印記號。

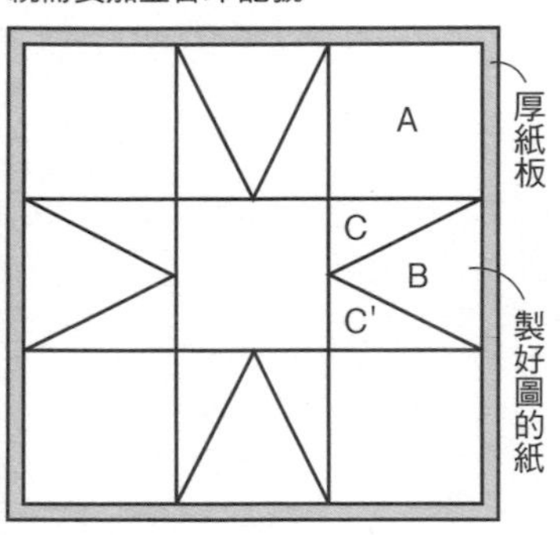

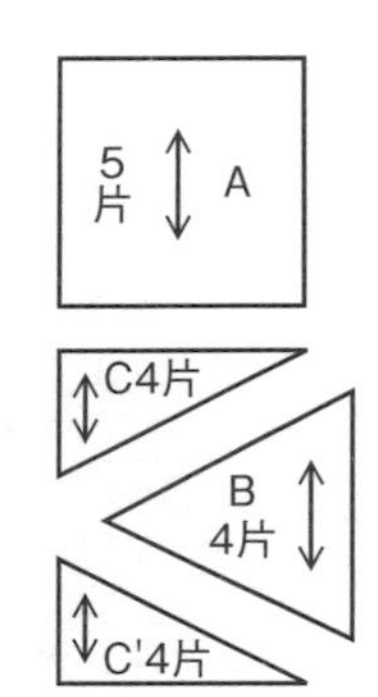

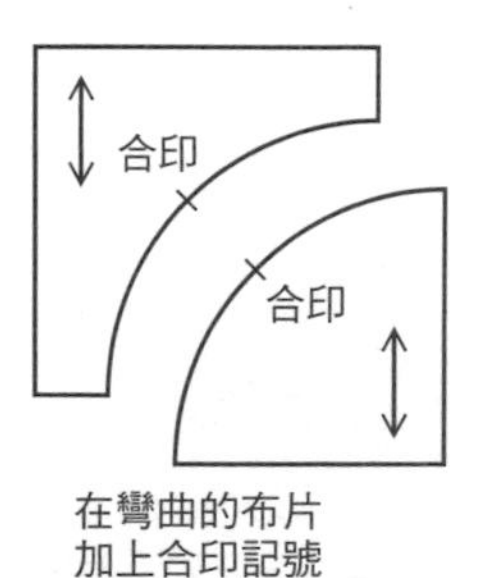

在彎曲的布片加上合印記號

作上記號後裁剪布片

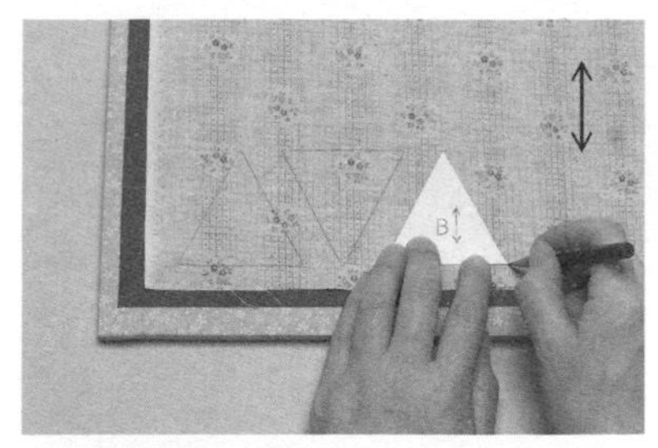

紙型置於布的背面，以鉛筆作上記號。在貼上砂紙的裁布墊上作記號，布比較不會滑動。縫份約為0.7cm，不必作記號，目測即可。

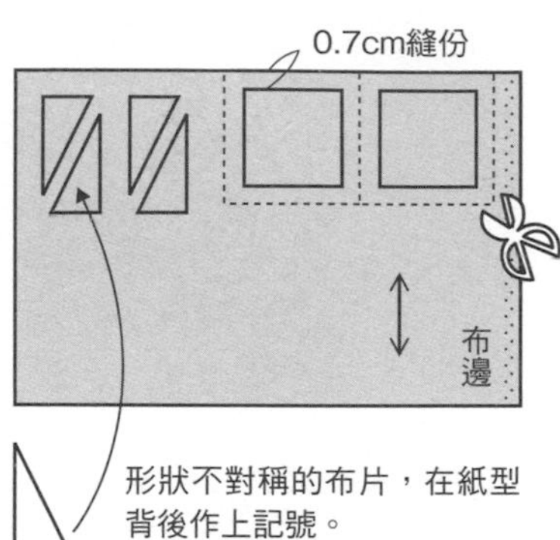

形狀不對稱的布片，在紙型背後作上記號。

拼縫布片

◆始縫結◆

縫前打的結。手握針，縫線繞針2、3圈，拇指按住線，將針向上拉出。

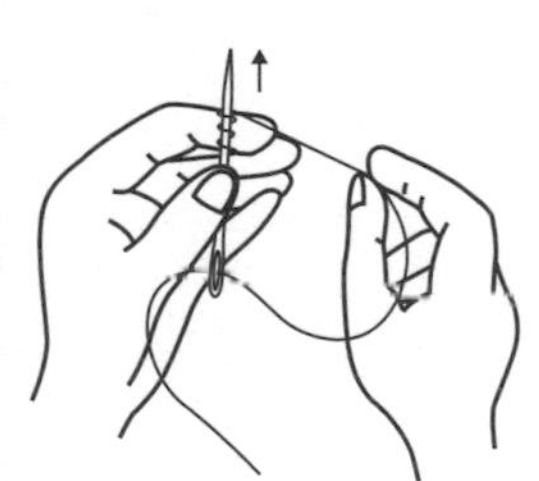

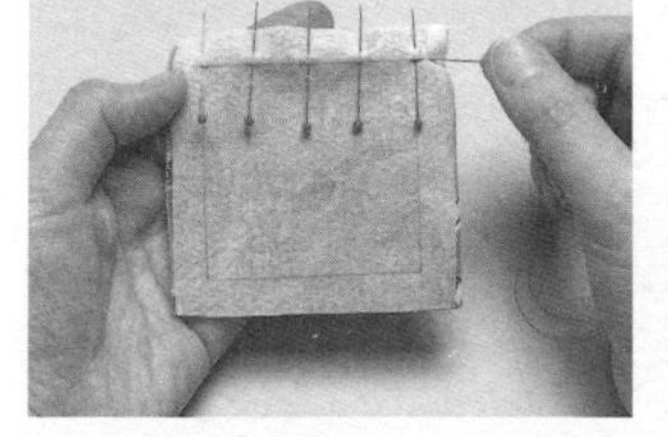

1 2片布正面相對，以珠針固定，自珠針前0.5cm處起針。

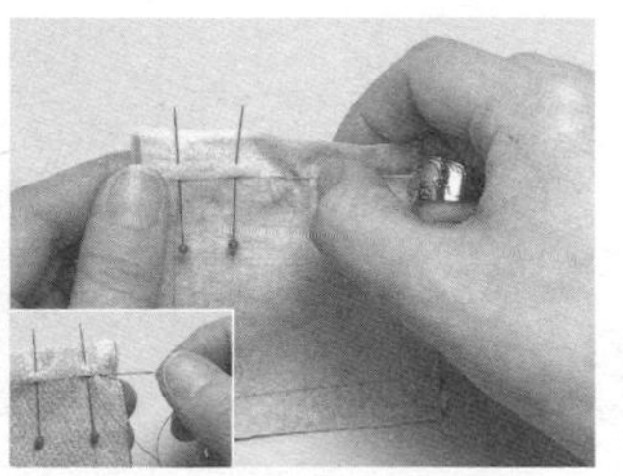

2 進行回針縫，手指確實壓好布片避免歪斜。

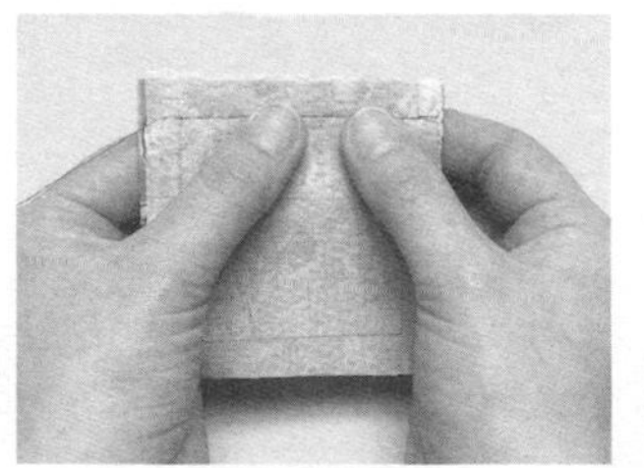

3 以手指稍微整理縫線，避免布片縮得太緊。

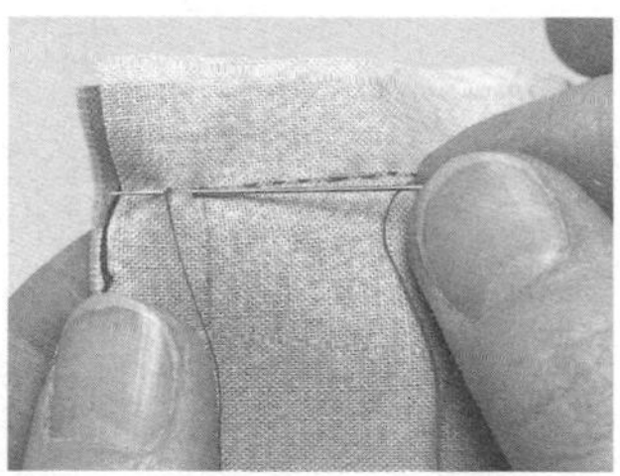

4 在止縫處回針，並打結。留下約0.6cm縫份後，裁剪多餘布片。

◆止縫結◆

縫畢，將針放在線最後穿出的位置，繞針2、3圈，拇指按住線，將針向上拉出。

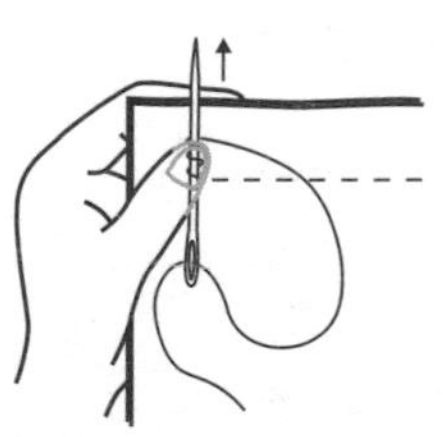

◆分割縫法◆

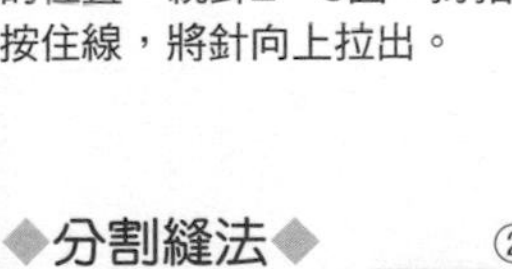

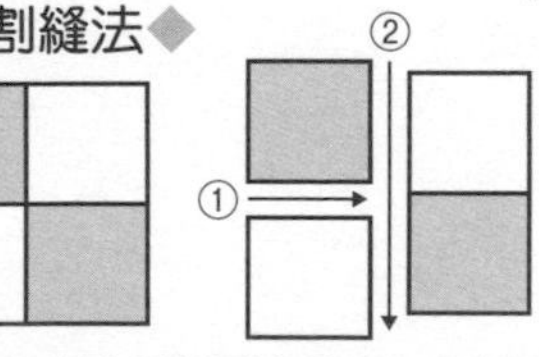

直線方向由布端縫到布端時，分割成帶狀拼縫。

◆鑲嵌縫法◆

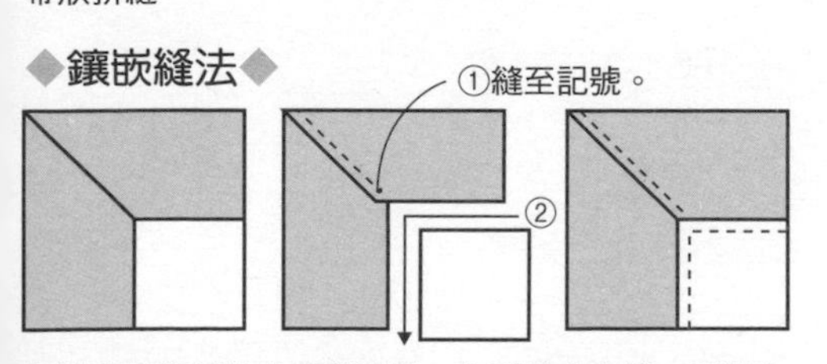

無法使用直線的分割縫法時，在記號處止縫，再嵌入布片縫合。

各式平針縫

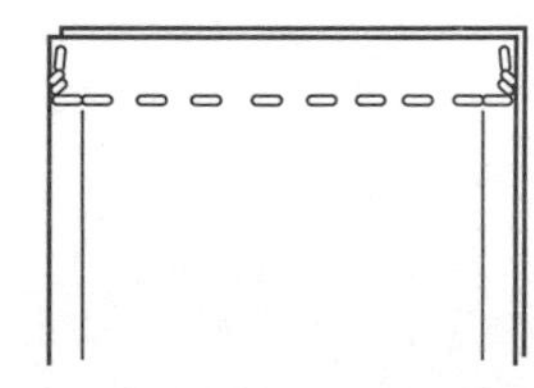

由布端到布端
兩端都是分割縫法時。

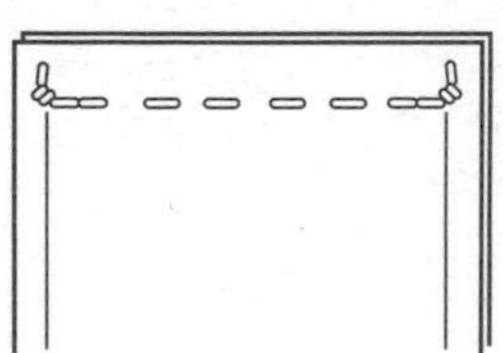

由記號縫至記號
兩端都是鑲嵌縫法時。

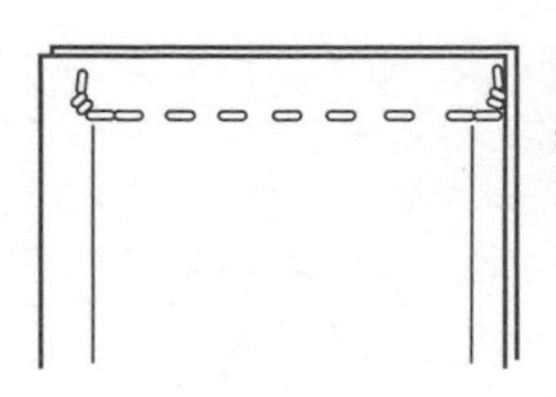

由布端縫至記號
縫至記號側變成鑲嵌縫法時。

縫份倒向

縫份不熨開而倒向單側。朝著要倒下的那一側，在針趾向內1針的位置摺疊縫份，以指尖往下按壓。

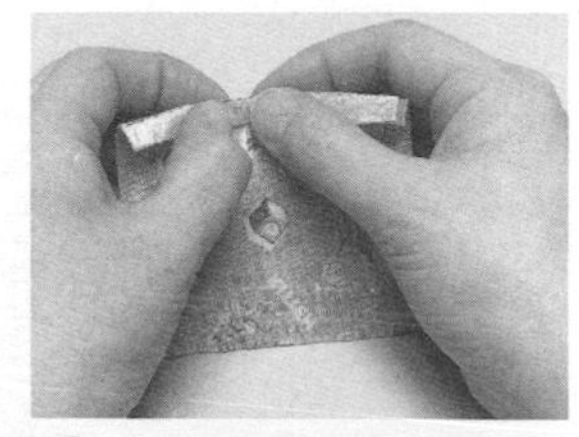

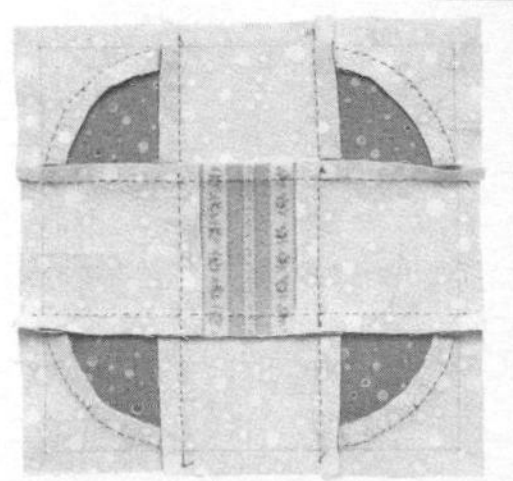

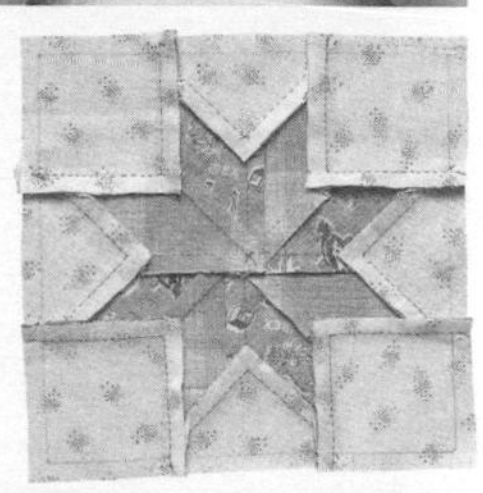

基本上，縫份是倒向想要強調的那一側，彎曲形則順其自然的倒下。其他還有全部朝同一方向倒下，或是倒向外側等，各式各樣的倒向方法。碰到像檸檬星（右）這種布片聚集在中心的狀況，就將菱形布片兩兩縫合成縫份倒向同一個方向的區塊，整合成上下的帶狀布後，再彼此縫合。

描畫壓線線條，進行疏縫

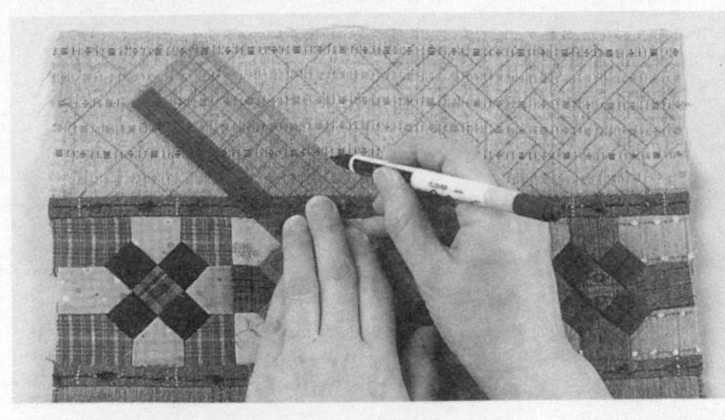

以熨斗整燙表布，使縫份固定。接著在表面描畫壓線記號。若是以鉛筆作記號，記得不要畫太黑。在畫格子或條紋線時，使用上面有平行線及方眼格線的尺會很方便。

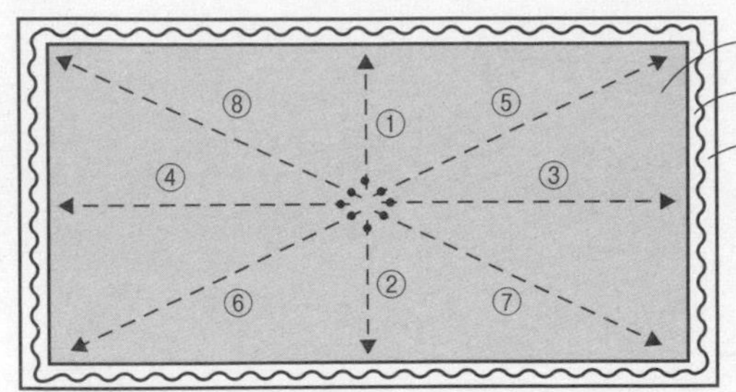

準備稍大於表布的底布與鋪棉，依底布、鋪棉、表布的順序重疊，以手撫平，再以珠針重點固定。由中心向外側進行疏縫。上圖是放射狀疏縫的例子。

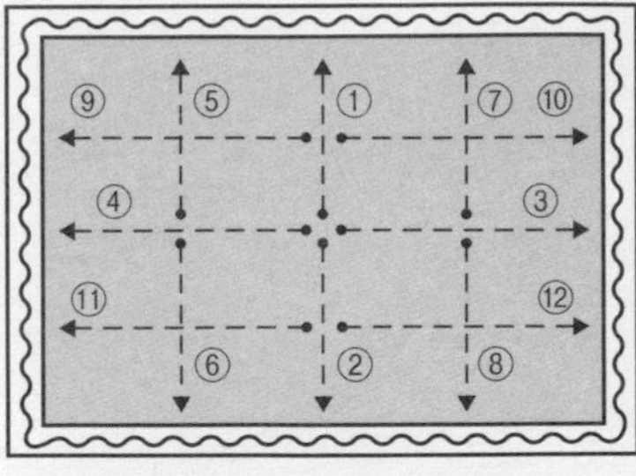

格狀疏縫的例子。適用拼布小物等。

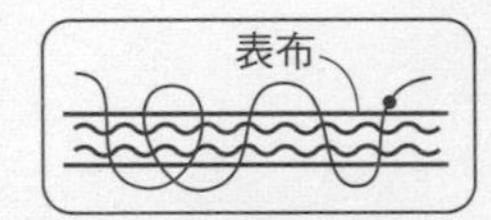

止縫作一針回針縫，不打止縫結，直接剪掉線。

壓線

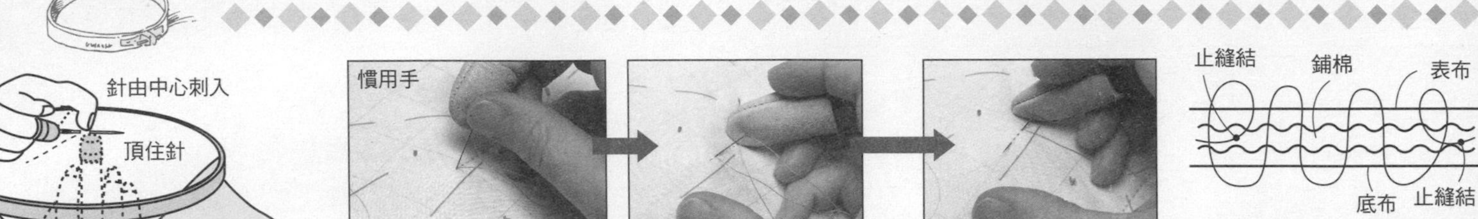

由中心向外，3層一起壓線。以右手（慣用手）的頂針指套壓住針頭，一邊推針一邊穿縫。左手（承接手）的頂針指套由下方頂住針。使用拼布框作業時，當周圍接縫邊條布，就要刺到布端。

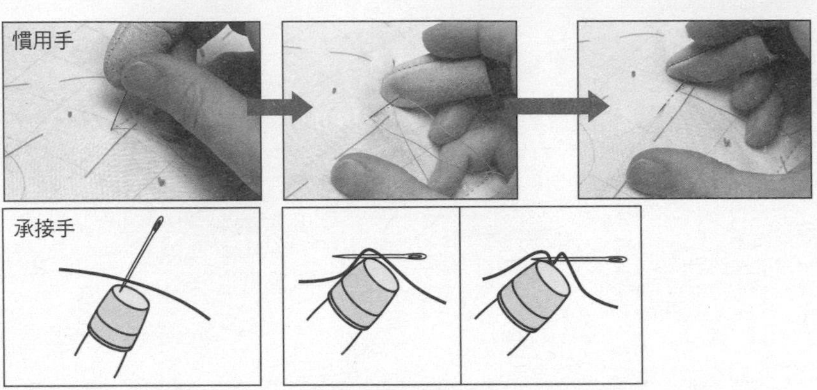

針由上刺入，以指套頂住。→以指套將布往往上提，在指套邊作出一個山形，再以慣用手的指套推針，貫穿山腰。→以指套往左錯開，製造下個一山形，再依同樣方式穿縫。

每穿縫2、3針，就以指套壓住針後穿出。

從稍偏離起針的位置入針，將始縫結拉至鋪棉內，縫一針回針縫，止縫也要縫一針回針縫，將止縫結拉至鋪棉內藏起來。

包邊

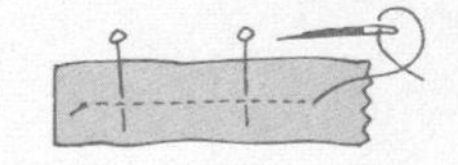

畫框式滾邊

所謂畫框式滾邊，就是以斜紋布條包覆拼布四周時，將邊角處理成及畫框邊角一樣的形狀。

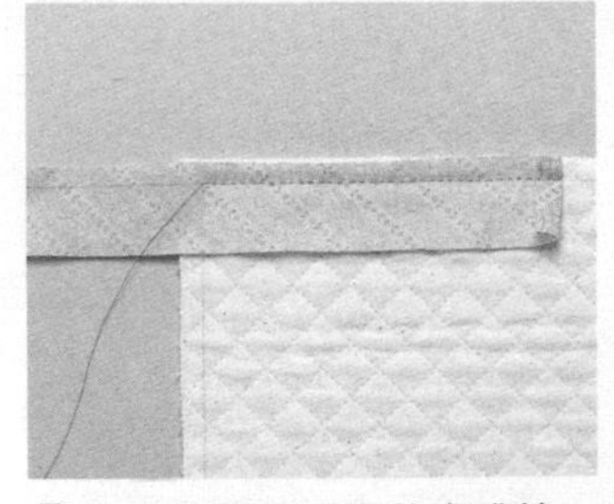

1 在正面描畫四周的完成線。斜紋布條正面相對疊放在拼布上，對齊斜紋布條的縫線記號與完成線，以珠針固定，縫到邊角的記號，在記號縫一針回針縫。

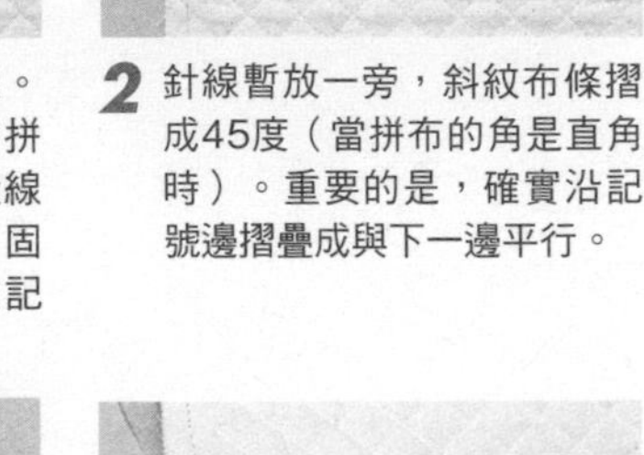

2 針線暫放一旁，斜紋布條摺成45度（當拼布的角是直角時）。重要的是，確實沿記號邊摺疊成與下一邊平行。

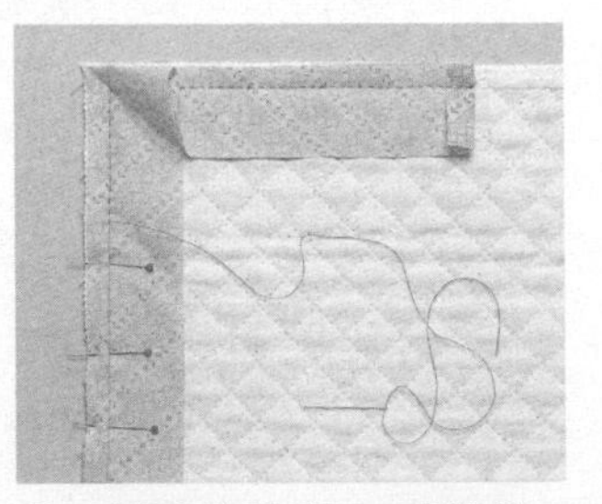

3 斜紋布條沿著下一邊摺疊，以珠針固定記號。邊角如圖示形成一個褶子。在記號上出針，再次從邊角的記號開始縫。

4 布條在始縫時先摺1cm。縫完一圈後，布條與摺疊的部分重疊約1cm後剪斷。

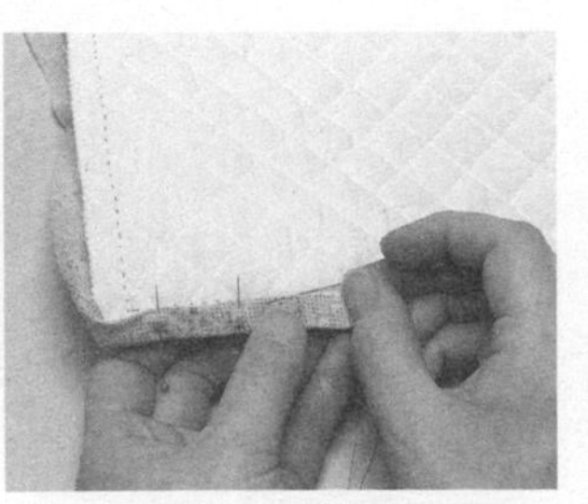

5 縫份修剪成與包邊的寬度，布條反摺，以立針縫縫合於底布。以布條的針趾為準，抓齊滾邊的寬度。

6 邊角整理成布條摺入重疊45度。重疊處縫一針回針縫變得更牢固。漂亮的邊角就完成了！

斜紋布條作法

◆量少時◆

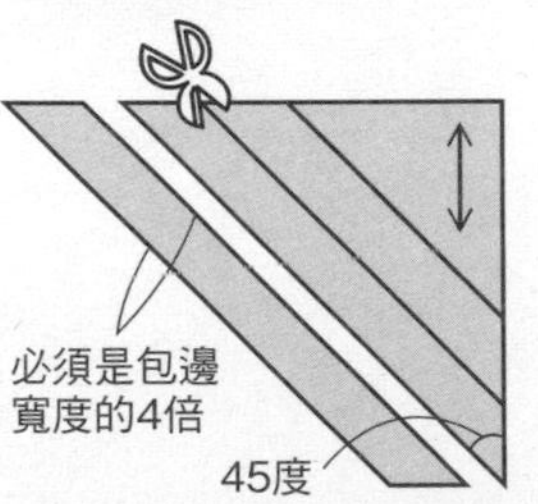

布摺疊成45度，畫出所需寬度。1cm寬的包邊需要4cm、0.8cm寬要3.5cm、0.7cm寬要3cm。包邊寬度愈細，加上布的厚度要預留寬一點。

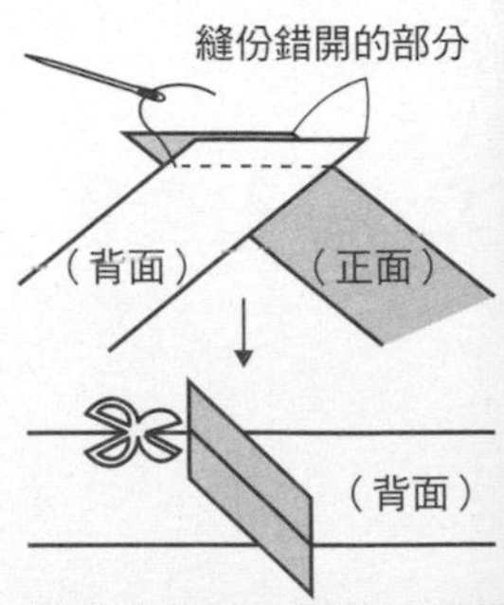

接縫布條時，兩片正面相對，以細針目的平針縫縫合。熨開縫份，剪掉露出外側的部分。

◆量多時◆

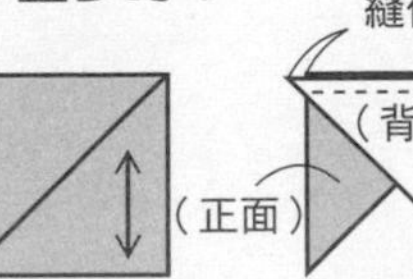

布裁成正方形，沿對角線剪開。

裁開的布正面相對重疊並以車縫縫合。

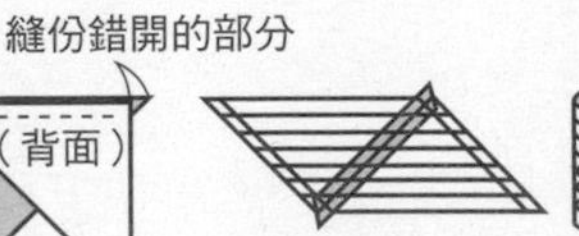

熨開縫份，沿布端畫上需要的寬度。另一邊的布端與畫線記號錯開一層，正面相對縫合。以剪刀沿著記號剪開，就變成一長條的斜紋布。

拼布包縫份處理

A 以底布包覆

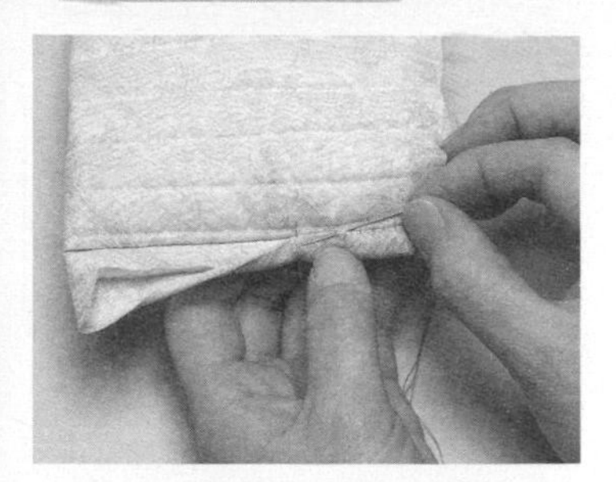

側面正面相對縫合，僅一邊的底布留長一點，修齊縫份。接著以預留的底布包覆縫份，以立針縫縫合。

B 進行包邊（外包邊的作法相同）

適合彎弧部分的處理方式。兩片正面相對疊合（外包邊是背面相對），疏縫固定，斜紋布條正面相對，進行平針縫。

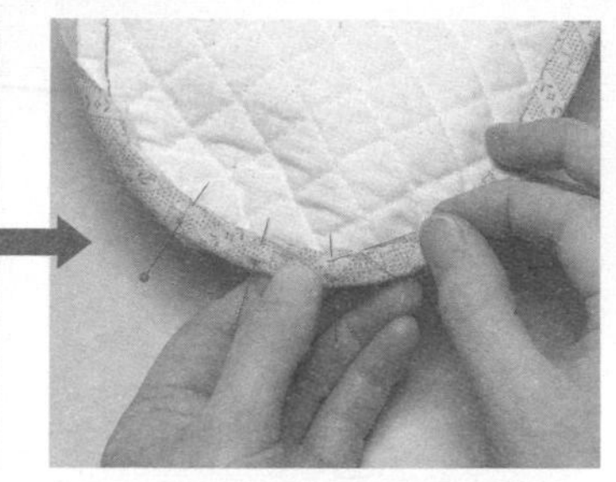

修齊縫份，以斜紋布條包覆進行立針縫，即使是較厚的縫份也能整齊收邊。斜紋布條若是與底布同一塊布，就不會太醒目。

C 接合整理

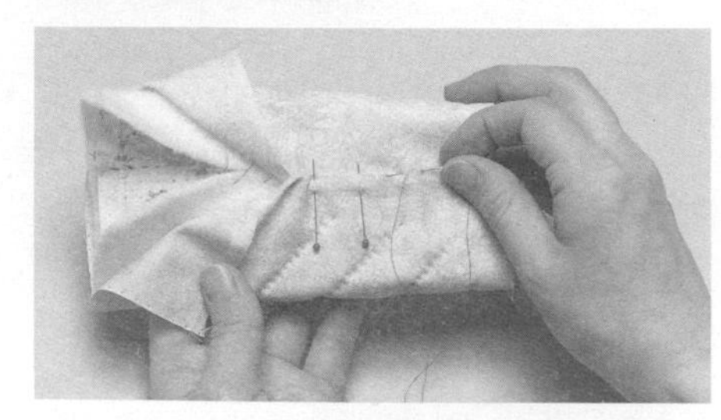

處理後縫份不會出現厚度，可使作品平坦而不會有突起的情形。以脇邊接縫側面時，自脇邊留下2、3cm的壓線，僅表布正面相對縫合，縫份倒向單側。鋪棉接合以粗針目的捲針縫縫合，底布以藏針縫縫合。最後完成壓線。

貼布縫作法

方法A（摺疊縫份以藏針縫縫合）

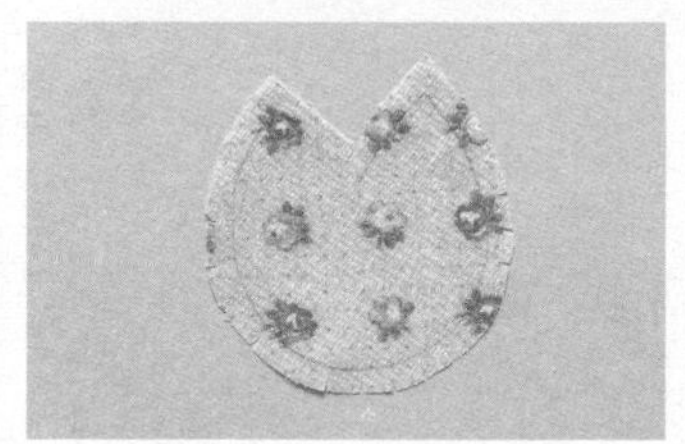

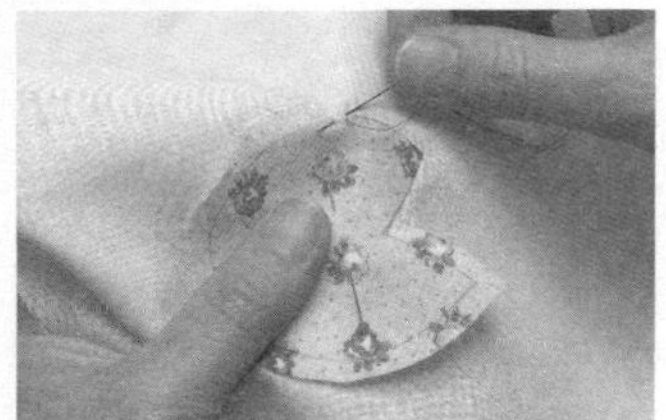

在布的正面作記號，加上0.3至0.5cm的縫份後裁布。在凹處或彎弧處剪牙口，但不要剪太深以免綻線，大約剪到距記號0.1cm的位置。接著疊放在土台布上，沿著記號以針尖摺疊縫份，以立針縫縫合。

方法B（作好形狀再與土台布縫合）

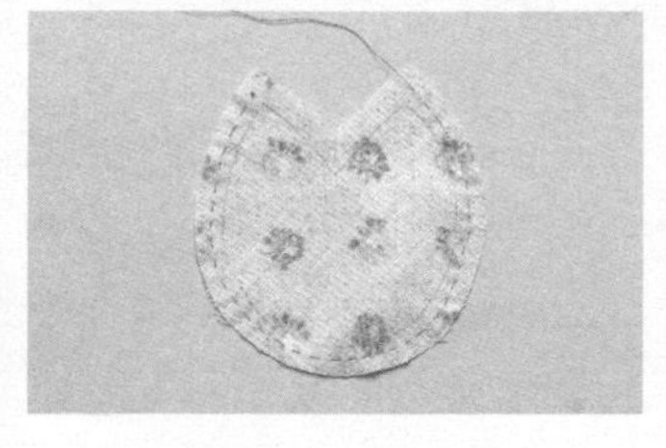

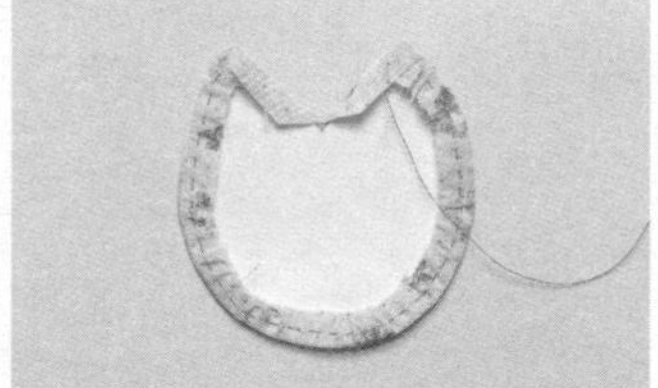

在布的背面作記號，與A一樣裁布。平針縫彎弧處的縫份。始縫結打大一點以免鬆脫。接著將紙型放在背面，拉緊縫線，以熨斗整燙，也摺好直線部分的縫份。線不動，抽掉紙型，以藏針縫縫合於土台布上。

基本縫法

◆平針縫◆

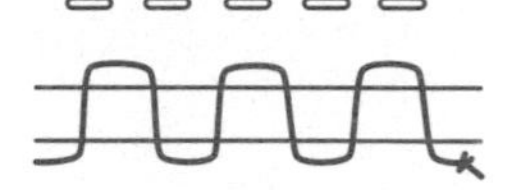

◆回針縫◆

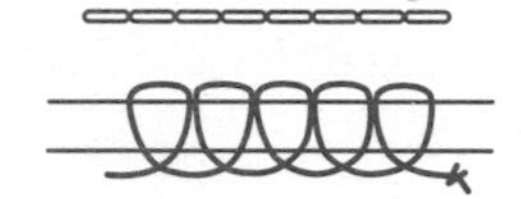

◆立針縫◆

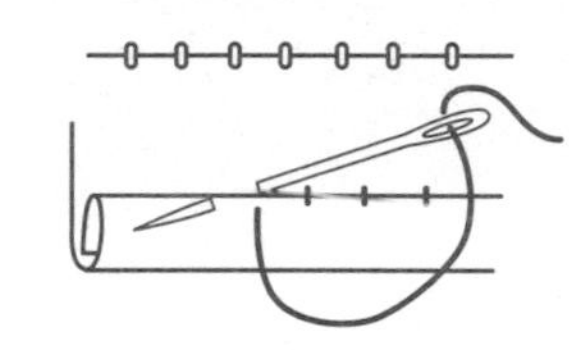

◆星止縫◆

◆捲針縫◆

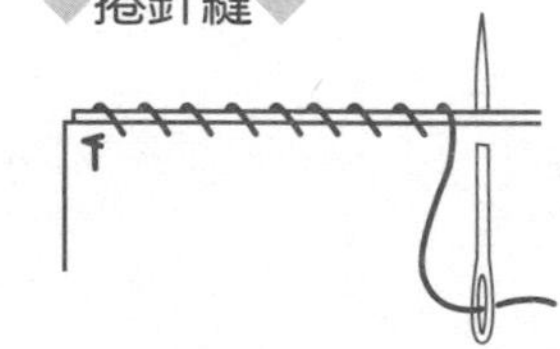

◆梯形縫◆

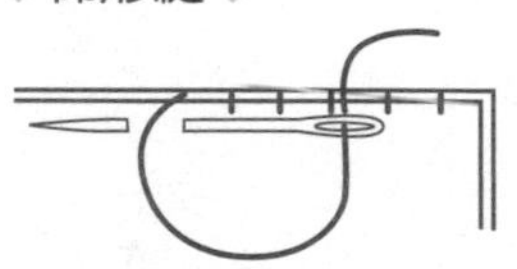

兩端的布交替，針趾與布端呈平行的挑縫

安裝拉鍊

從背面安裝

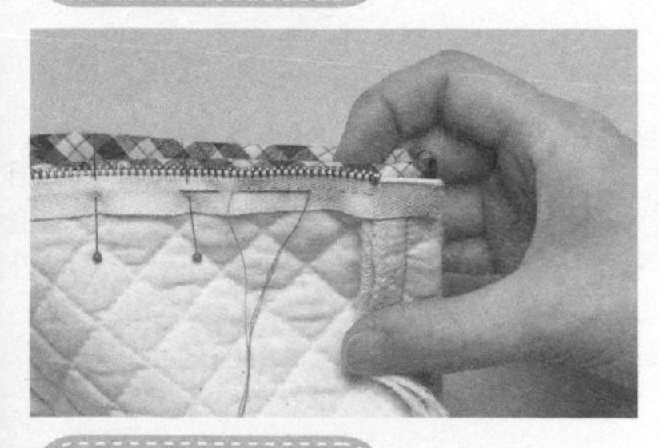

對齊包邊端與拉鍊的鍊齒，以星止縫縫合，以免針趾露出正面。以拉鍊的布帶為基準就能筆直縫合。

※縫合脇邊再裝拉鍊時，將拉鍊下止部分置於脇邊向內1cm，就能順利安裝。

從正面安裝

同上，放上拉鍊，從表側在包邊的邊緣以星止縫縫合。縫線與表布同顏色就不會太醒目。因為穿縫到背面，會更牢固。背面的針趾還可以裡袋遮住。

拉鍊布端可以千鳥縫或立針縫縫合。

包邊繩作法

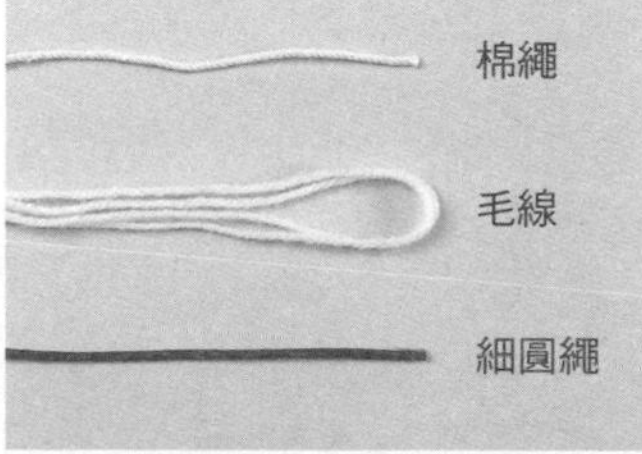

以斜紋布條將芯包住。若想要鼓鼓的效果就以毛線當芯，或希望結實一點就以棉繩或細圓繩製作。棉繩與細圓繩是以用斜紋布條邊夾邊縫合，毛線則是斜紋布條縫合成所需寬度後再穿。

縫合側面或底部時，先暫時固定於單側，再壓緊一邊將另一邊包邊繩縫合固定。始縫與止縫平緩向下重疊。

◆棉繩或細圓繩◆

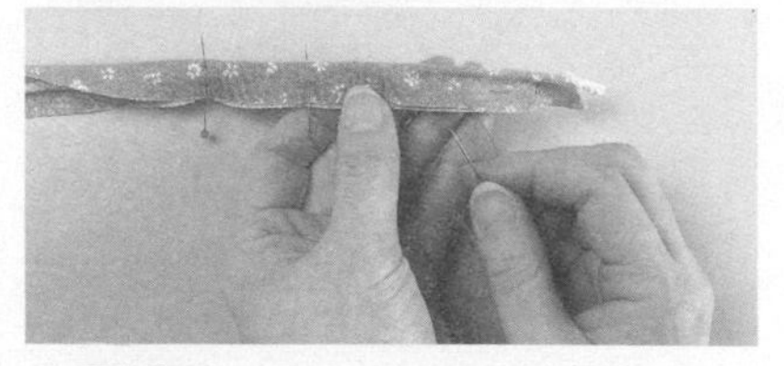

◆毛線◆

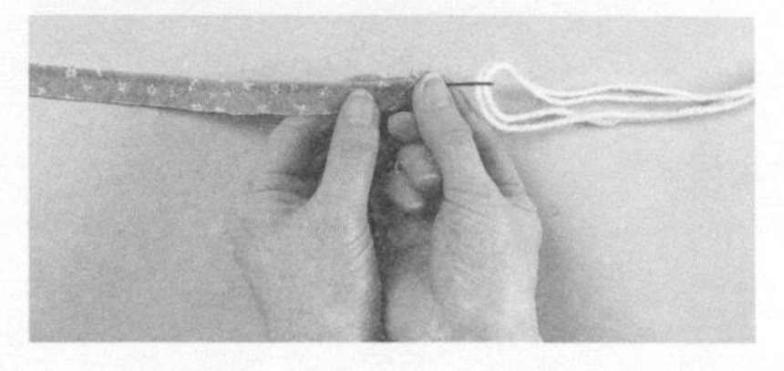

＊圖中的單位為cm。
＊圖中的❶❷為紙型號碼。
＊完成作品的尺寸多少會與圖稿的尺寸有所差距。
＊關於縫份，原則上布片為0.7cm、貼布縫為0.3至0.5cm，其餘則預留1cm後進行裁剪。
＊附註為原寸裁剪標示時，不留縫份，直接裁剪。
＊P.64至P.67拼布基本功請一併參考。
＊刺繡方法請參照P.103。

P8 No.7 手提袋 ●紙型A面❹（㋐㋐'、㋑㋑'、裡袋原寸紙型）

◆材料

各式拼接、貼布縫用布片 本體用藍色格紋布110×40cm（包含滾邊部分） 鋪棉70×80cm 胚布110×70cm（包含襯底墊部分）長39cm 提把1組 包包用底板20×20cm

◆作法順序

進行貼布縫、拼接，完成各部位表布→疊合鋪棉、胚布，進行壓線→接縫各部位，縫成袋狀→製作裡袋→依圖示完成縫製。

◆作法重點

○縫上大小適中的補強片，隱藏接縫提把的縫合針目。

完成尺寸 24×26cm

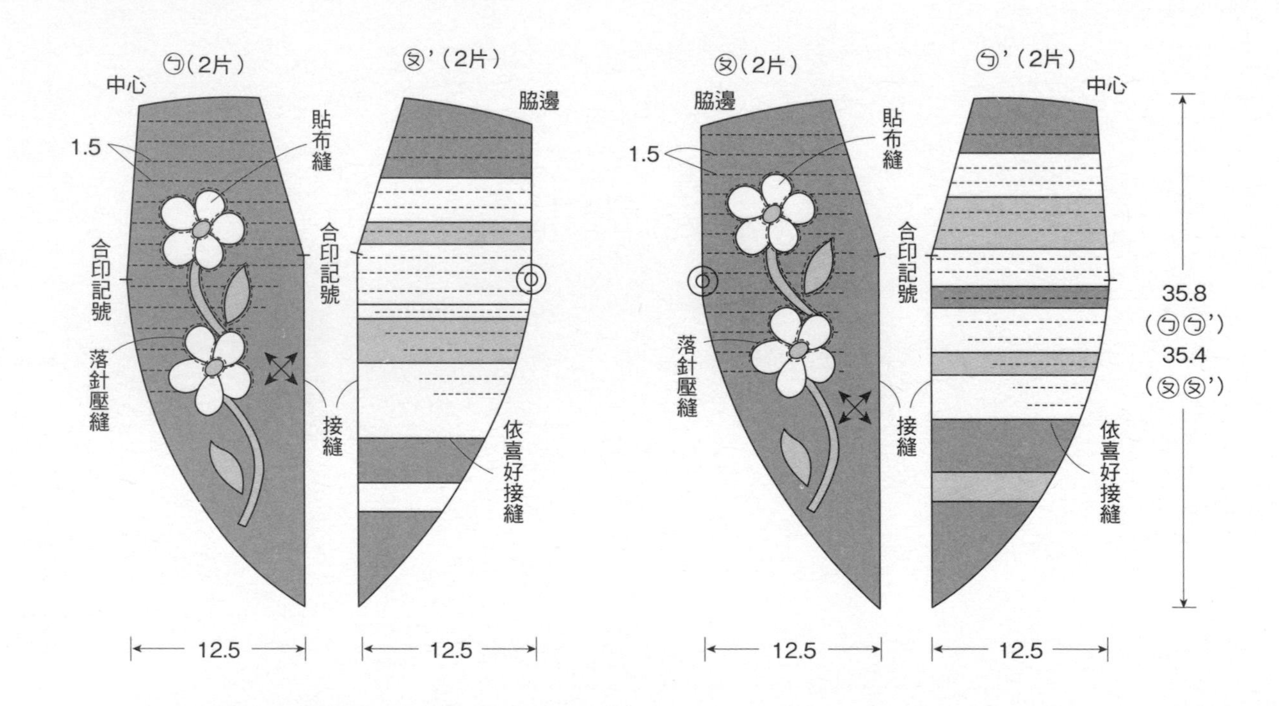

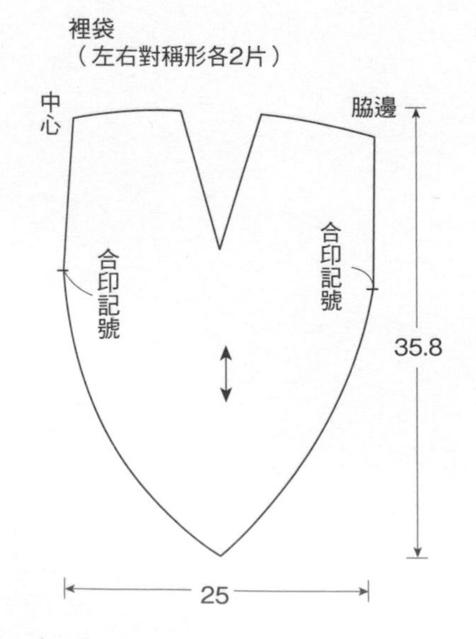

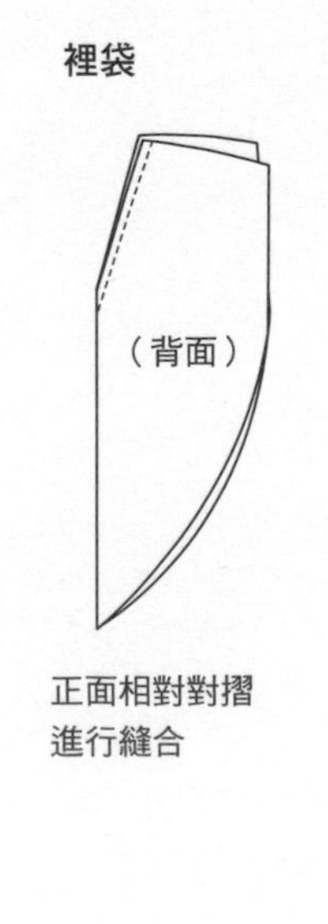

縫製方法

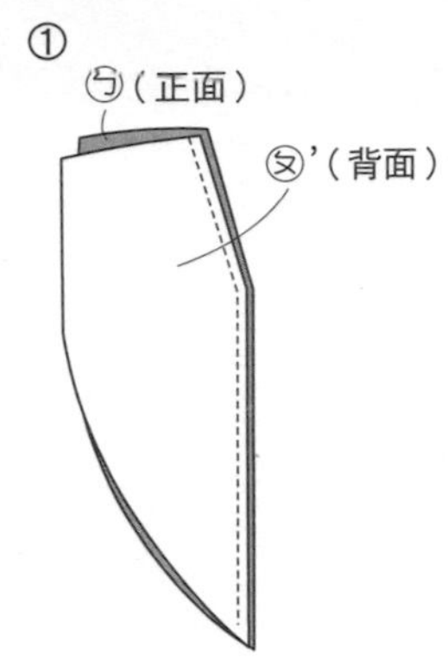

正面相對疊合ㄅ與ㄆ'、ㄅ'與ㄆ布片，進行縫合。
分別製作2片。

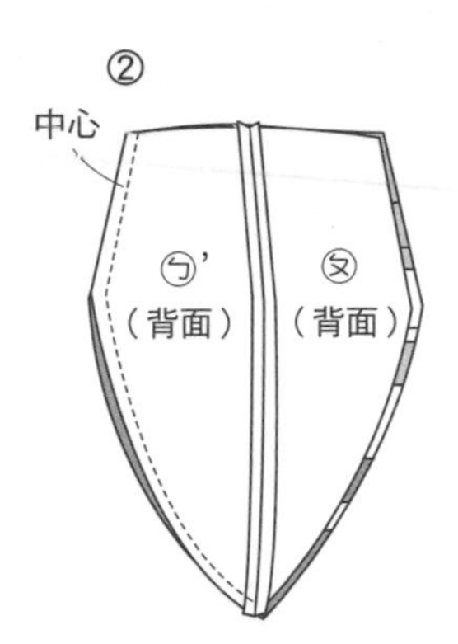

正面相對疊合ㄅㄆ'與ㄅ'ㄆ布片，
僅縫合一邊，共製作2片。

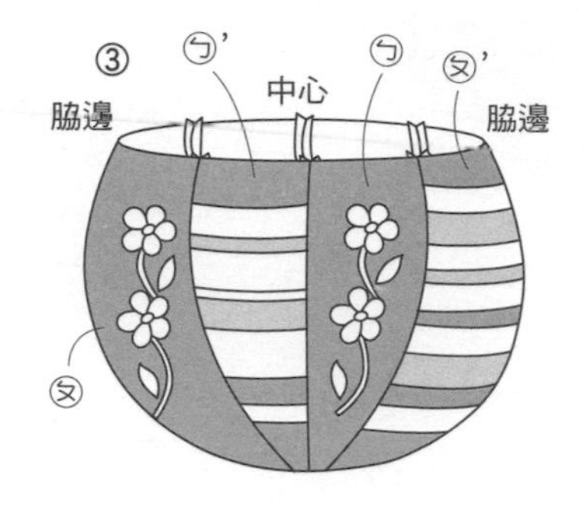

正面相對疊合步驟②，
縫合脇邊，縫成袋狀。
裡袋縫法相同。

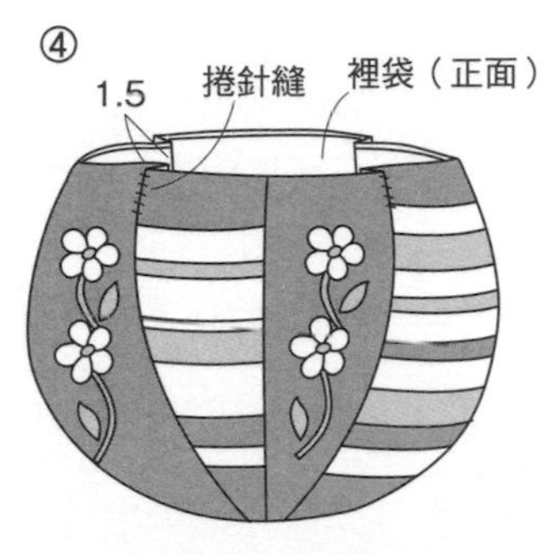

放入裡袋，袋口抓褶，
進行捲針縫。

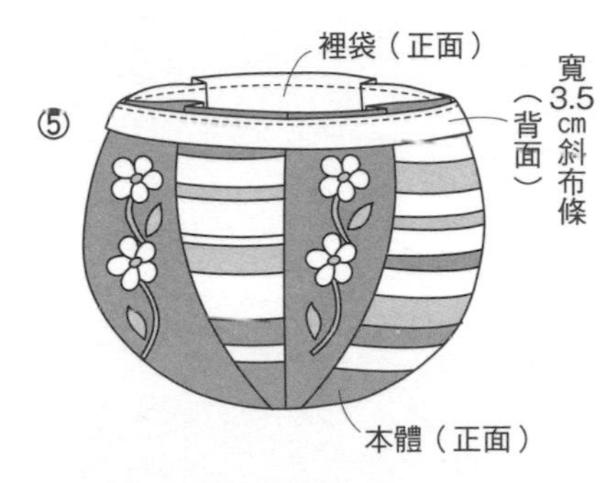

袋口正面相對縫合固定斜布條，
包覆縫份，以藏針縫縫於內側。

抓摺位置縫合固定
提把放入襯底墊

襯底墊

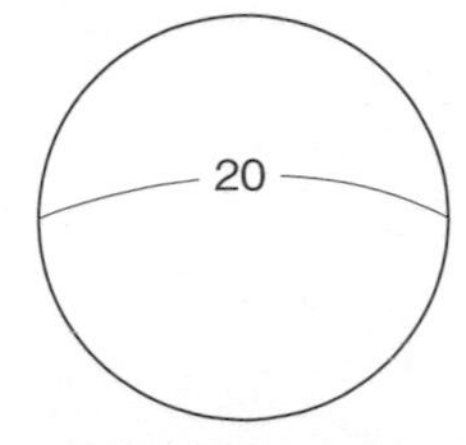

※底板為原寸裁剪。

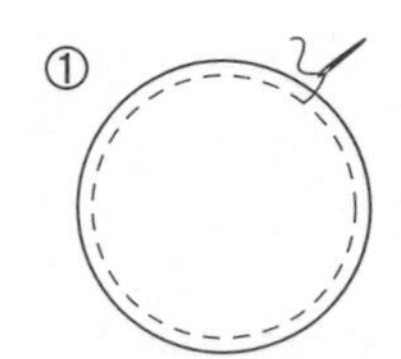

沿著周圍
進行平針縫

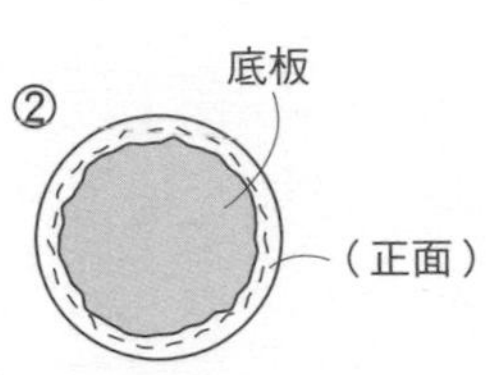

拉緊平針縫線
包覆底板

P2・P3 No.1 迷你壁飾 No.2小物收納盒 ●紙型B面❶（迷你壁飾） A面❺（小物收納盒）

◆材料

迷你壁飾 各式貼布縫用布片 A用布25×30cm B、C用布25×40cm 滾邊用寬3cm 斜布條130cm 舖棉、胚布各30×40cm 寬0.4cm 織帶100cm 25號繡線適量

小物收納盒 各式本體用布片 裡布30×30cm（包含蓋子內側布部分） 蓋子表布15×15cm（包含底部表布部分） 蒂頭（＝提鈕）用布10×10cm 葉子用毛氈布10×5cm 舖棉20×15cm 塑膠板15×10cm 絨球織帶30cm ＃28鐵絲1條 棉花適量

◆作法順序

迷你壁飾 A布片進行貼布縫、刺繡，接縫B與C布片，完成表布→疊合舖棉、胚布，進行壓線→進行周圍滾邊（參照P.66）。

小物收納盒 拼接本體A、B，彙整成本體→製作裡布→正面相對疊合本體與裡布，縫合底部→製作底部，以藏針縫縫於本體底部→本體塞入棉花，縫合開口→製作蒂頭、葉子，製作蓋子。

完成尺寸 迷你壁飾 34×25cm

小物收納盒 高12cm 直徑11cm

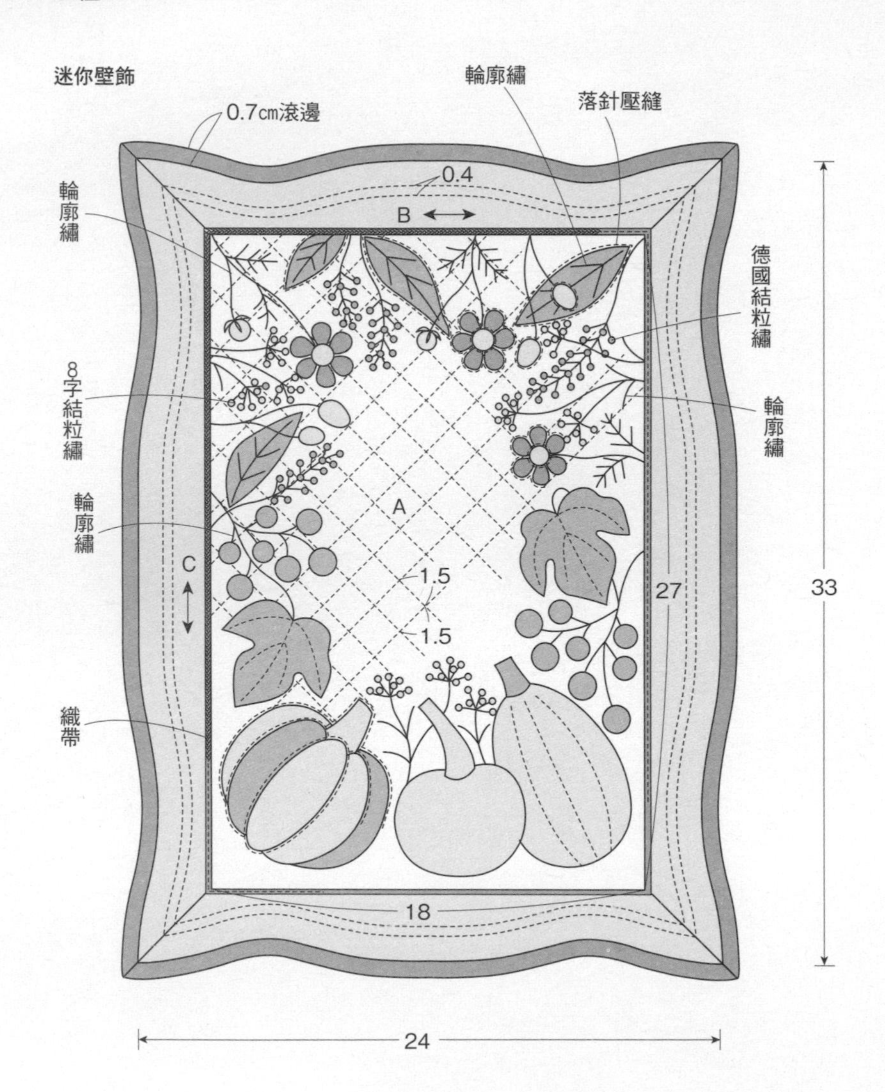

德國結粒繡

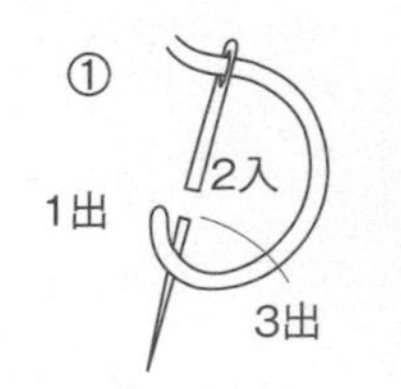

縫針由1穿出，挑縫2至3，穿出縫針。

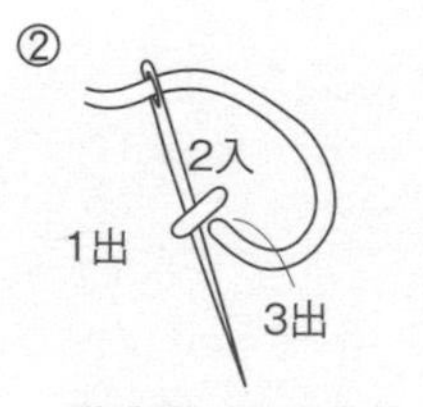

僅挑縫1至2的渡線。

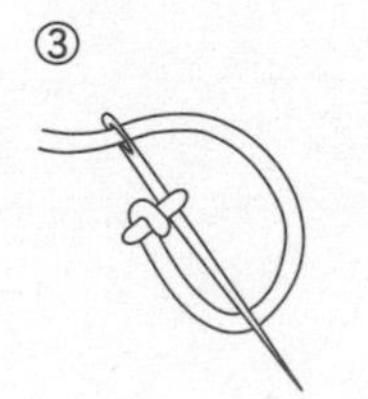

再次挑縫，針尖下方掛線。

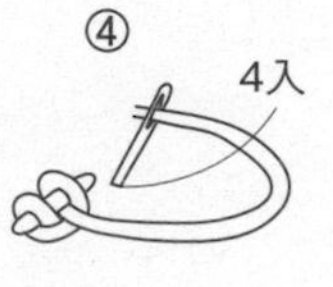

縫針由4穿入。

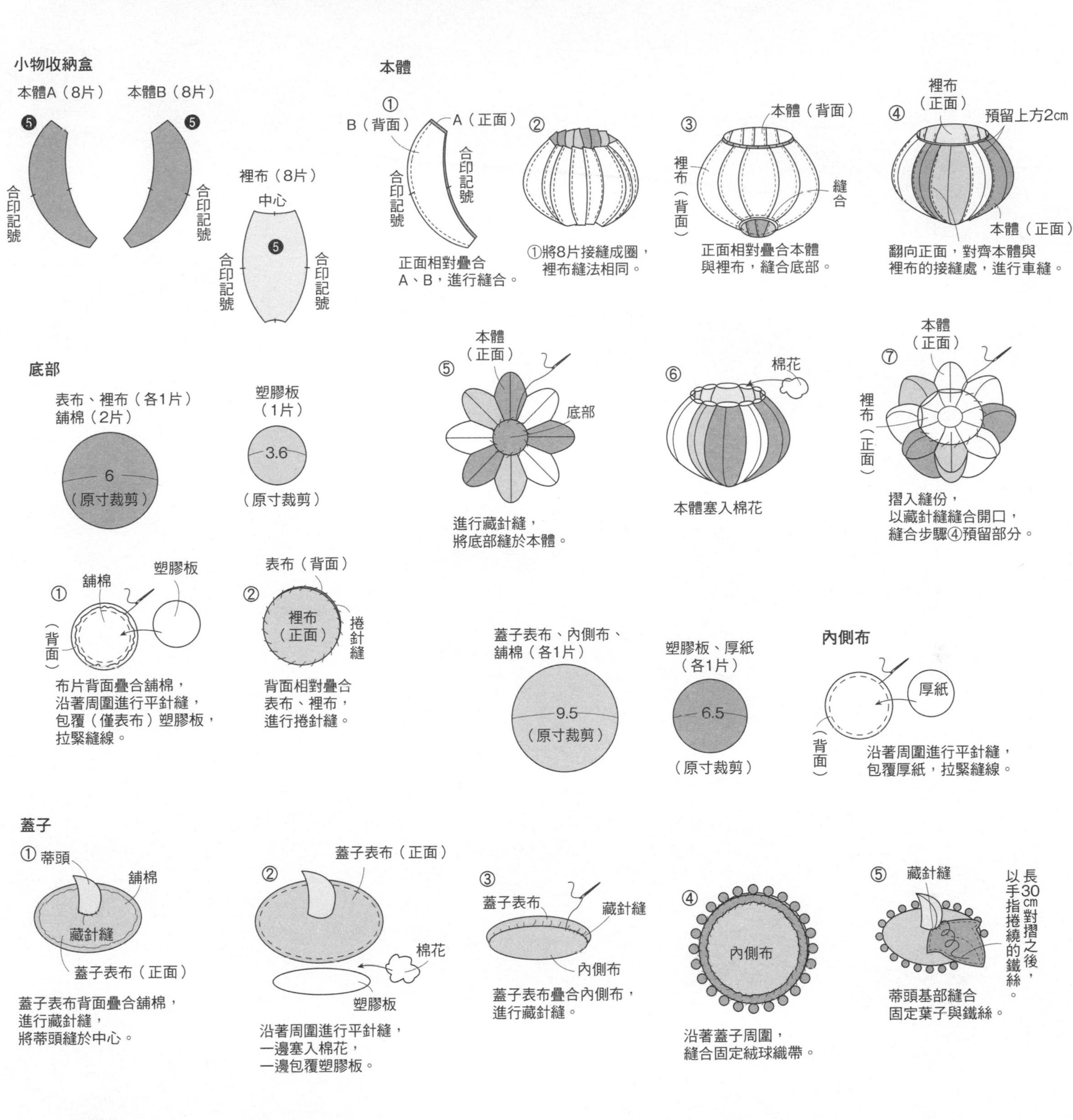
小物收納盒
本體A（8片）
本體B（8片）
合印記號
裡布（8片）
中心
本體
① B（背面）
A（正面）
正面相對疊合A、B，進行縫合。
②①將8片接縫成圈，裡布縫法相同。
③本體（背面）
裡布（背面）
縫合
正面相對疊合本體與裡布，縫合底部。
④裡布（正面）
預留上方2cm
本體（正面）
翻向正面，對齊本體與裡布的接縫處，進行車縫。
底部
表布、裡布（各1片）
鋪棉（2片）
6
（原寸裁剪）
塑膠板（1片）
3.6
（原寸裁剪）
⑤本體（正面）
底部
進行藏針縫，將底部縫於本體。
⑥棉花
本體塞入棉花
⑦本體（正面）
裡布（正面）
摺入縫份，以藏針縫縫合開口，縫合步驟④預留部分。
①鋪棉
塑膠板
（背面）
布片背面疊合鋪棉，沿著周圍進行平針縫，包覆（僅表布）塑膠板，拉緊縫線。
②表布（背面）
裡布（正面）
捲針縫
背面相對疊合表布、裡布，進行捲針縫。
蓋子表布、內側布、鋪棉（各1片）
9.5
（原寸裁剪）
塑膠板、厚紙（各1片）
6.5
（原寸裁剪）
內側布
厚紙
（背面）
沿著周圍進行平針縫，包覆厚紙，拉緊縫線。
蓋子
①蒂頭
鋪棉
藏針縫
蓋子表布（正面）
蓋子表布背面疊合鋪棉，進行藏針縫，將蒂頭縫於中心。
②蓋子表布（正面）
棉花
塑膠板
沿著周圍進行平針縫，一邊塞入棉花，一邊包覆塑膠板。
③蓋子表布
藏針縫
內側布
蓋子表布疊合內側布，進行藏針縫。
④內側布
沿著蓋子周圍，縫合固定絨球織帶。
⑤藏針縫
以手指捲繞的長30cm對摺之後，鐵絲。
蒂頭基部縫合固定葉子與鐵絲。

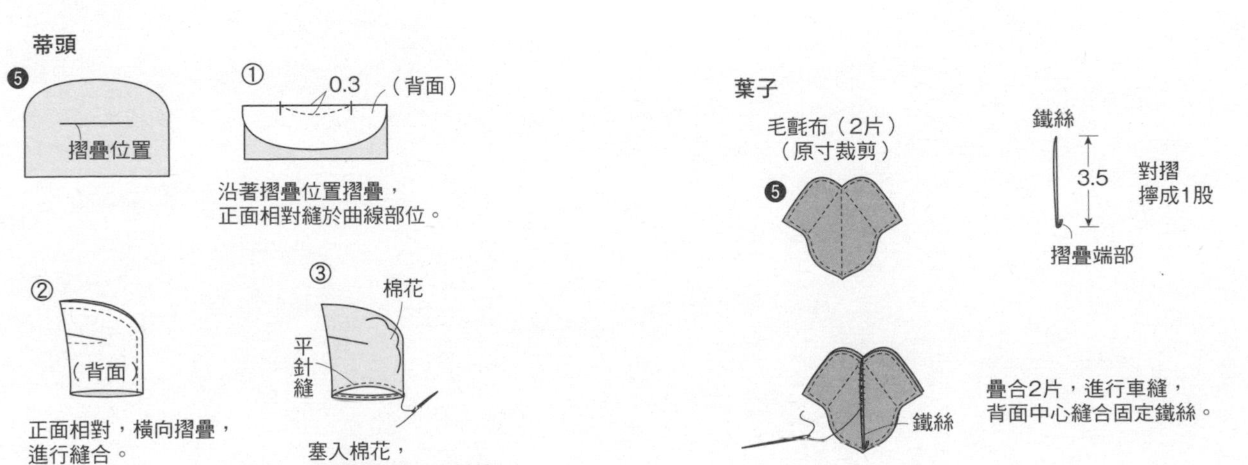
蒂頭
摺疊位置
①0.3
（背面）
沿著摺疊位置摺疊，正面相對縫於曲線部位。
②（背面）
正面相對，橫向摺疊，進行縫合。
③棉花
平針縫
塞入棉花，沿著開口進行平針縫，拉緊縫線。
葉子
毛氈布（2片）
（原寸裁剪）
鐵絲
3.5
對摺
擰成1股
摺疊端部
鐵絲
疊合2片，進行車縫，背面中心縫合固定鐵絲。

No.8 手提袋 ●紙型B面❺（袋身原寸紙型）

◆材料
各式拼接用布片 袋身[b]、側身用布90×40㎝ 釦絆、滾邊用布35×50㎝ 包釦用布10×10㎝ 裡布、舖棉各90×50㎝ 胚布、接著襯各65×40㎝ 厚接著襯90×15㎝ 直徑1.5㎝包釦心4顆 長48㎝ 提把1組

◆作法順序
拼接A布片，完成2片袋身ⓐ表布→袋身ⓐ、ⓑ分別疊合舖棉與胚布，進行壓線→側身表布疊合舖棉，黏貼厚接著襯，進行車縫→袋身ⓐ進行滾邊→製作釦絆→依圖示完成縫製→固定包釦與接縫提把。

◆作法重點
○袋身裡布黏貼接著襯。

完成尺寸 30.5×26㎝

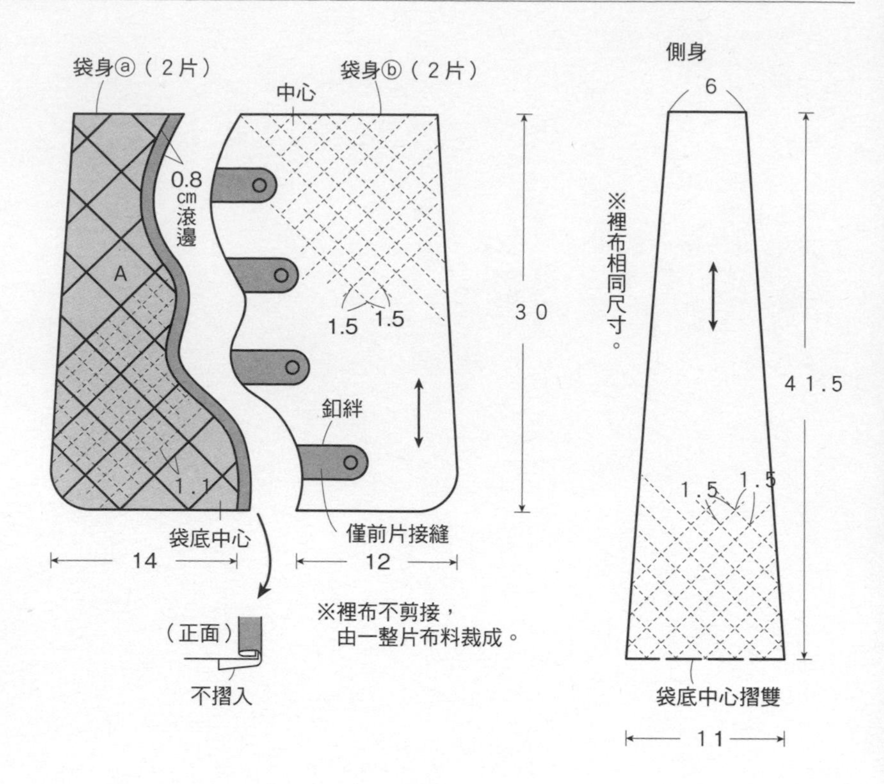

原寸紙型

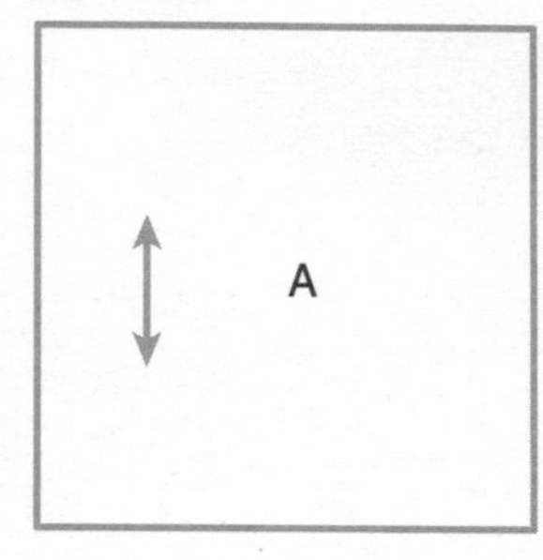

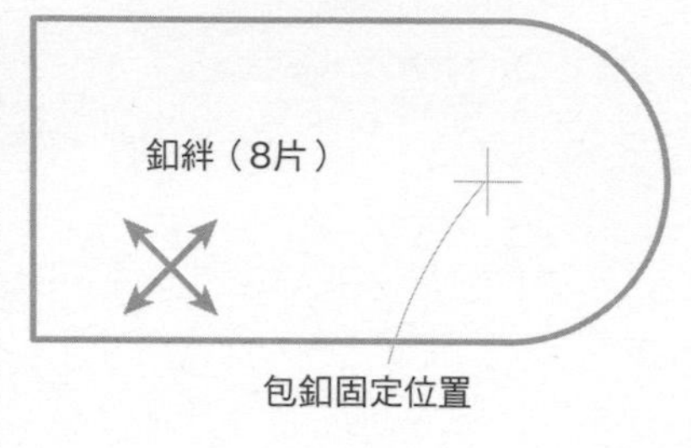

縫製方法

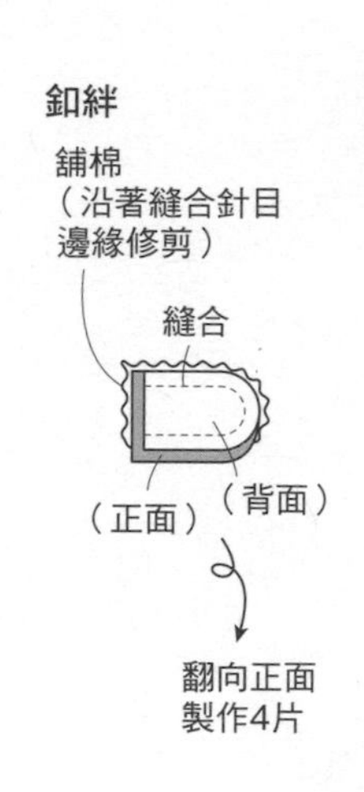

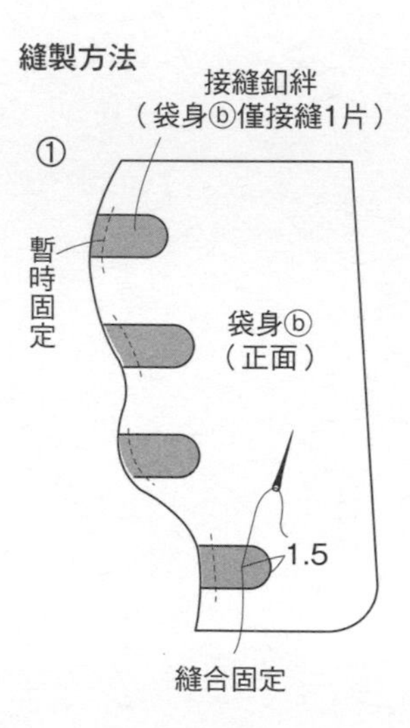

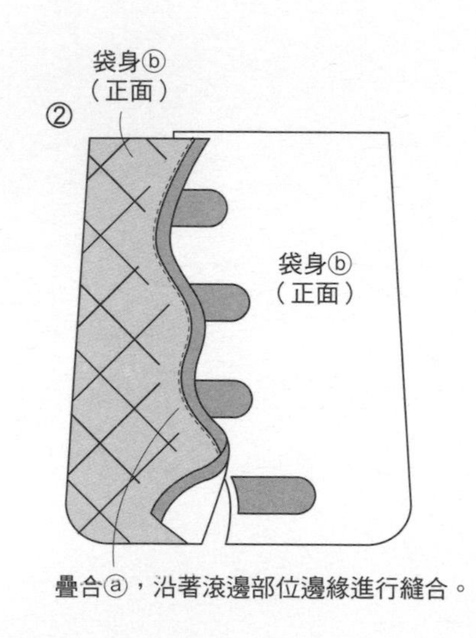

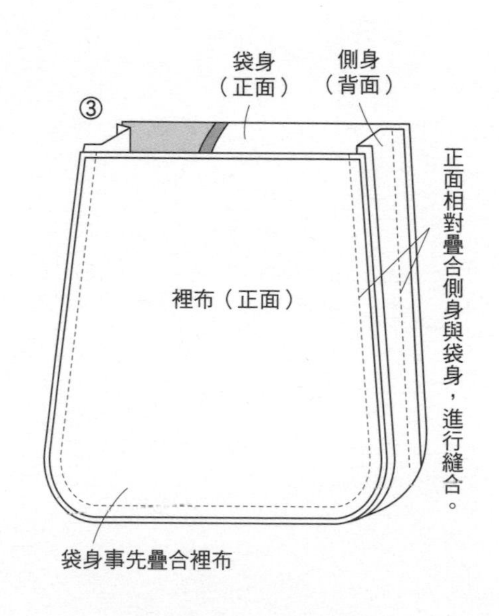

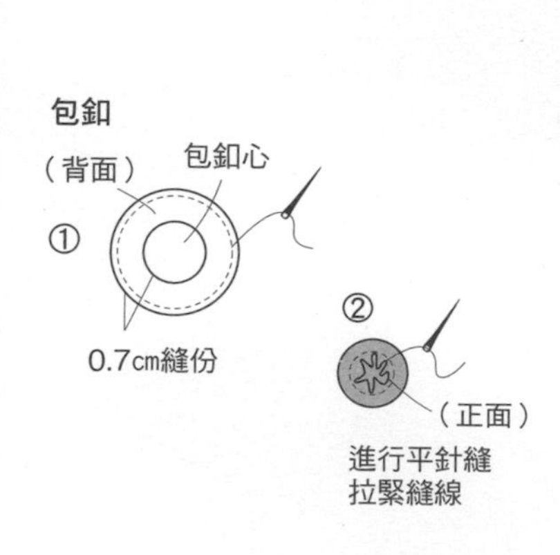

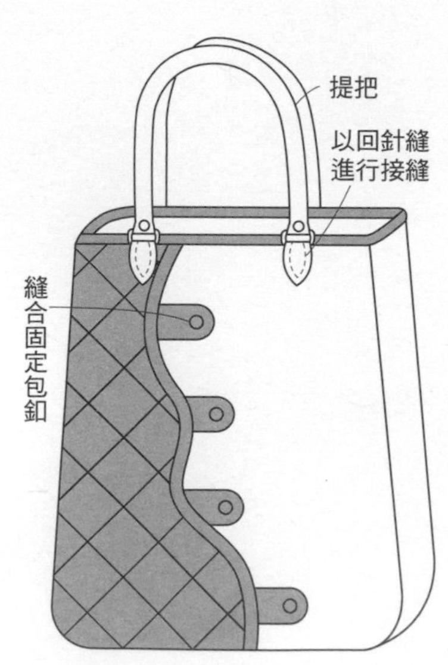

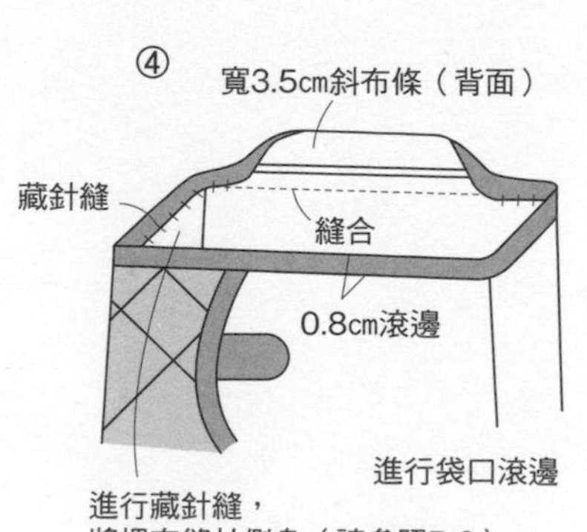

P4 No.3 托特包 ●紙型B面❹（A至D'與提把原寸紙型）

◆材料

各式拼接用布片 側身用布80×50cm（包含E布片、提把、袋底部分） 裡袋用布110×30cm 舖棉、胚布各90×45cm 厚接著襯40×20cm 寬0.9cm 緞帶 80cm 寬2.5cm 蕾絲45cm 直徑0.5cm 串珠4顆 圓形磁釦1組

◆作法順序

拼接A至D布片，接縫E布片，完成2片袋身表布→袋身、側身2片、袋底表布，分別疊合舖棉、胚布，進行壓線→縫上蕾絲→依圖示完成縫製。

完成尺寸 20×35cm

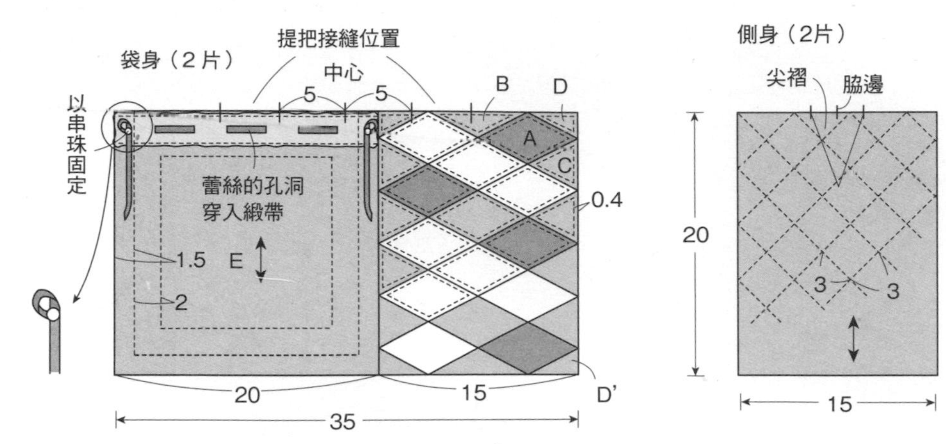

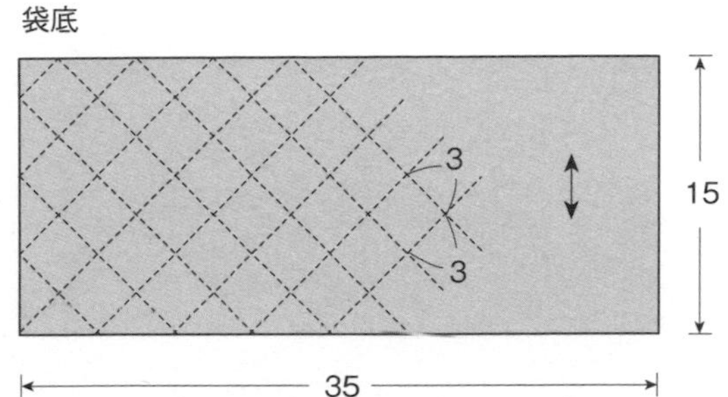

提把

（4片）※黏貼原寸裁剪的接著襯。

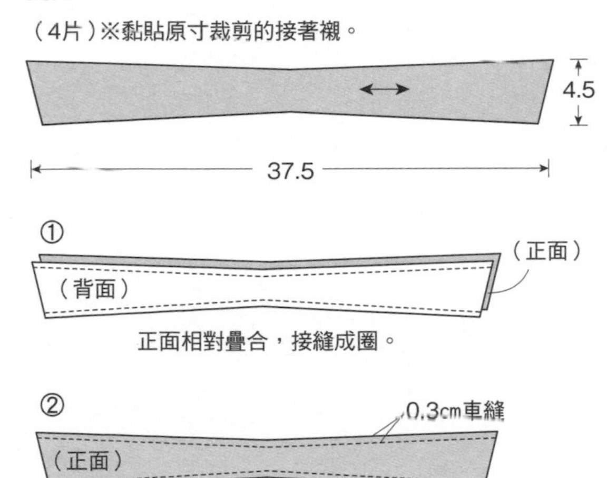

縫製方法

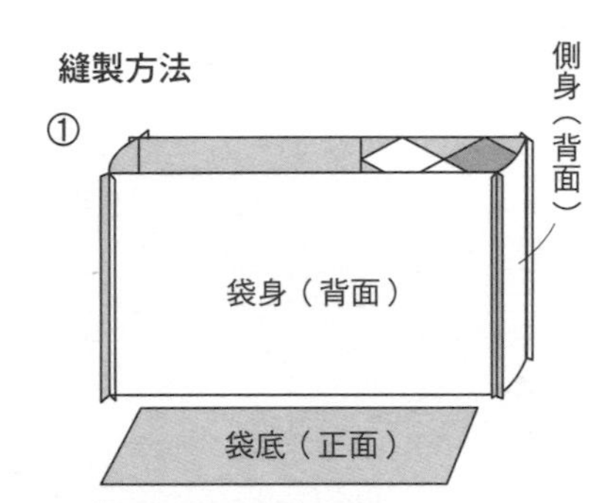

正面相對疊合袋身與側身，
接縫成圈，正面相對疊合袋底，進行縫合。

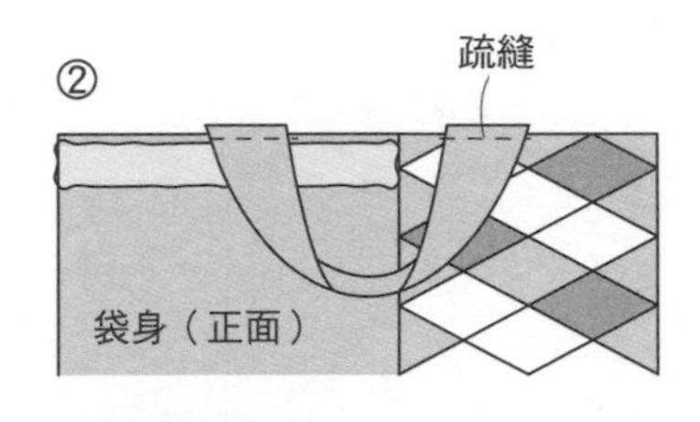

袋身的袋口部位，
暫時固定提把。

裡袋

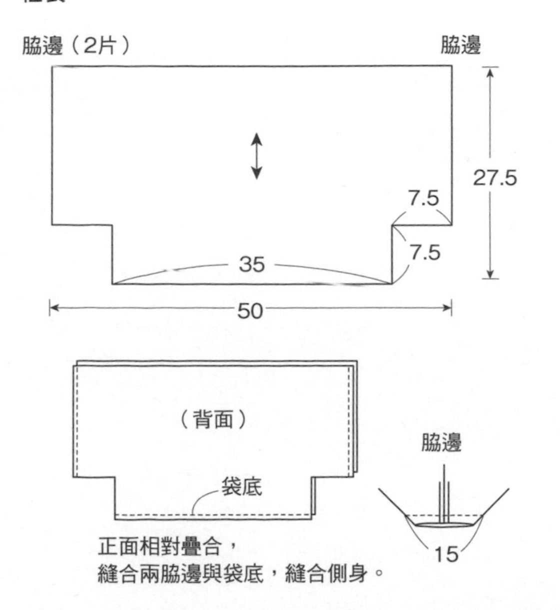

正面相對疊合，
縫合兩脇邊與袋底，縫合側身。

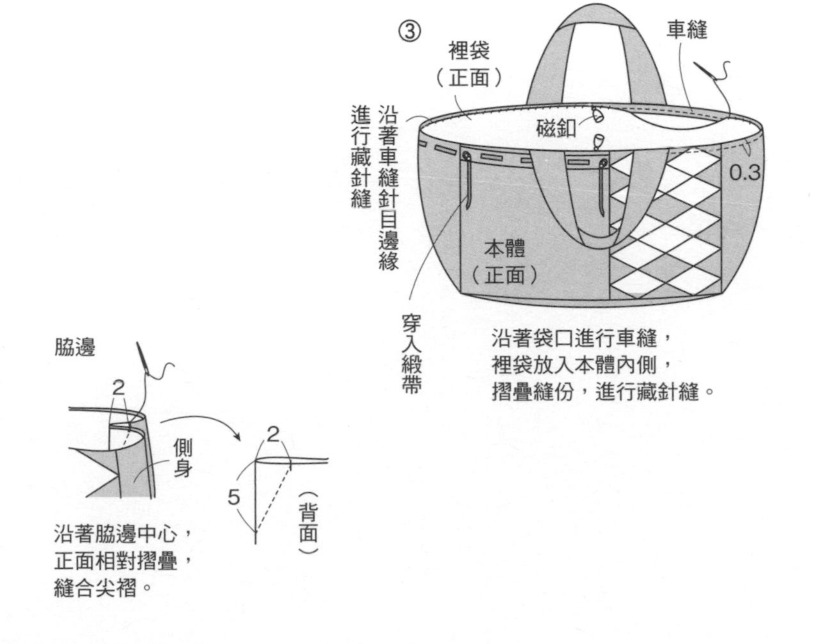

沿著袋口進行車縫，
裡袋放入本體內側，
摺疊縫份，進行藏針縫。

沿著脇邊中心，
正面相對摺疊，
縫合尖褶。

No.9 尖褶包 ●紙型A面❸（前片、後片、口袋原寸紙型）

◆材料

各式拼接用布片 前片用布85×55cm（包含提把、釦絆表布部分） 裡布90×60cm（包含口袋胚布、釦絆裡布、包釦部分） 鋪棉100×60cm 胚布100×40cm 直徑3cm 包釦心1顆 直徑1.5cm 磁釦1組

◆作法順序

拼接A布片，完成後片與口袋的表布→參照P.13，進行口袋壓線→製作釦絆→前片與後片疊合鋪棉、胚布進行壓線→前片以藏針縫縫上口袋→縫合尖褶→縫合裡布的尖褶→依圖示完成縫製→製作提把，接縫固定。

◆作法重點

○前片與後片進行壓線時，避開縫份部位，縫合裡布之後，沿著縫合針目邊緣修剪鋪棉。

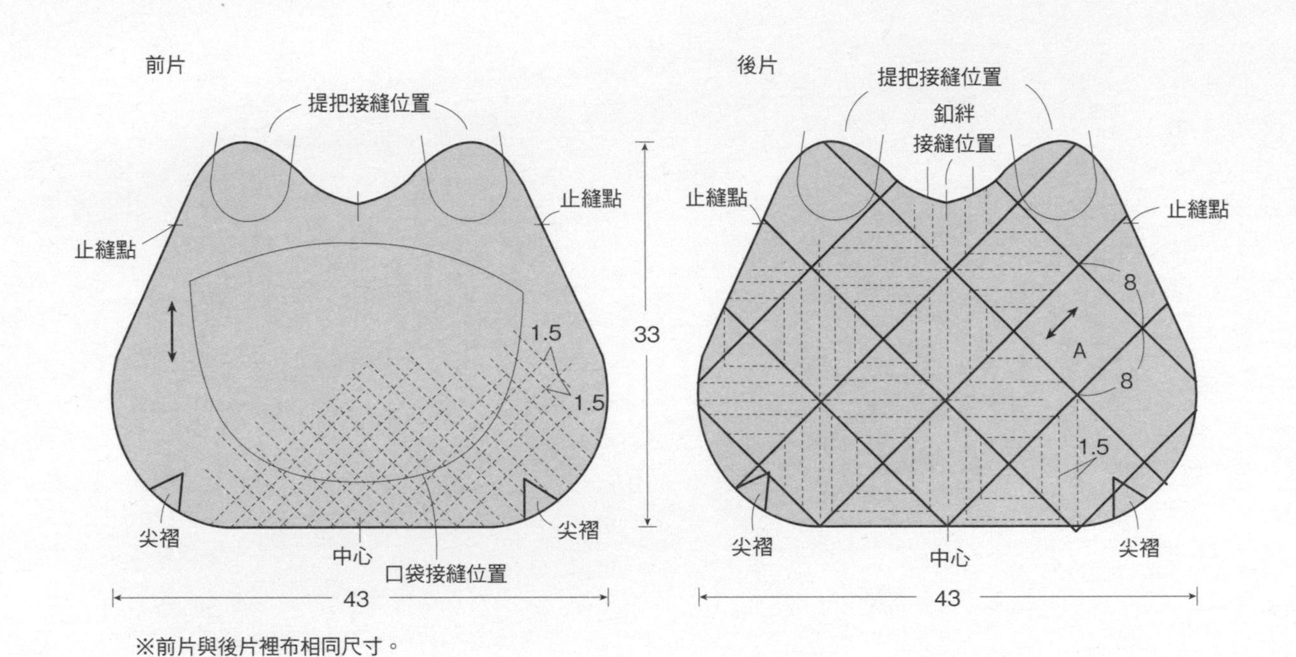

※前片與後片裡布相同尺寸。

縫製方法

①

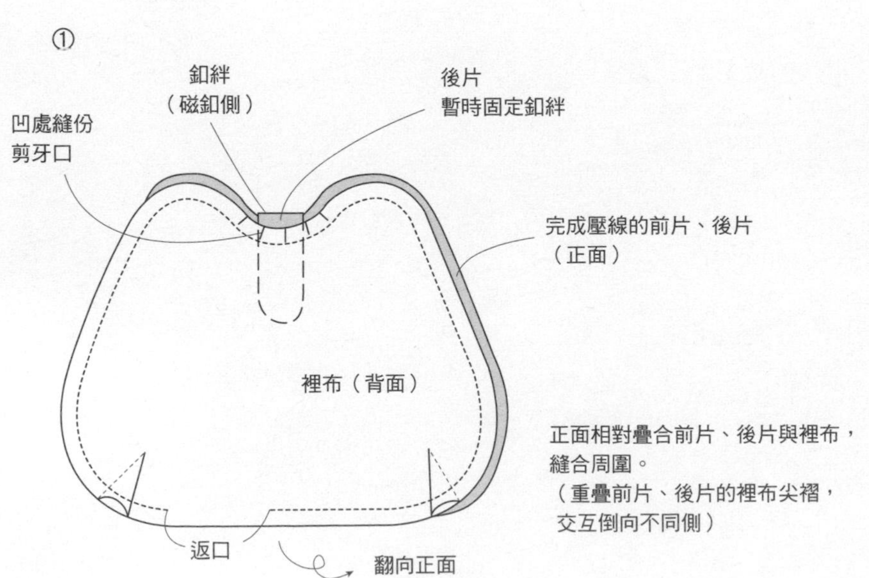

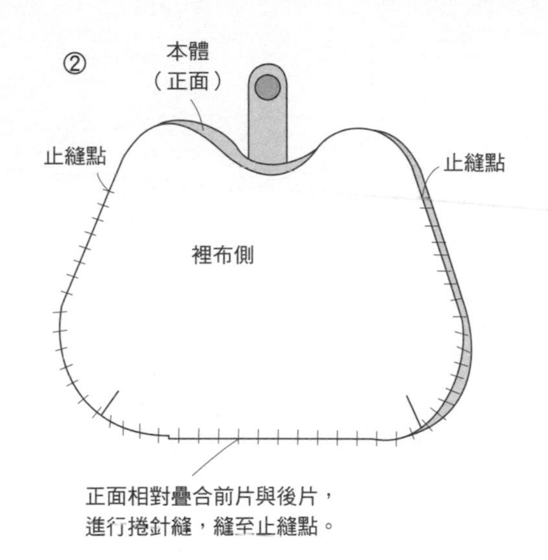

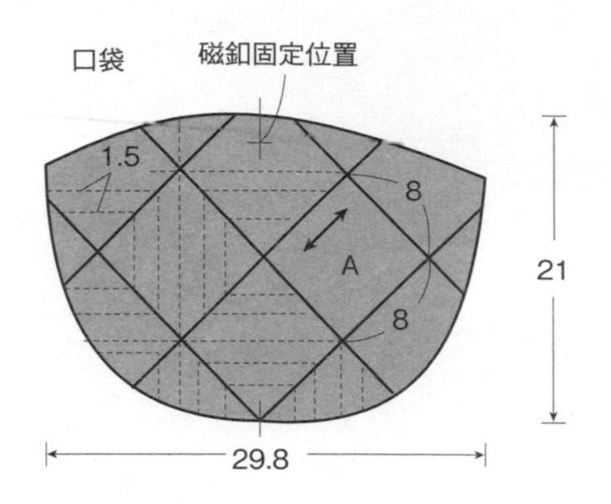

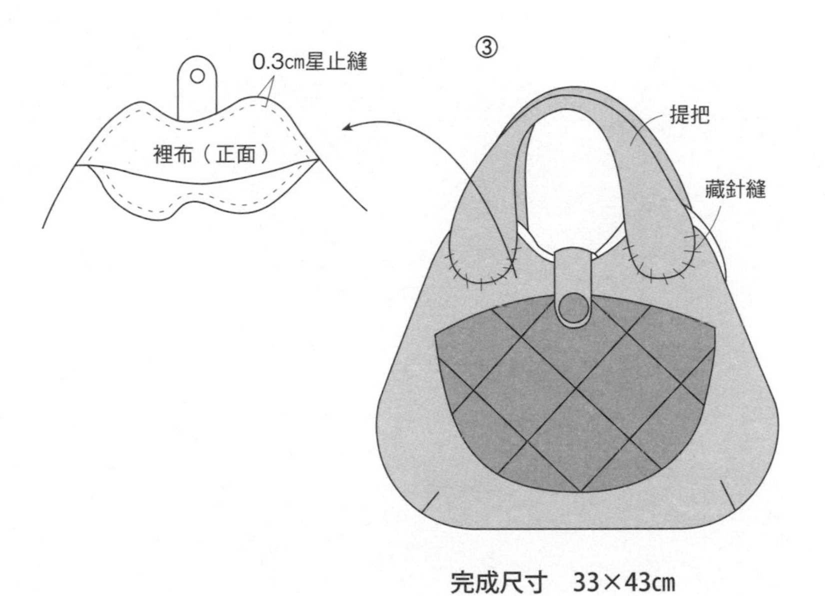

完成尺寸　33×43㎝

包釦

（背面）
包釦心
①
0.7㎝縫份

②
（正面）
進行平針縫，拉緊縫線。

釦絆與提把

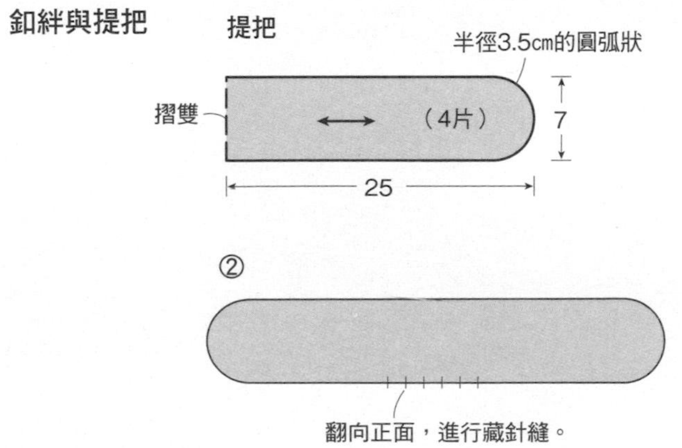

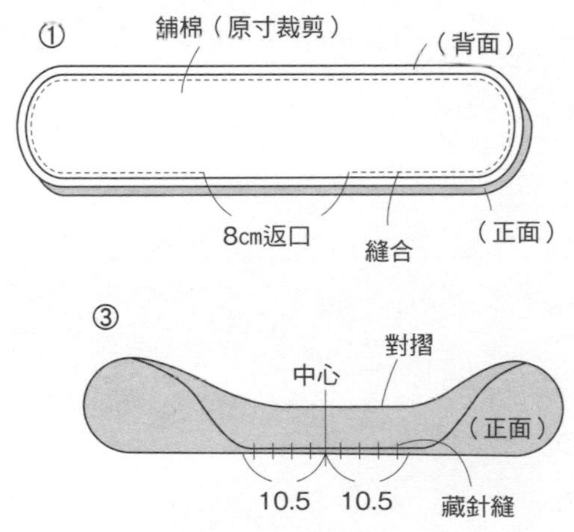

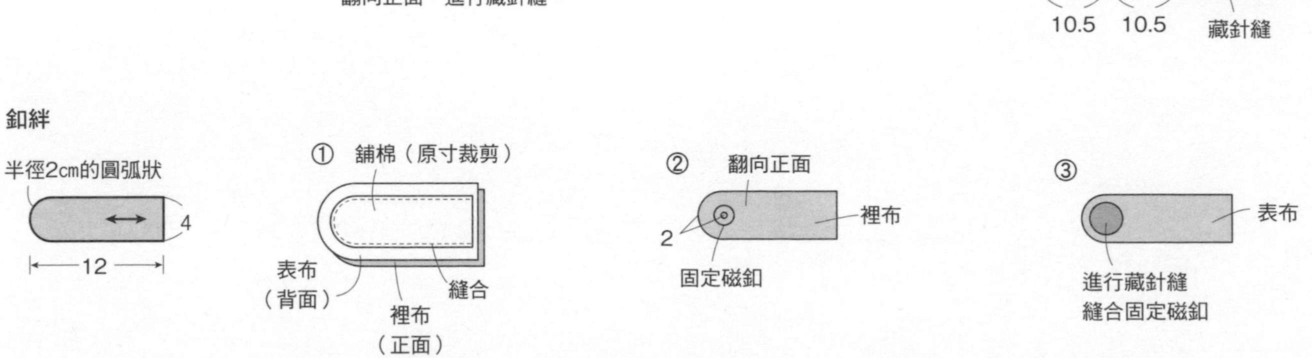

No.4 附袋蓋斜肩小物袋

◆材料

各式拼接用布片 B用布50×40㎝（包含滾邊部分） 舖棉25×40㎝ 胚布25×55㎝（包含內口袋部分） 長20㎝ 拉鍊1條 附活動鉤肩背帶1條 直徑1.4㎝ 縫式磁釦1組 寬2㎝ 蕾絲40㎝

◆作法順序

拼接布片，完成本體表布→依圖示製作，進行壓線→製作內口袋，縫合固定於本體背面→依圖示完成縫製。

完成尺寸 14×24.5㎝

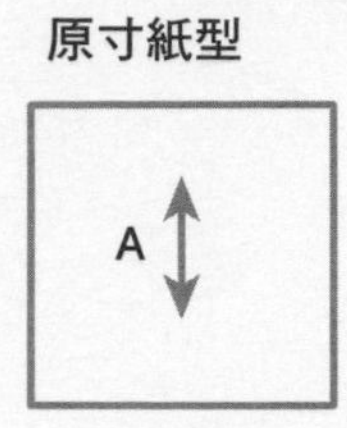

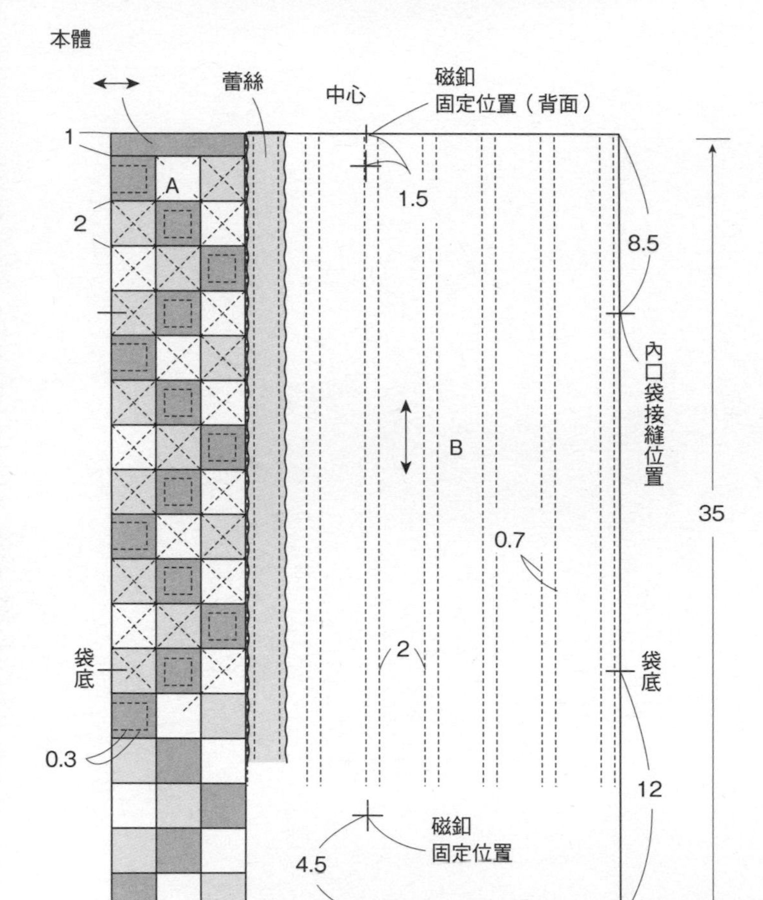

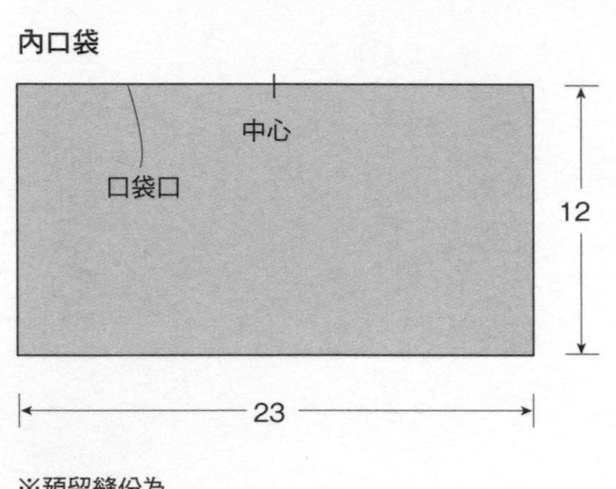

※預留縫份為
口袋口2㎝
其他部分1㎝。

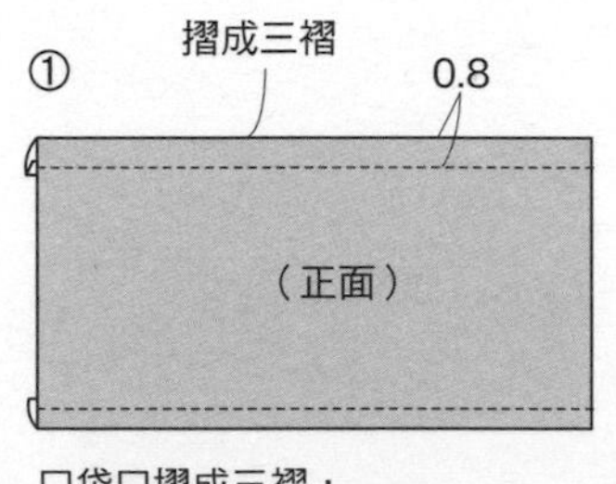

口袋口摺成三褶，
摺疊袋底縫份，進行縫合。

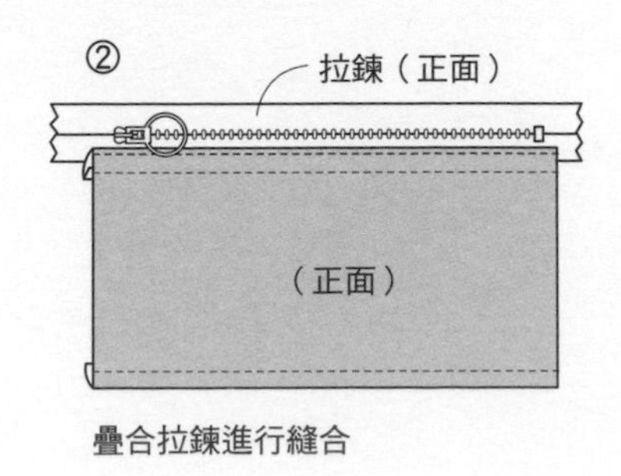

疊合拉鍊進行縫合

吊耳

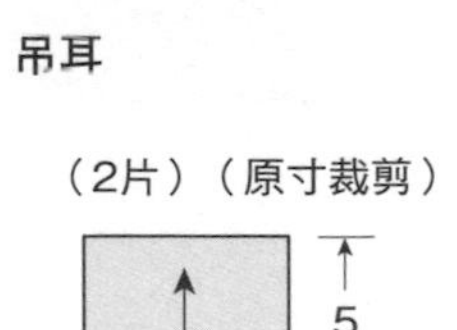

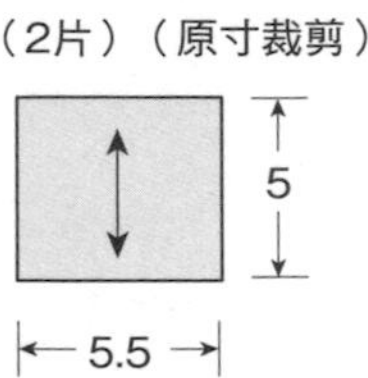

①

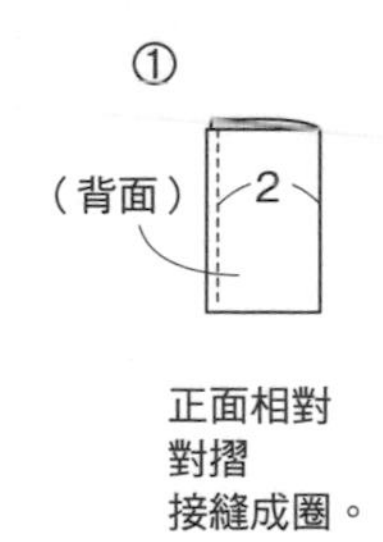

正面相對
對摺
接縫成圈。

②

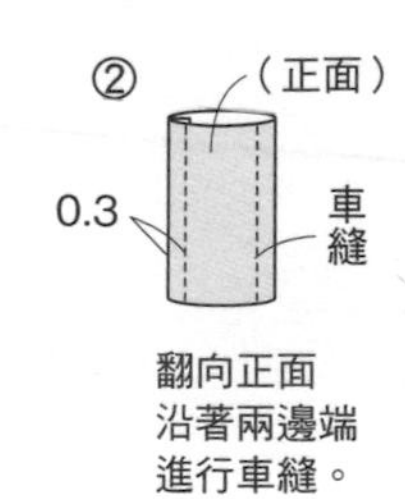

翻向正面
沿著兩邊端
進行車縫。

③

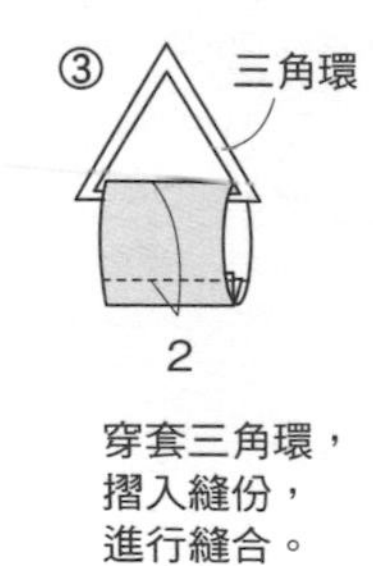

穿套三角環，
摺入縫份，
進行縫合。

本體

①

正面相對疊合本體與胚布，
縫合上、下側。

②

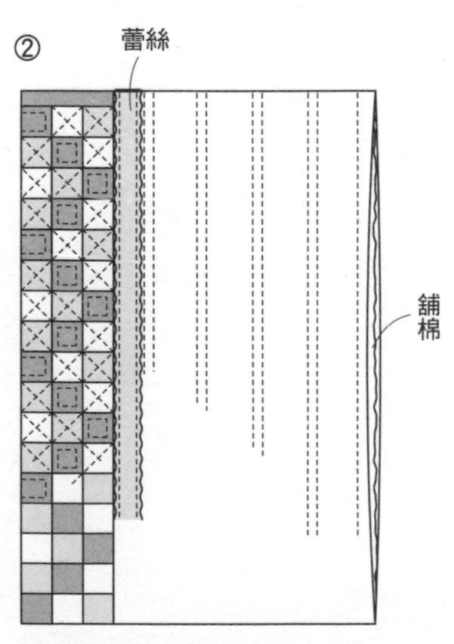

①翻向正面，夾入鋪棉
（上、下邊原寸裁剪），
進行壓線，縫合固定蕾絲。

縫製方法

①

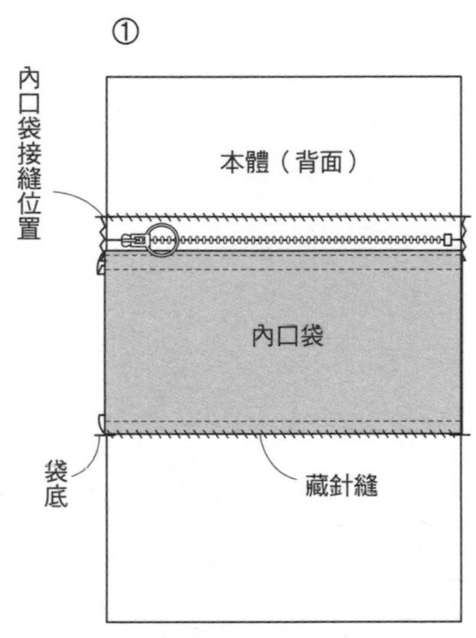

本體（背面）疊合內口袋，
以藏針縫縫合固定拉鍊，
袋底進行藏針縫。

②

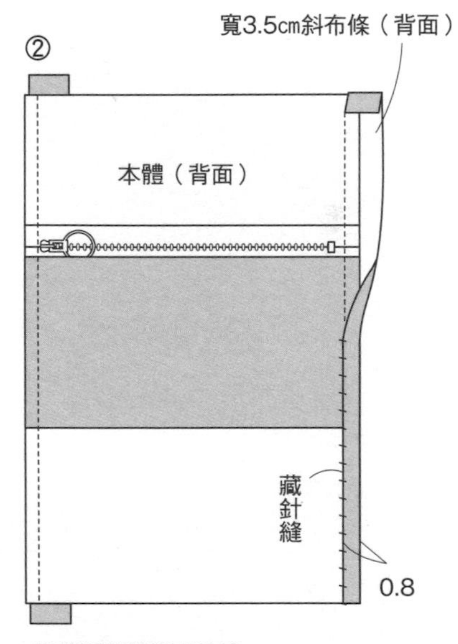

沿著兩脇邊進行滾邊

③

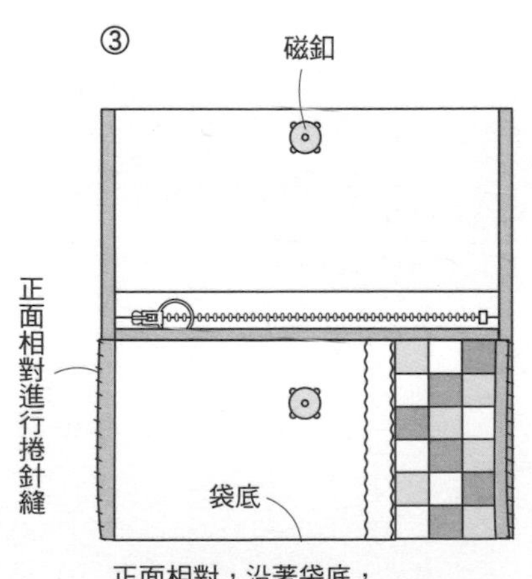

正面相對，沿著袋底，
往上摺疊本體，進行捲針縫，
縫合固定磁釦。

④

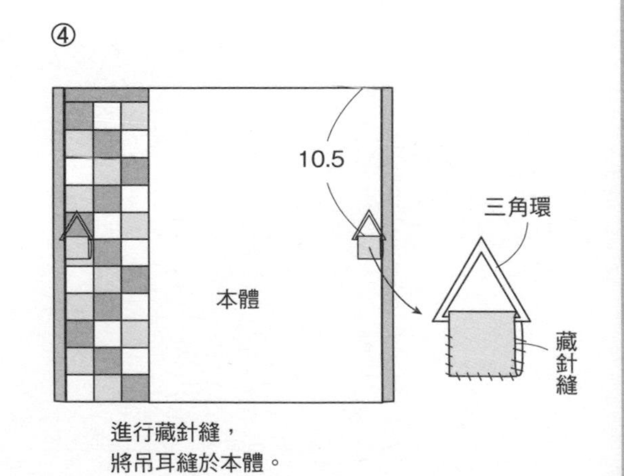

進行藏針縫，
將吊耳縫於本體。

P11 No.10 手提袋

◆材料

各式A用布 提把用布70×70cm（包含滾邊、扣帶絆部分） B用布30×60cm（包含D布片、側身部分）單膠鋪棉35×65cm 胚布35×60cm

◆作法順序

拼接A布片，接縫B布片，完成前片表布→拼接C布片，接縫D布片，完成後片表布→前、後片表布與側身表布，分別疊合鋪棉與胚布，進行壓線→製作提把與袢帶→依圖示完成縫製。

◆作法重點

○畫框式滾邊方法請參照P.66。

完成尺寸　16×22cm

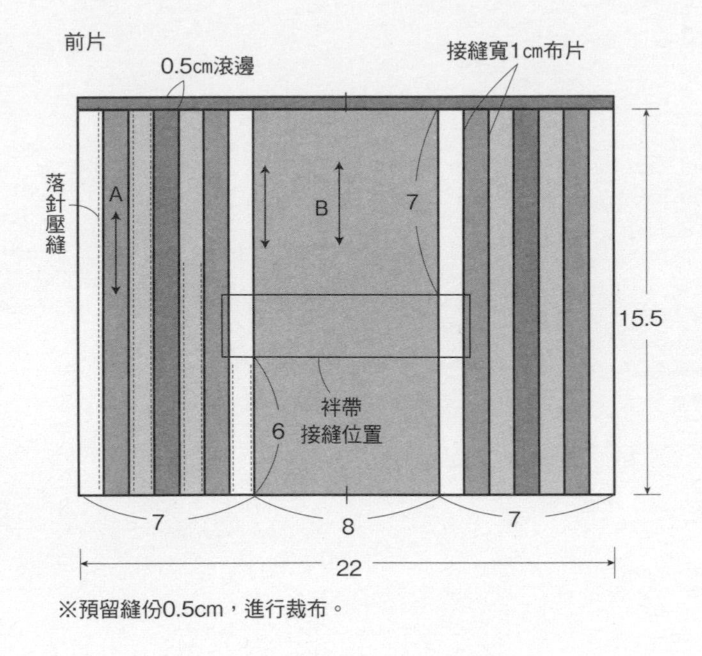

※預留縫份0.5cm，進行裁布。

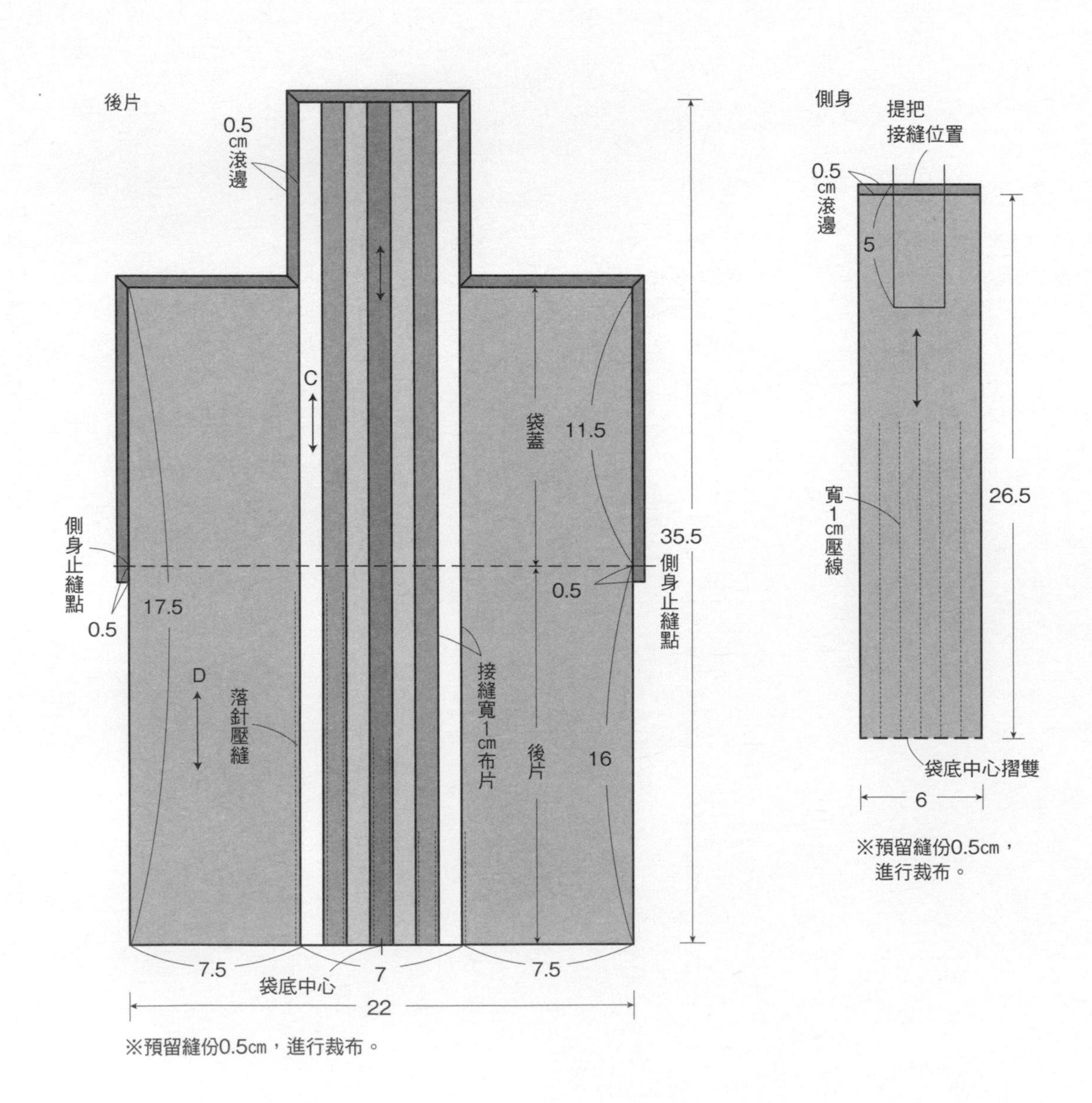

※預留縫份0.5cm，進行裁布。

※預留縫份0.5cm，進行裁布。

縫製方法

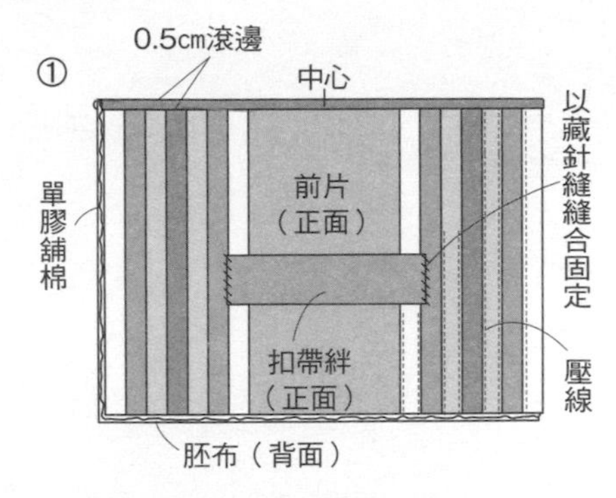

完成拼接的前片表布，黏貼鋪棉，
疊合胚布，進行壓線。
以原寸裁剪寬2.5cm的斜布條，
進行上部滾邊，對齊中心，
進行藏針縫，將扣帶絆接縫於指定位置。
※側身作法相同。
（短邊進行滾邊，不接縫袢帶）

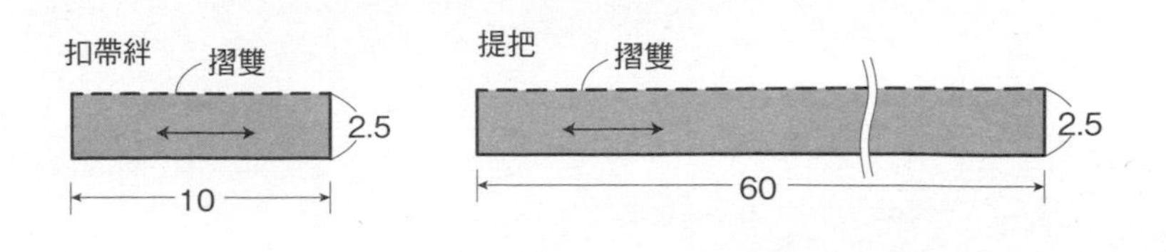

提把 ※扣帶絆作法相同

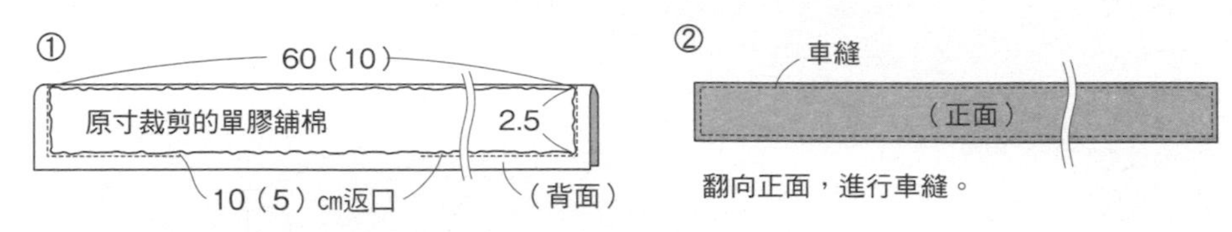

正面相對對摺，黏貼原寸裁剪的鋪棉，
預留返口，進行縫合。
※（ ）內為扣帶絆尺寸。

翻向正面，進行車縫。

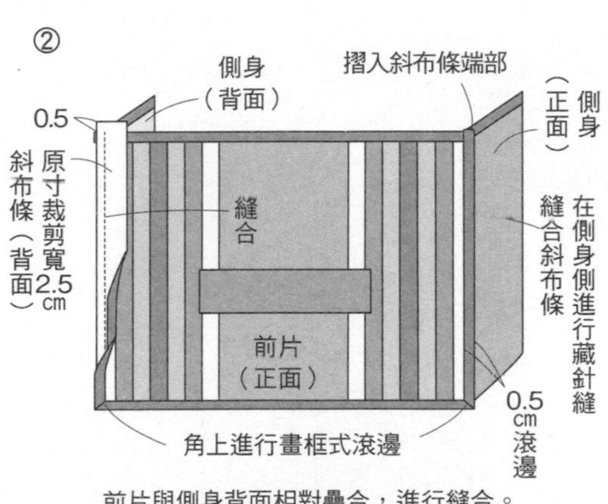

前片與側身背面相對疊合，進行縫合。
左右與下部接著進行滾邊。

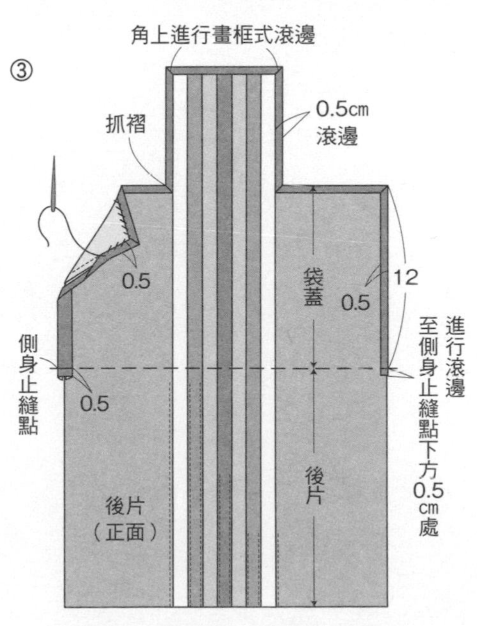

如同前片、側身作法，後片也進行壓線，
以原寸裁剪寬2.5cm斜布條，
進行袋蓋部分滾邊。

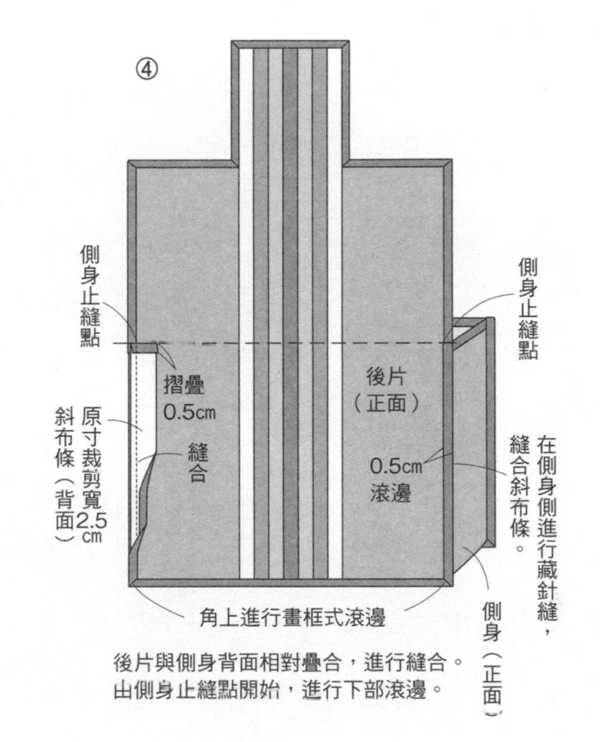

後片與側身背面相對疊合，進行縫合。
由側身止縫點開始，進行下部滾邊。

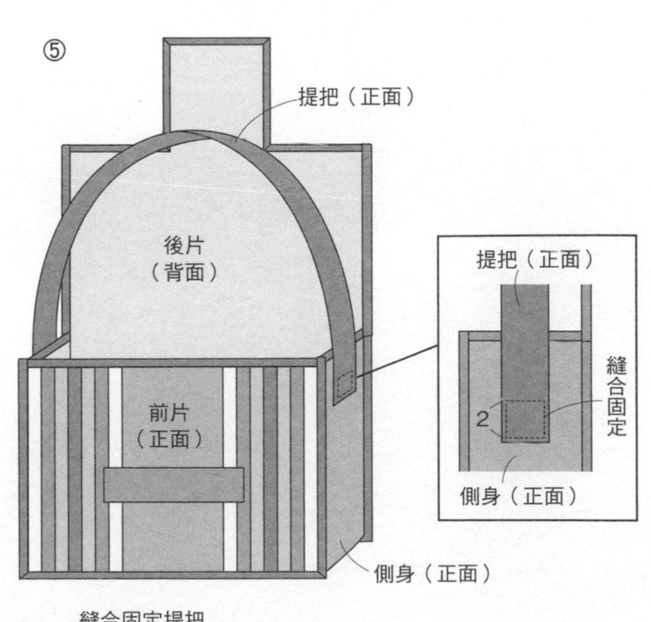

縫合固定提把

P28 No.23 波奇包 ●紙型A面❶

◆材料
各式雕繡、拉鍊尾片、貼布縫用布片 A用布45×30cm B用布50×20cm（包含滾邊部分） 薄接著舖棉30×50cm 胚布50×60cm（包含內口袋部分） 薄接著襯25×20cm 長20cm 拉鍊1條 直徑1.2cm 包釦心6顆 直徑0.2cm 串珠60顆 雙面接著襯、25號繡線各適量

◆作法順序
拼接A、B布片，完成前片與後片表布，進行刺繡與貼布縫→黏貼舖棉，疊合胚布，進行壓線→縫合尖褶→固定雕繡花片（請參照P.59）→依圖示完成縫製。

◆作法重點
○縫份處理方法請參照P.67作法B。

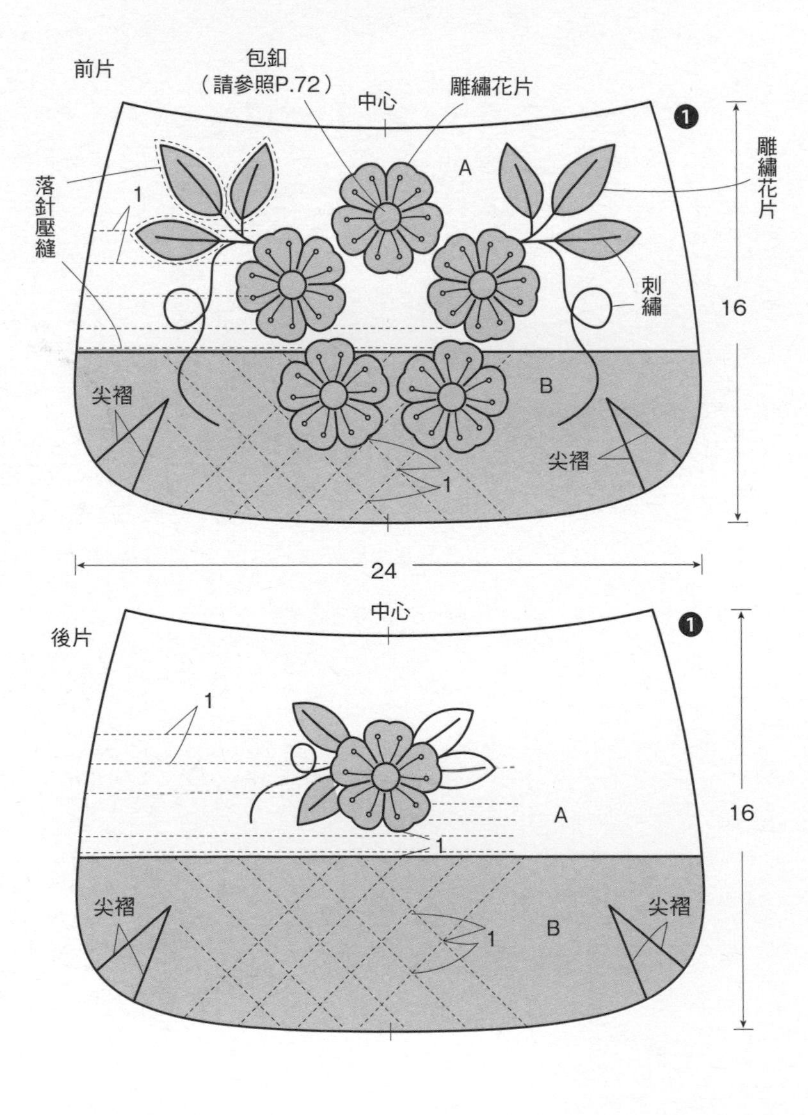

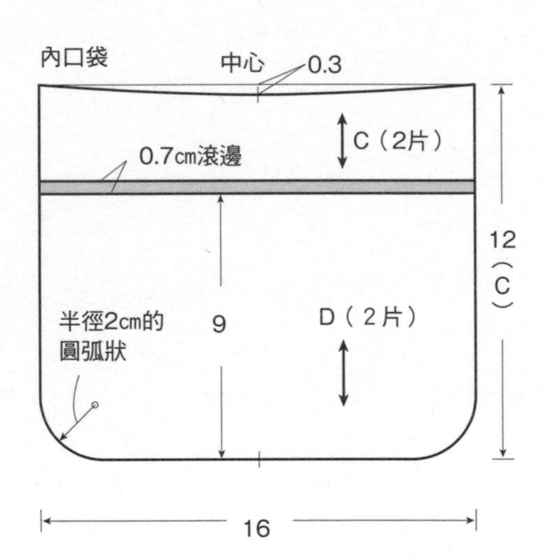

縫製方法

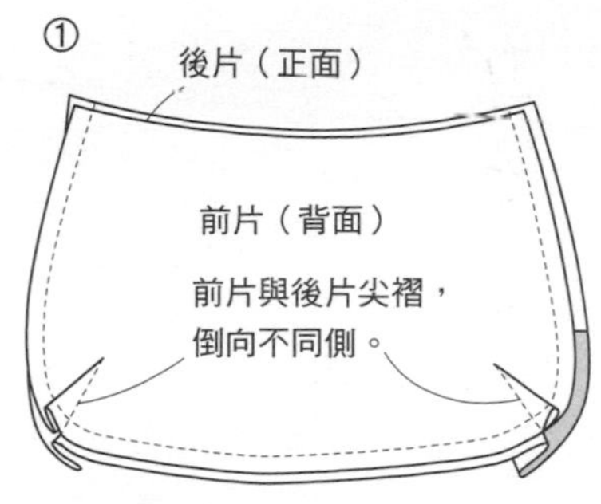

正面相對疊合前片與後片，進行縫合。

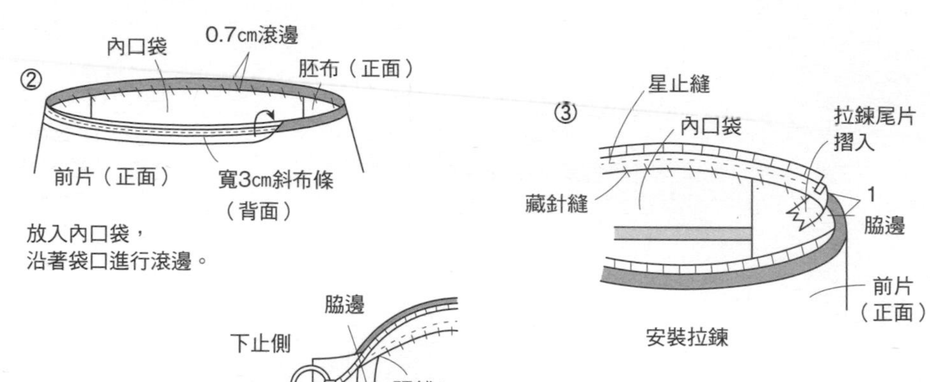

放入內口袋，
沿著袋口進行滾邊。

安裝拉鍊

內口袋

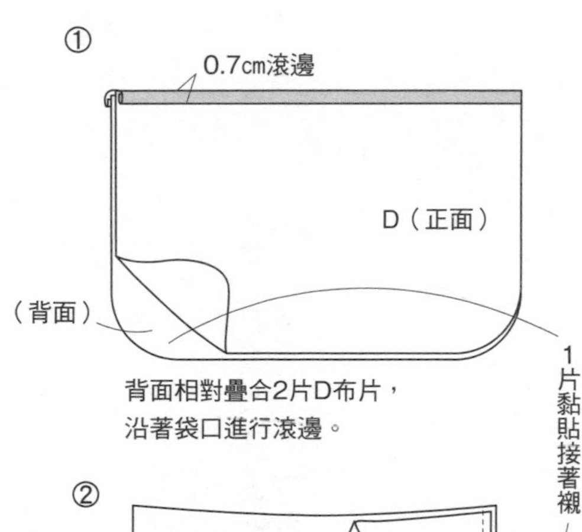

背面相對疊合2片D布片，
沿著袋口進行滾邊。

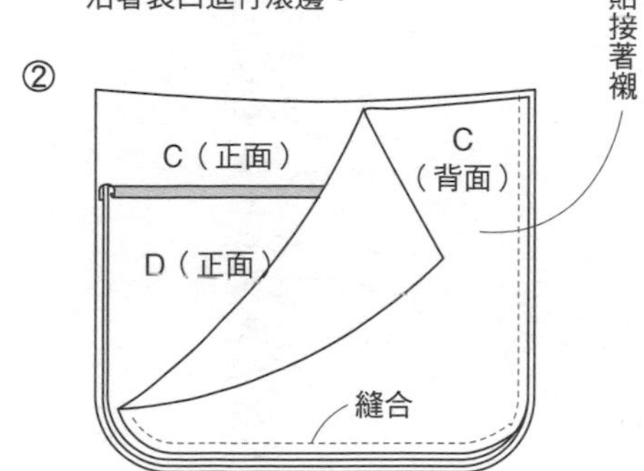

正面相對疊合C布片，夾入D布片，
縫合脇邊與袋底，翻向正面。

拉鍊尾片原寸紙型

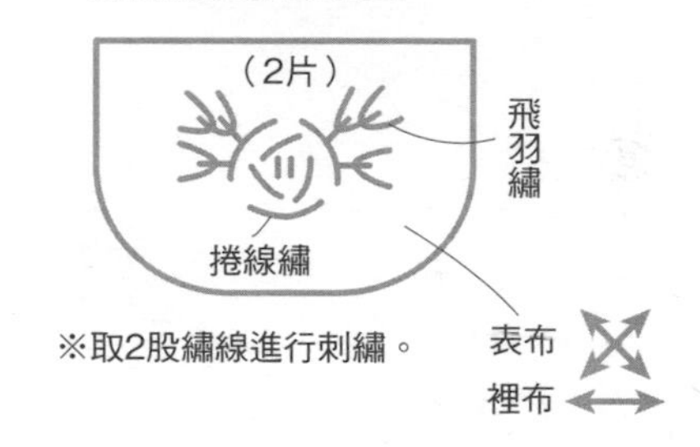

※取2股繡線進行刺繡。

完成尺寸　16.5×24cm

拉鍊尾片的固定方法

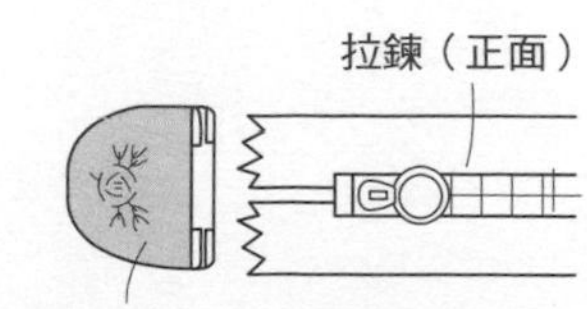

進行刺繡，正面相對縫合2片，
套住拉鍊端部進行藏針縫。

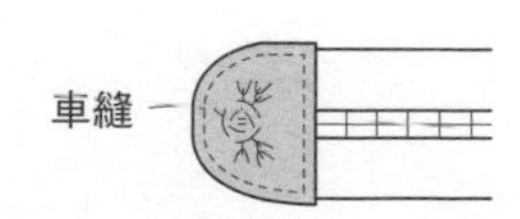

釦眼繡

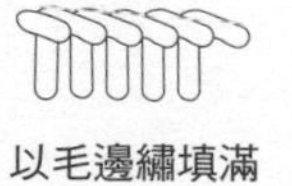

以毛邊繡填滿

No.13 壁飾 ●紙型A面⑩（圖案原寸紙型）

◆材料

各式拼接用布片 滾邊用寬4cm 斜布條500cm 胚布、鋪棉各100×180cm

◆作法順序

拼接A至G布片，分別完成63片圖案ㄅ與ㄆ、1片星形圖案、1個樹幹區塊→接縫各式圖案與區塊，進行貼布縫，縫上圖案，完成表布→疊合鋪棉與胚布，進行壓線→進行周圍滾邊（請參照P.66）。

◆作法重點

○左右各1列，進行明暗配色，圖案ㄅ與ㄆ縱向交互接縫。
○中央部聖誕樹的葉子部分，以明暗配色表現。

完成尺寸　138.5×107cm

圖案配置圖

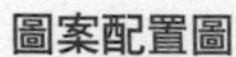

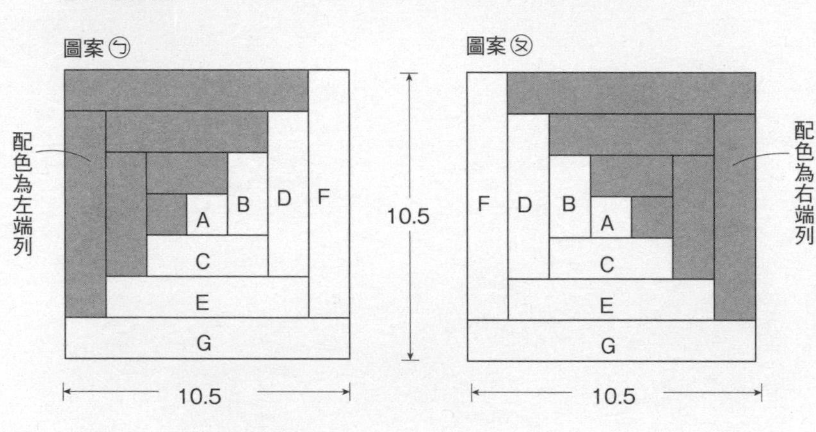

※圖案ㄅ與ㄆ為對稱形。

星形圖案

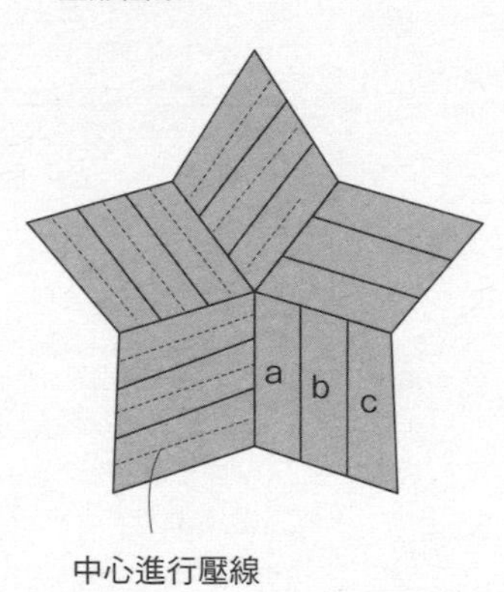

圖案的明暗配色

ㄅ（右端列與花盆）

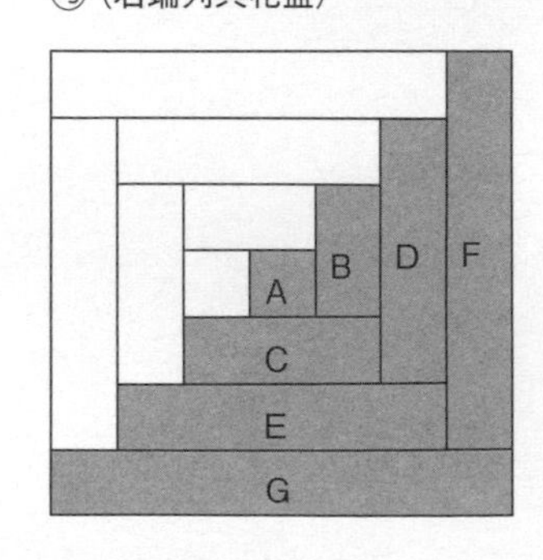

ㄆ（左端列與花盆）

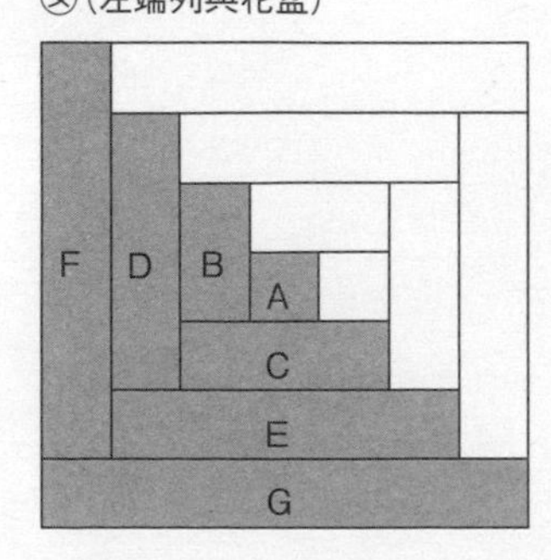

星形圖案原寸紙型

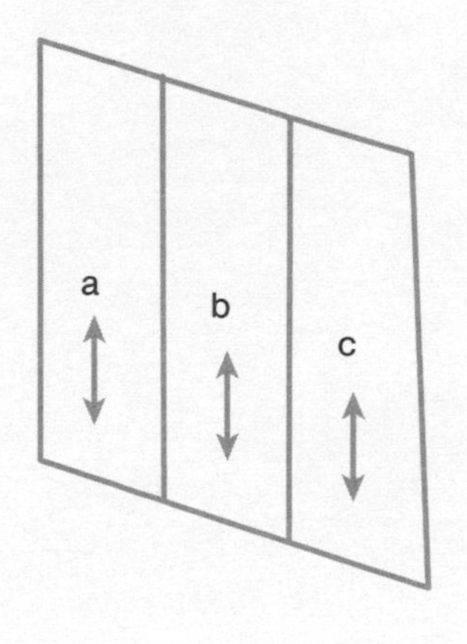

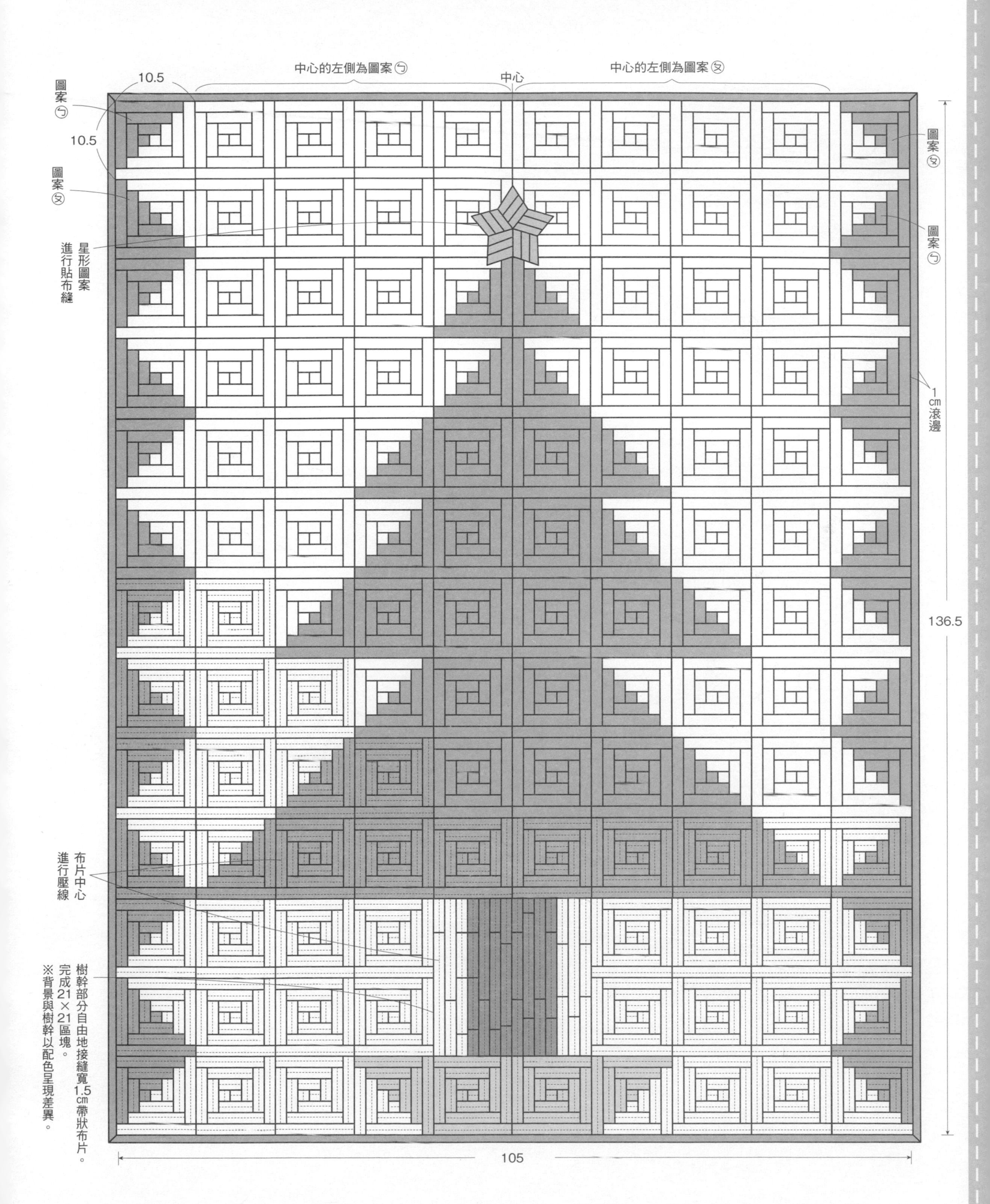
10.5
中心的左側為圖案ㄅ
中心
中心的左側為圖案ㄆ
圖案ㄅ
10.5
圖案ㄆ
星形圖案進行貼布縫
圖案ㄆ
圖案ㄅ
1cm滾邊
136.5
布片中心進行壓線
樹幹部分自由地接縫寬1.5cm帶狀布片。
完成21×21區塊。
※背景與樹幹以配色呈現差異。
105

No.18 小物收納盒

◆材料（1件的用量）
各式屋頂、側面、底部用布片 裡布、單膠鋪棉各35×30cm 厚紙25×40cm
◆作法順序
分別完成屋頂、側面、底部→縫合側面與底部→屋頂塗膠黏貼。
◆作法重點
○裡布分別為一整片相同尺寸布料裁成。

完成尺寸　8×8×10cm

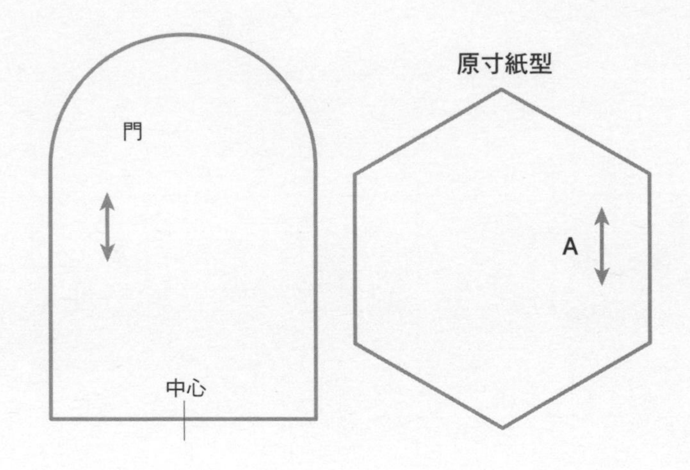

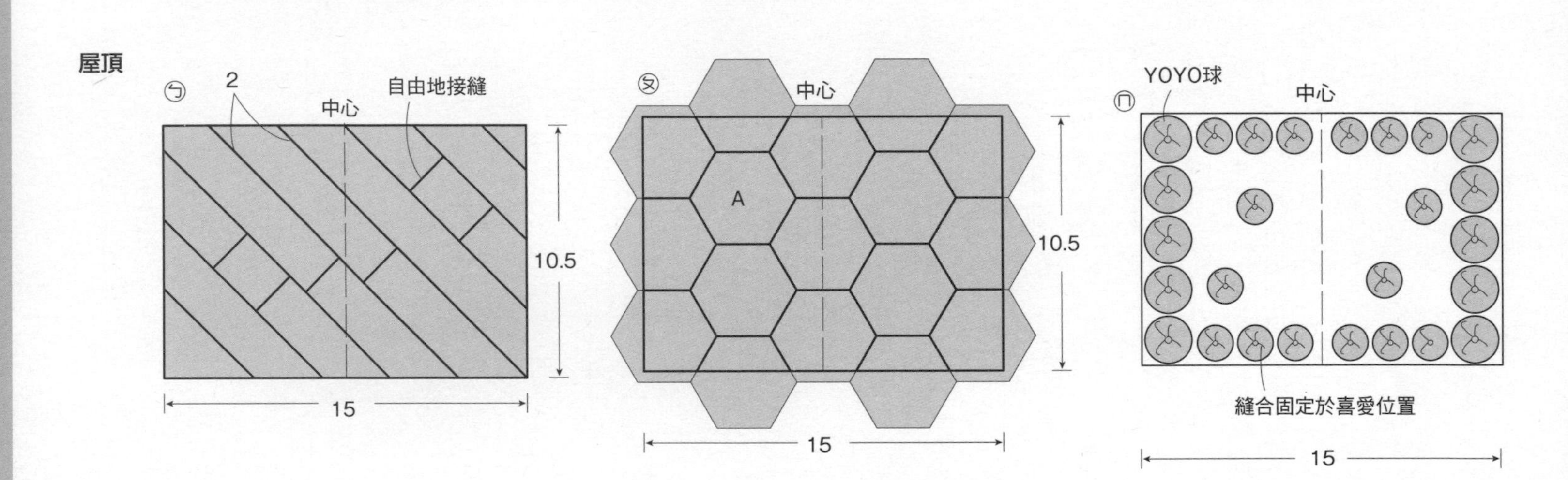

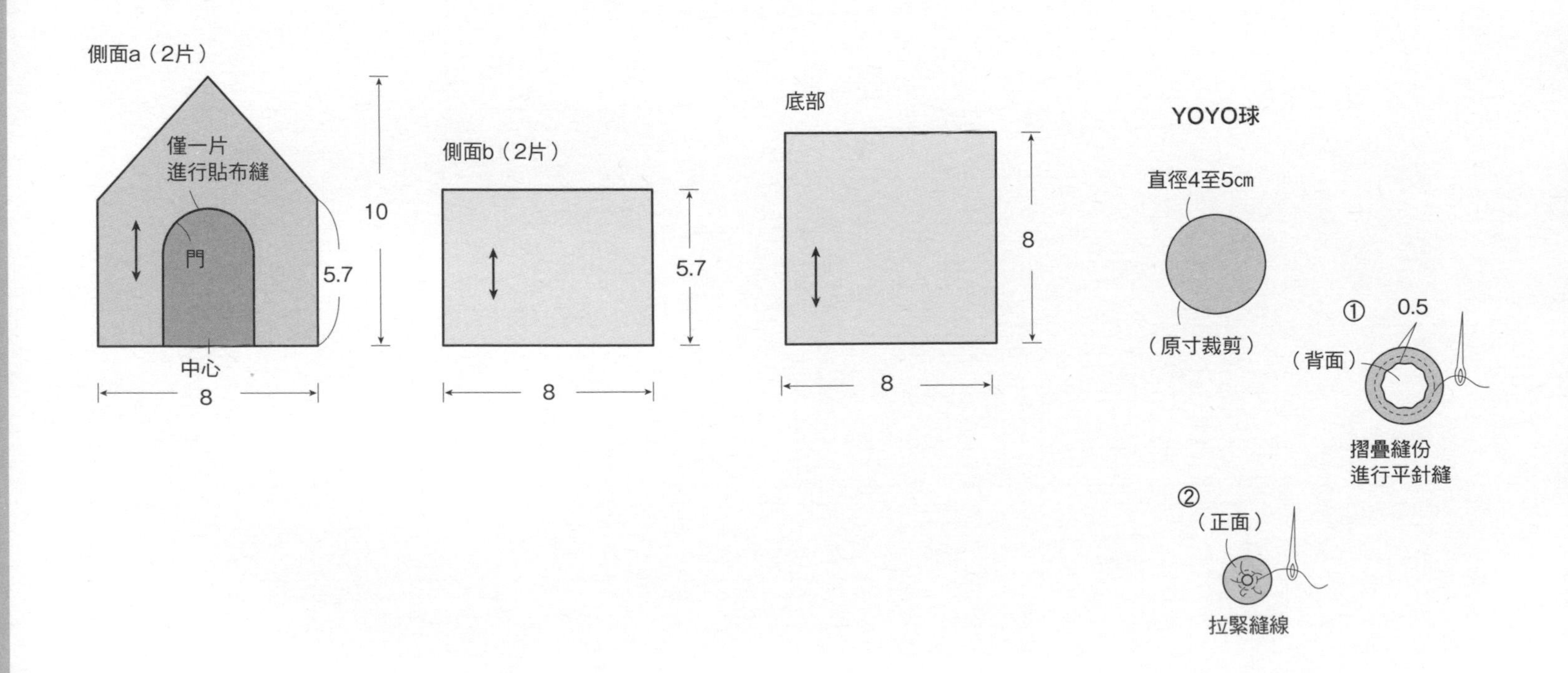

縫製方法

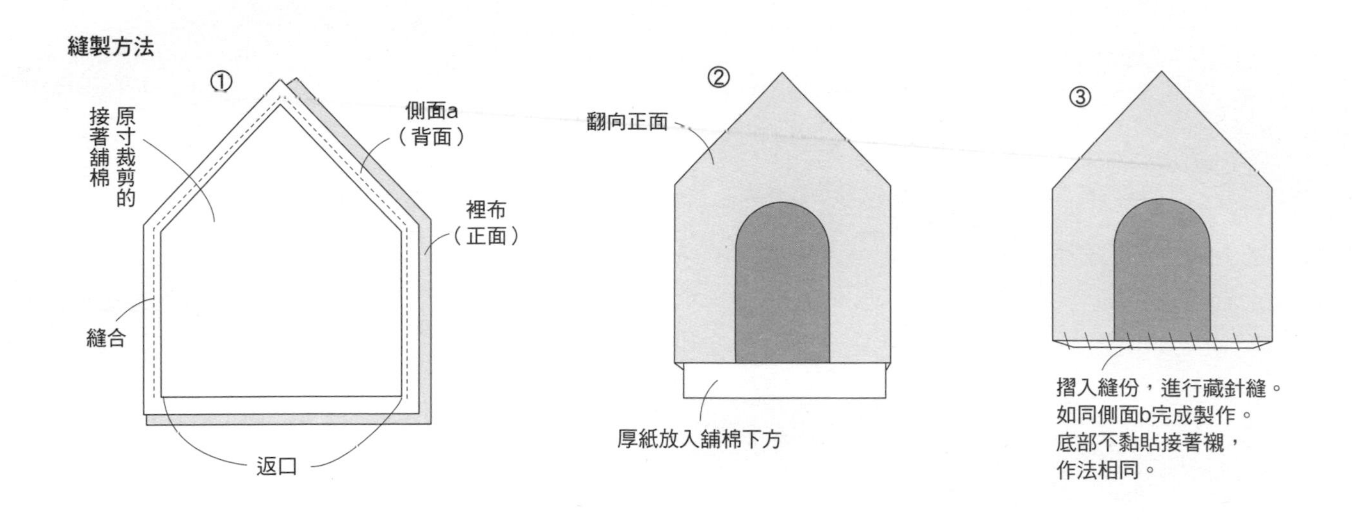
①
原寸裁剪的
接著鋪棉
側面a
（背面）
裡布
（正面）
縫合
返口
②
翻向正面
厚紙放入鋪棉下方
③
摺入縫份，進行藏針縫。
如同側面b完成製作。
底部不黏貼接著襯，
作法相同。

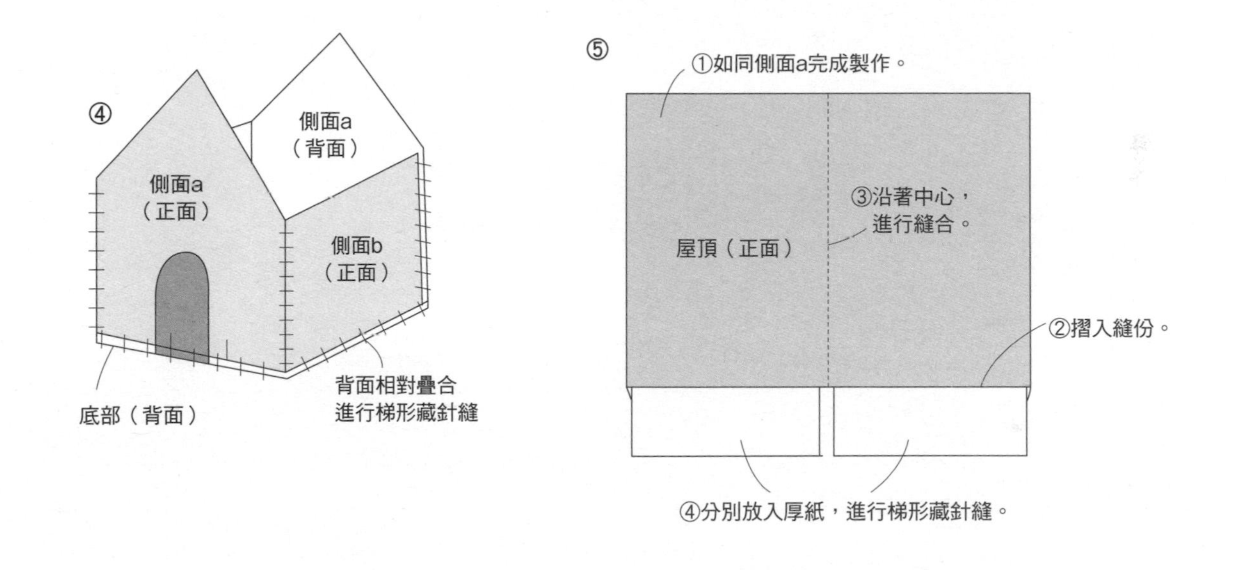
④
側面a
（背面）
側面a
（正面）
側面b
（正面）
底部（背面）
背面相對疊合
進行梯形藏針縫
⑤
①如同側面a完成製作。
③沿著中心，
進行縫合。
屋頂（正面）
②摺入縫份。
④分別放入厚紙，進行梯形藏針縫。

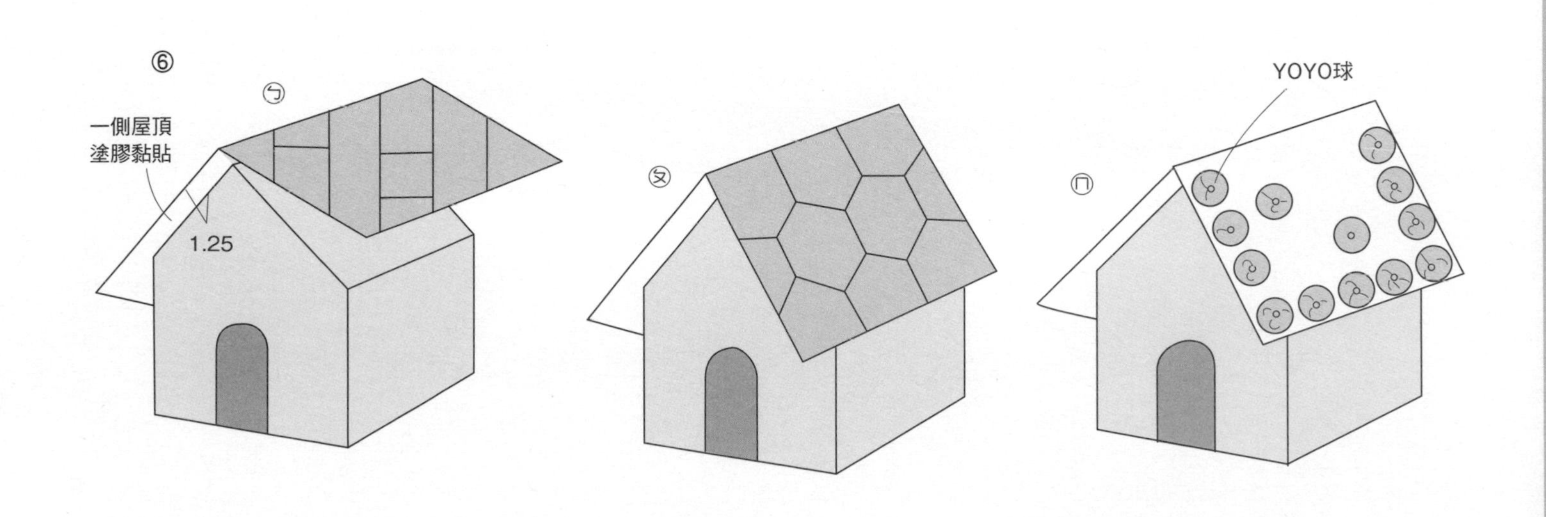
⑥
ㄅ
一側屋頂
塗膠黏貼
1.25
ㄆ
ㄇ
YOYO球

No.36 壁飾 ●紙型A面❻（圖案原寸紙型＆貼布縫、壓線圖案）

◆材料

各式拼接、貼布縫用布片 ⓐ用布45×20㎝ ⓖ、ⓗ用布65×15㎝ ⓙ、ⓚ用布80×25㎝ ⓛ、ⓜ用布85×20㎝ ⓝ用布90×40㎝ 鋪棉、胚布各100×100㎝ 滾邊用寬4㎝ 斜布條400㎝ 烏干紗25×20㎝ ⓖ、ⓗ用寬5cm蕾絲110㎝ 寬0.7㎝ 蕾絲330㎝ 寬2.2㎝ 花片6片 喜愛的蕾絲、鈕釦、串珠、葉形配件、主題圖案、5號 25號繡線、毛氈布各適量

◆作法順序

進行拼接、貼布縫，完成ⓐ至ⓕ圖案與區塊，接縫ⓖ至ⓝ→進行貼布縫，完成表布→疊合鋪棉與胚布，進行壓線→固定YOYO球、蕾絲、串珠、鈕釦等裝飾→進行周圍滾邊（請參照P.66）。

◆作法重點

○在喜愛位置進行貼布縫與刺繡，固定裝飾。
○杯子圖案壓線，自由地以線條進行刺繡。
○水果貼布縫部分使用毛氈布。

完成尺寸 97×97㎝

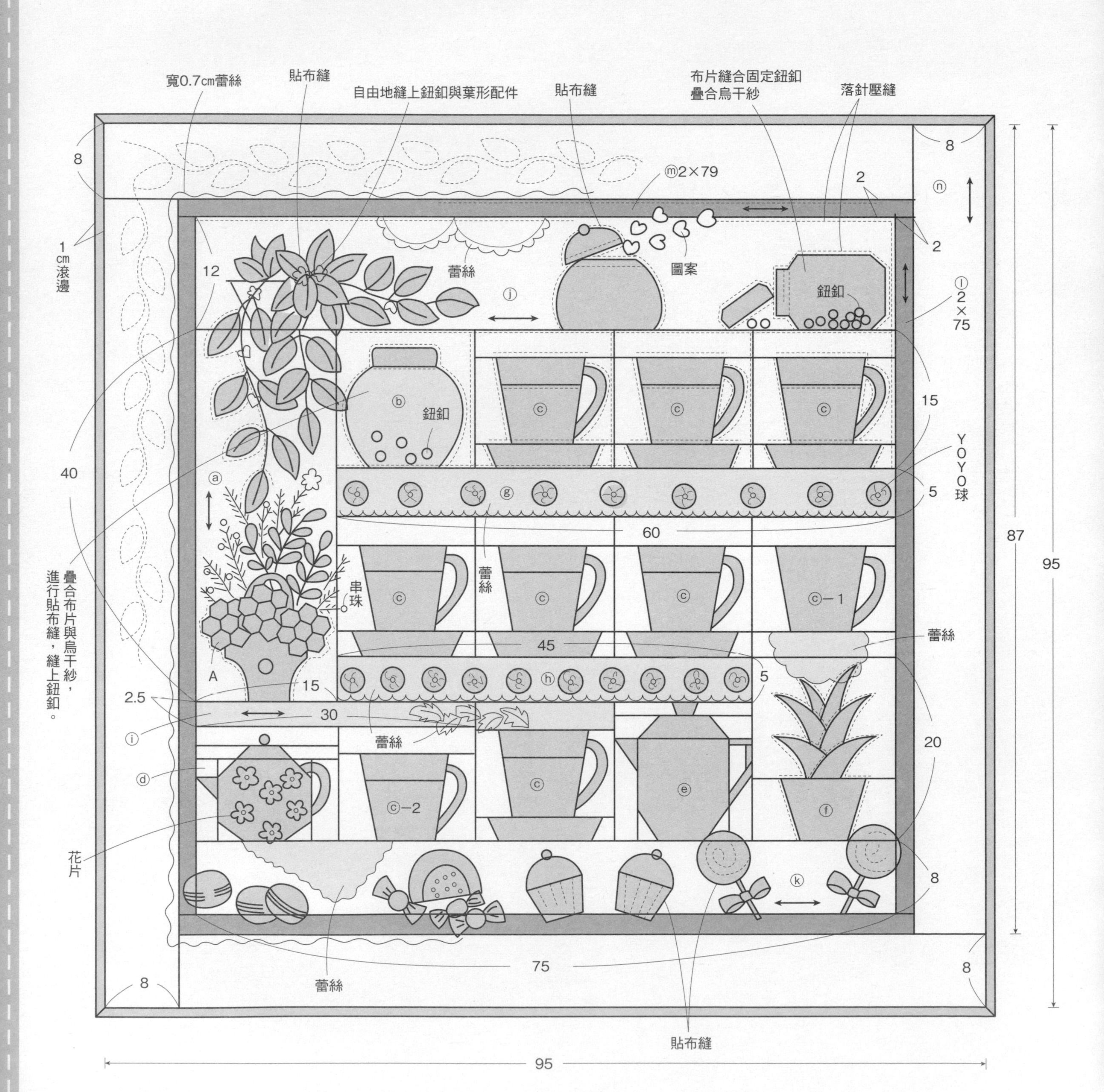

圖案配置圖

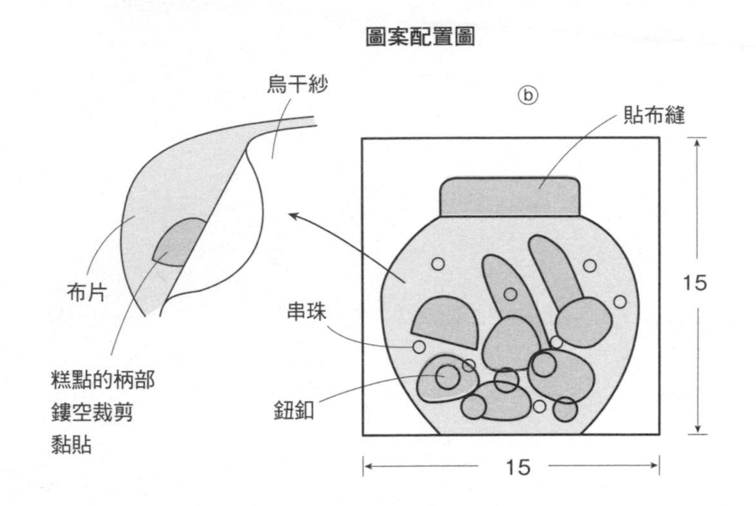

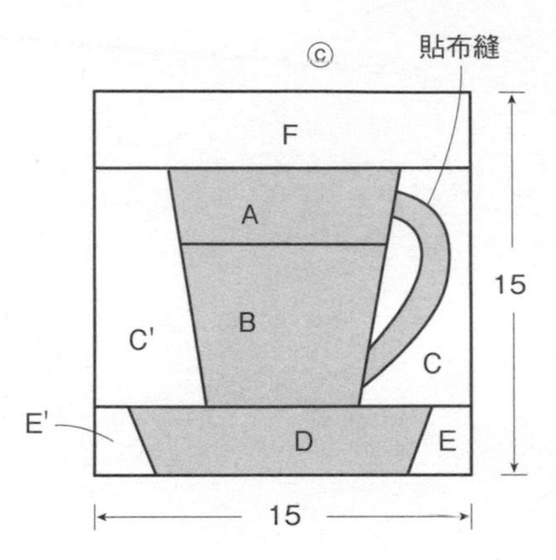

圖案ⓒ－1
A與B、D與EE' 布片不分割，
作成一整片布。
ⓒ－2則是去掉D至E' 布片。

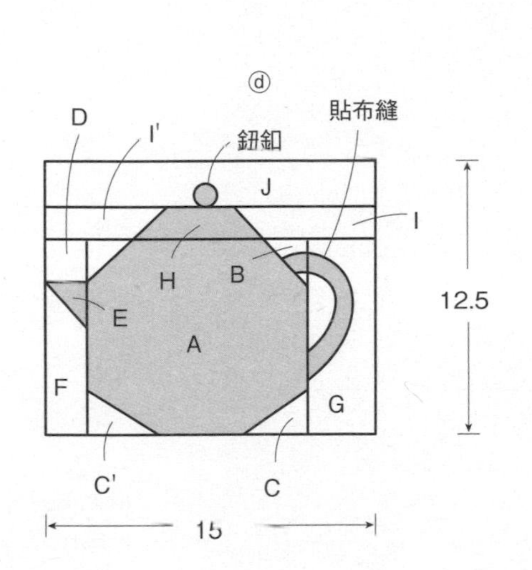

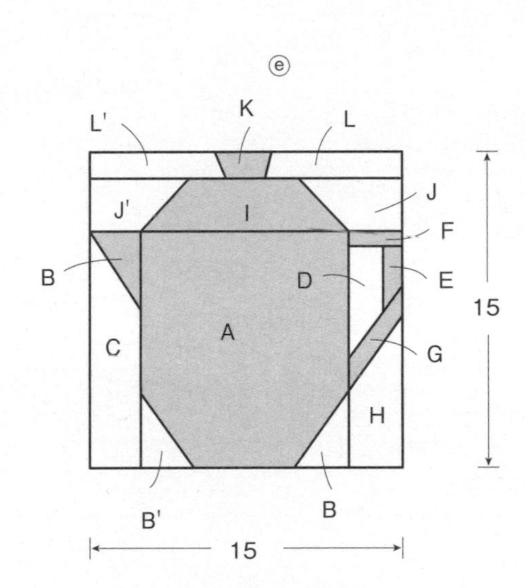

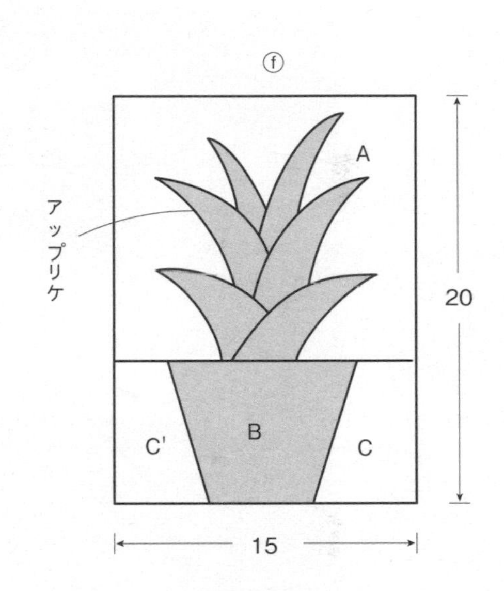

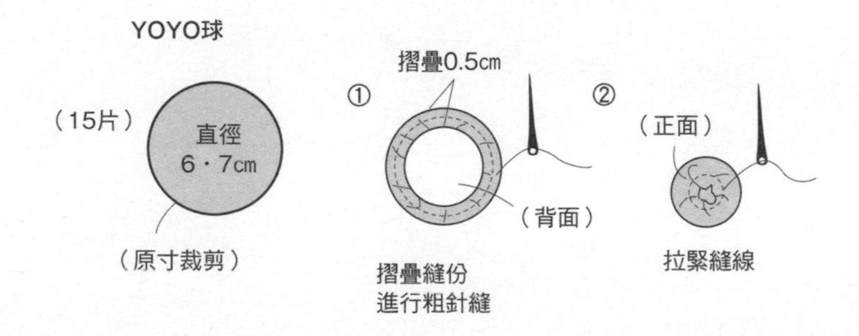

ⓐ 的原寸紙型

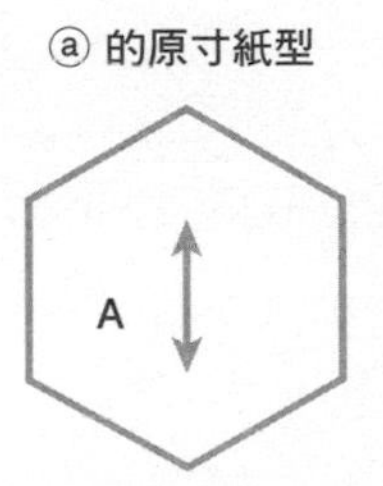

 No.19 壁飾 ●紙型B面⑫（A、B布片原寸紙型＆刺繡圖案）

◆材料
各式拼接用布片 B用白色印花布110×50㎝（包含A布片部分） C用布110×50㎝（包含滾邊部分） 胚布、鋪棉各70×70㎝ 25號藍色漸層繡線適量

◆作法順序
拼接A布片，完成5片圖案㋘，B布片進行刺繡，拼接A布片完成4片圖案㋙→接縫圖案㋘與㋙→周圍接縫C布片，完成表布→疊合鋪棉與胚布，進行壓線→進行周圍滾邊（請參照P.66）。

完成尺寸 66×66㎝

圖案配置圖

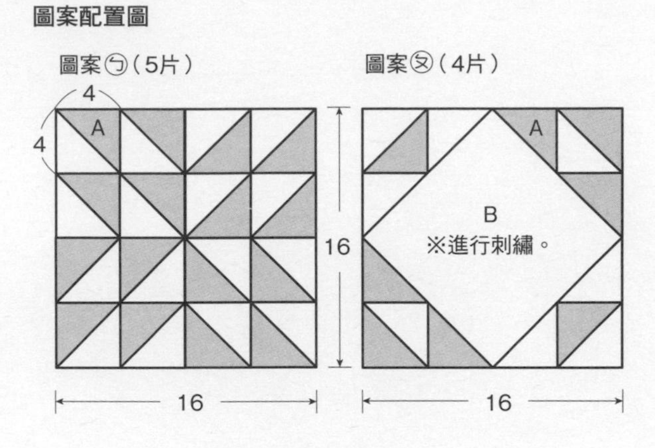

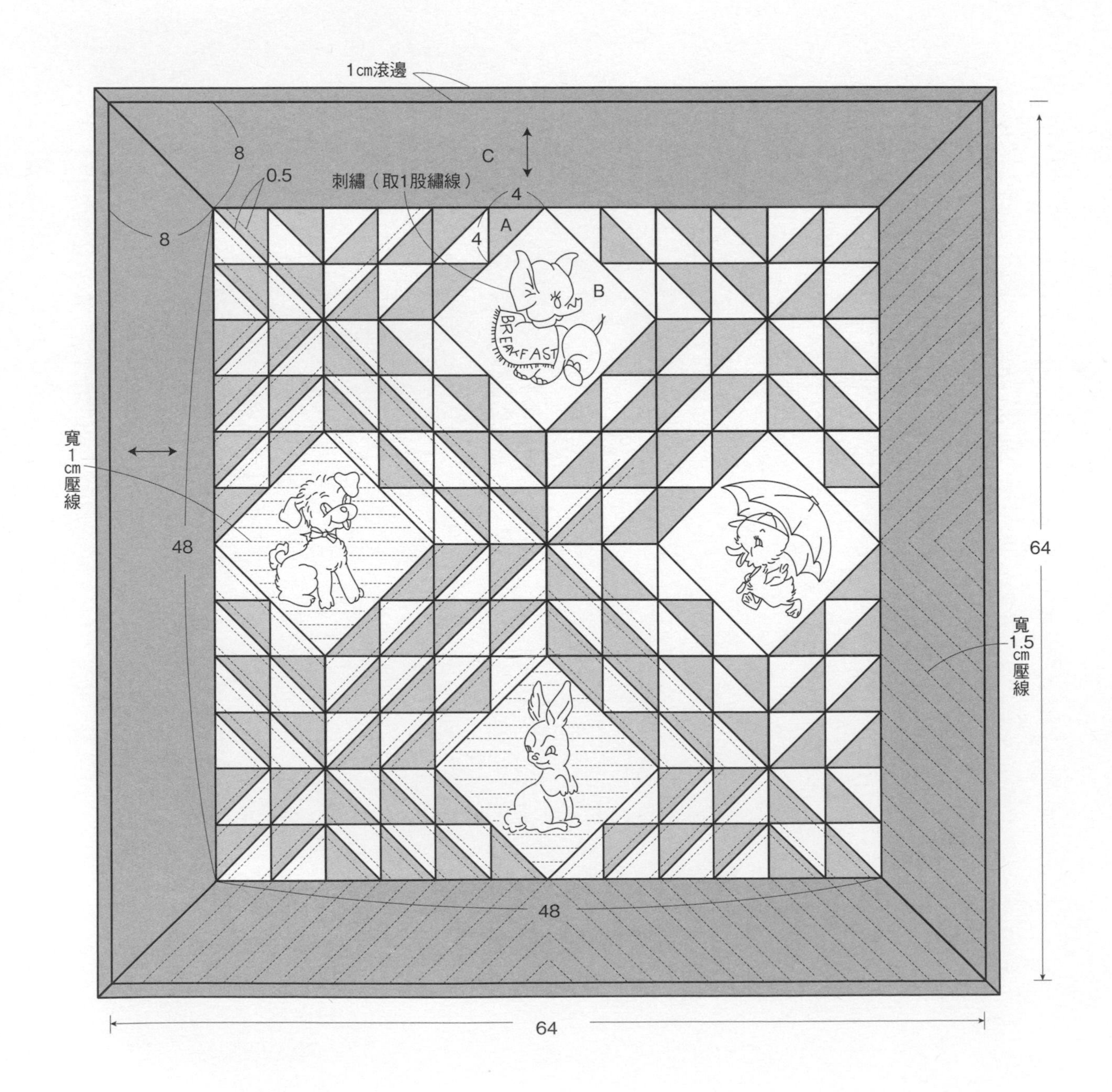

P51 No.41 斜背小物袋 ●紙型A面❽（A至H布片原寸紙型）

◆材料

各式拼接用布片 後片用灰色先染布55×35cm（包含袋底、吊耳、滾邊部分） 鋪棉、胚布各50×30cm 直徑1.7cm鈕釦1顆 直徑0.6cm 鈕釦、寬0.6cm 心形鈕釦各1顆 直徑0.3cm 圓形串珠12顆 直徑1.5cm 縫式磁釦1組 內徑1.3cm D型環2個 肩背帶1條

◆作法順序

拼接A至H布片，接縫I布片，完成袋身表布→疊合鋪棉、胚布，進行壓線→袋底也以相同作法進行壓線→正面相對，由脇邊摺疊袋身，縫成筒狀（縫份處理方法請參照P.67作法A）→背面相對疊合袋底，進行縫合→製作吊耳，暫時固定於袋口→進行袋口與袋底滾邊。

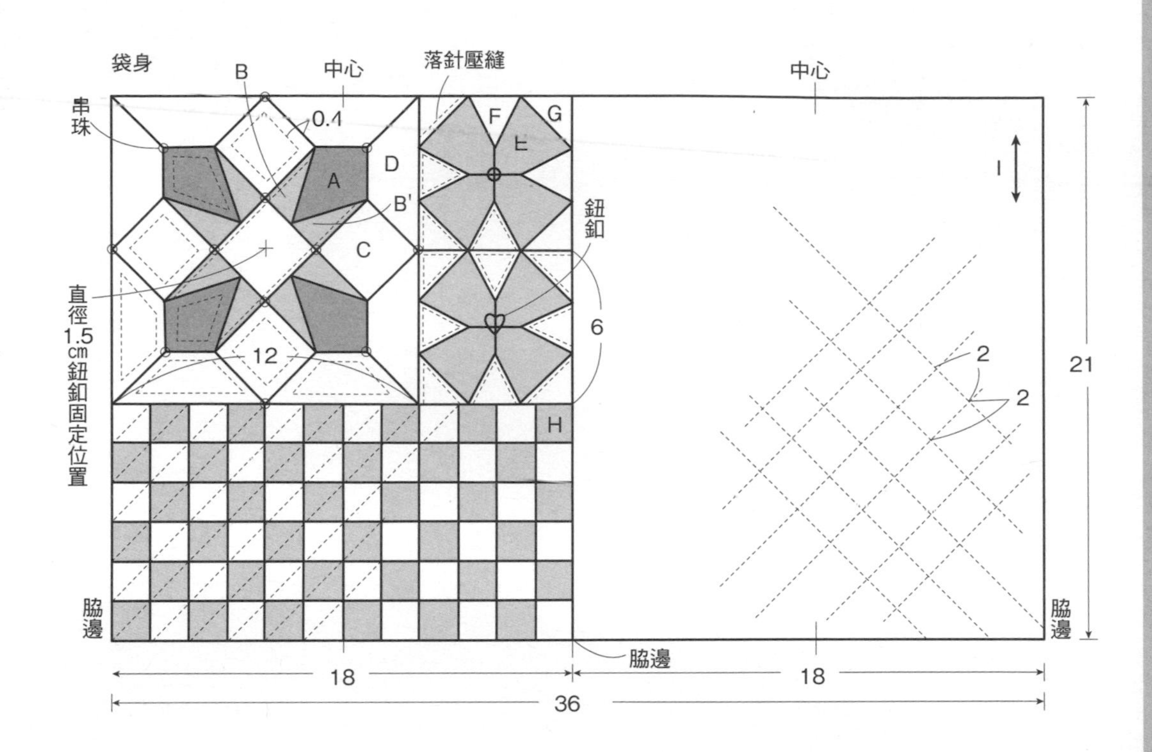

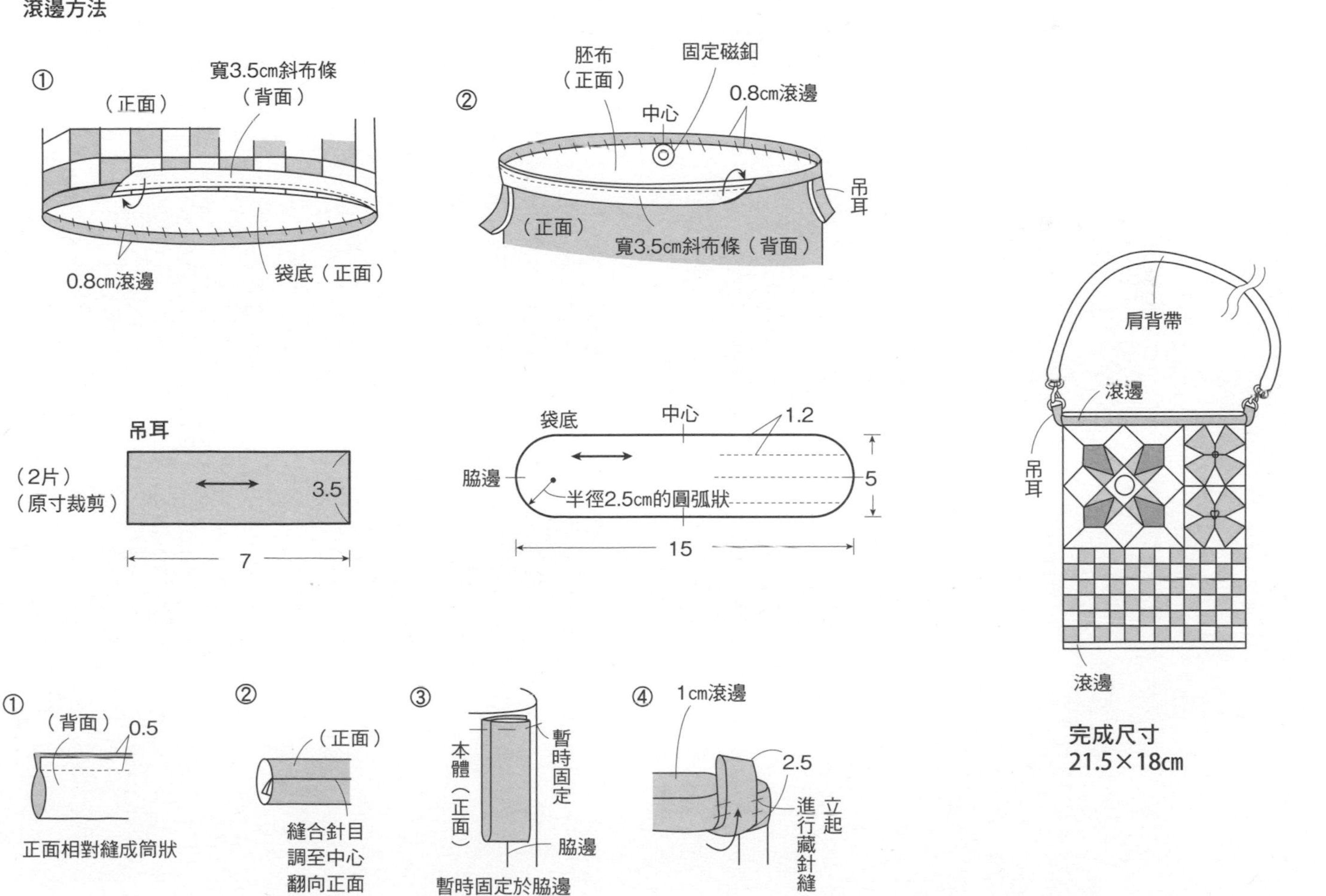

完成尺寸
21.5×18cm

No.28 No.29 手提袋

◆材料

No.28（杏色） 各式刷毛拼布用配色布 土台布與③黑色60×30cm 灰色、乳白色各30×30cm A至C用布、裡袋用布（包含內底部分）90×45cm 單膠鋪棉90×50cm 接著襯30×30cm 滾邊用寬3cm 斜布條、直徑0.3cm繩帶各170cm 寬1cm 波形織帶90cm 網襯40×70cm 包包用底板15×35cm 內徑16cm 提把1組

No.29（黑色） 各式刷毛拼布用配色布 土台布與③黑色60 × 30cm 灰色30 × 30cm 黑色棉絨、裡袋用布（包含內底布份）各90×50cm 單膠鋪棉（包含吊耳部分）90×40cm 寬0.6cm 接著斜布條100cm 吊耳用布20×10cm 吊耳用寬1cm 織帶40cm 網襯35×65cm 包包用底板20×30cm 內徑11.5cm 提把1組

◆作法順序（相同）

疊合布片，進行刷毛拼布（請參照P.33），完成中心部分（黑色黏貼接著斜布條，進行藏針縫，杏色的刷毛拼布部分黏貼接著襯，暫時固定滾邊繩）→接縫A至C布片→黏合接著鋪棉，杏色進行壓線→依圖示完成縫製→接縫提把。

◆作法重點

○內底與裡袋共布，包覆7.5×32.5cm（黑色8×27cm）底板，完成製作。

○縫合網襯之前，先縫合固定杏色手提袋的織帶。

完成尺寸　杏色 34×43cm　黑色 30×37cm

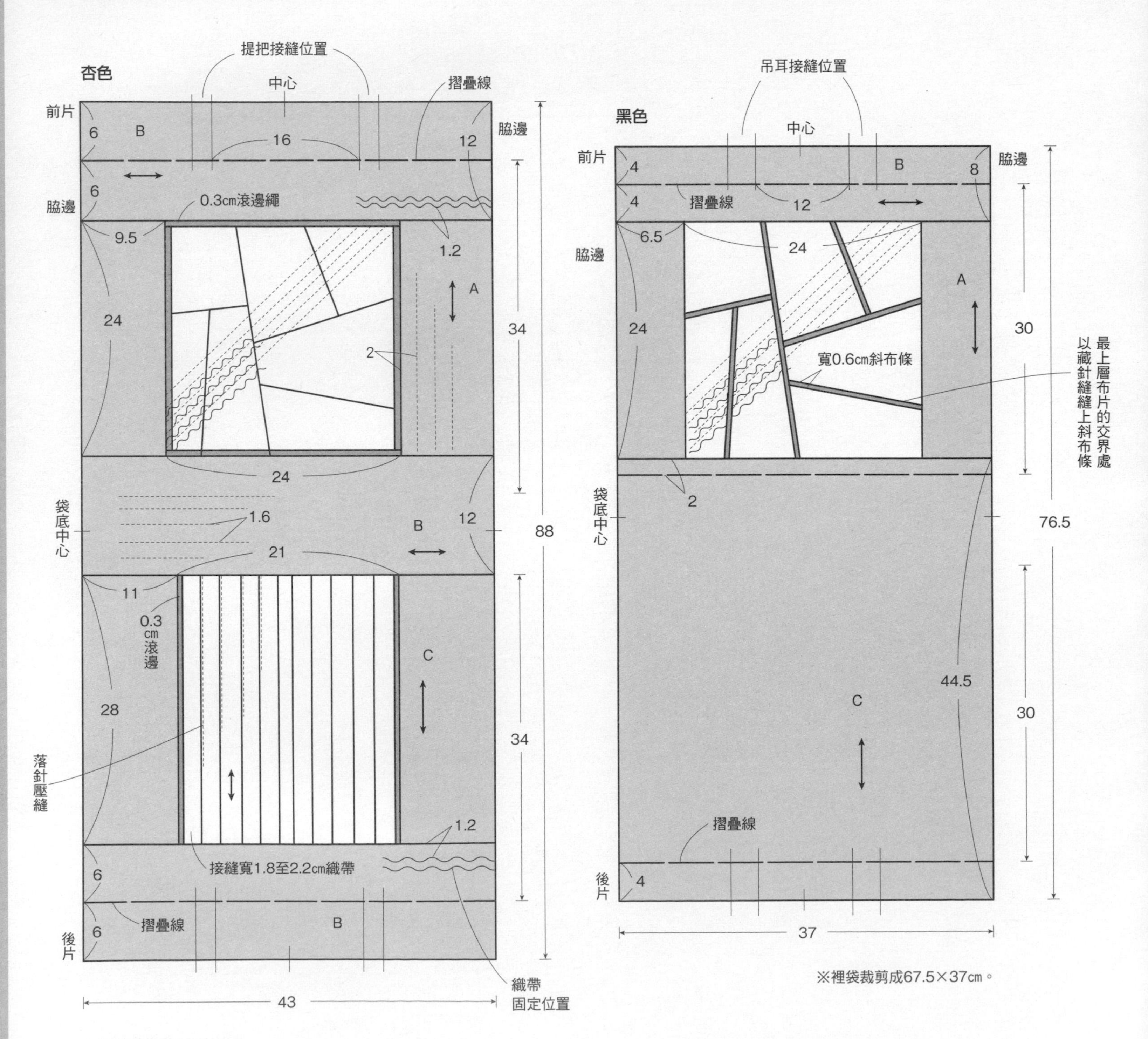

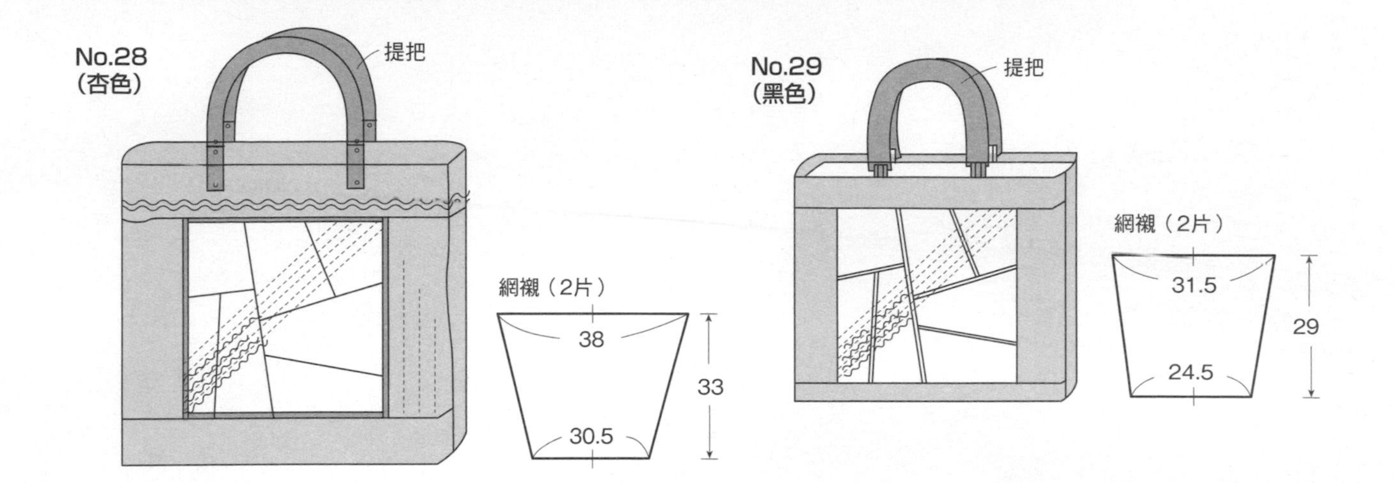

縫製方法

①

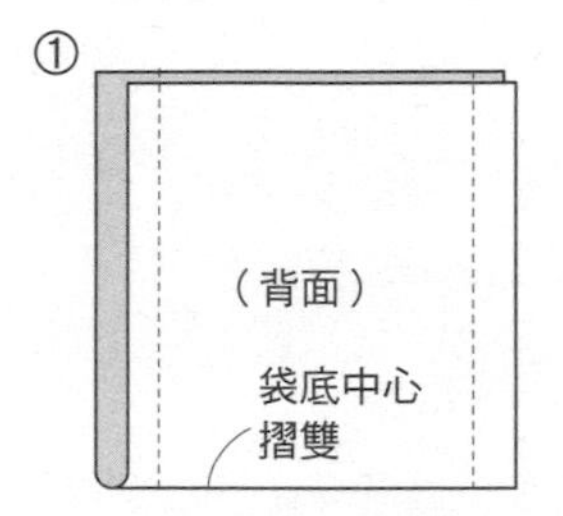

正面相對，沿著袋底中心摺疊，縫合脇邊。

②

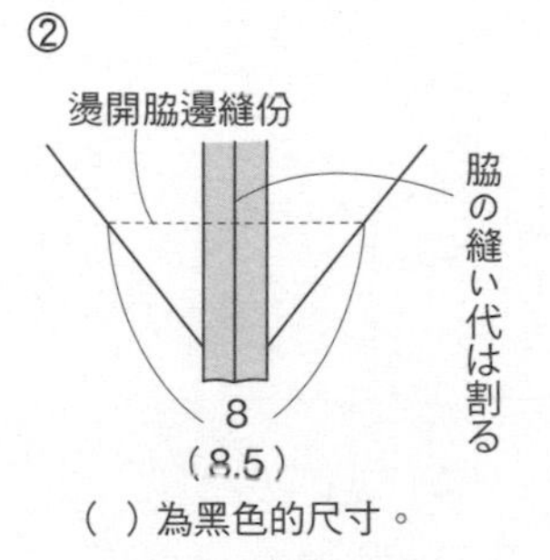

（ ）為黑色的尺寸。

裡袋與本體縫法相同

③

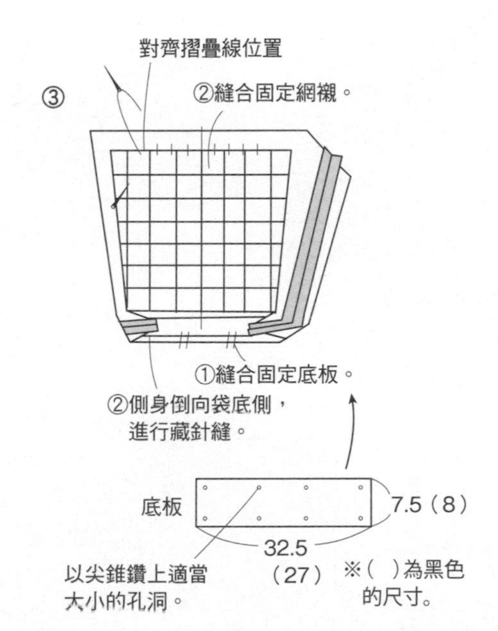

④

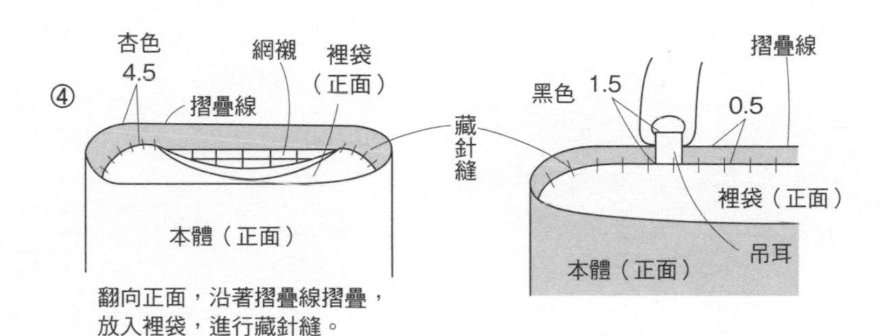

翻向正面，沿著摺疊線摺疊，放入裡袋，進行藏針縫。

滾邊繩

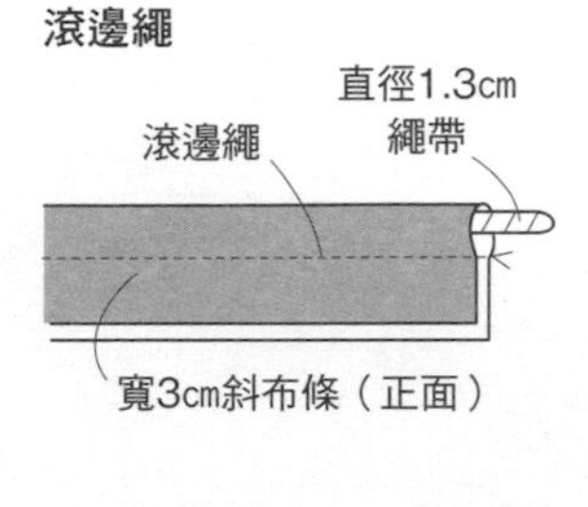

No.29（黑色）的吊耳

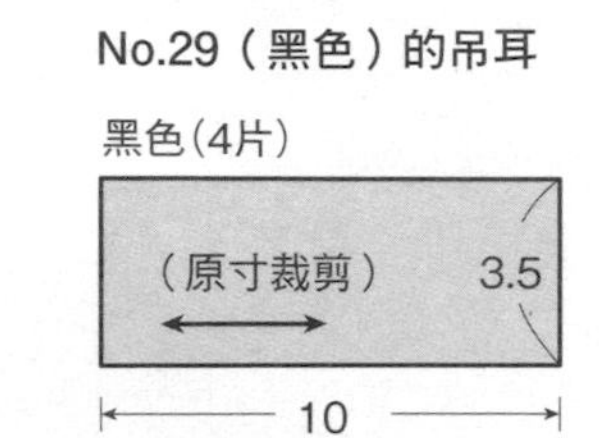

①

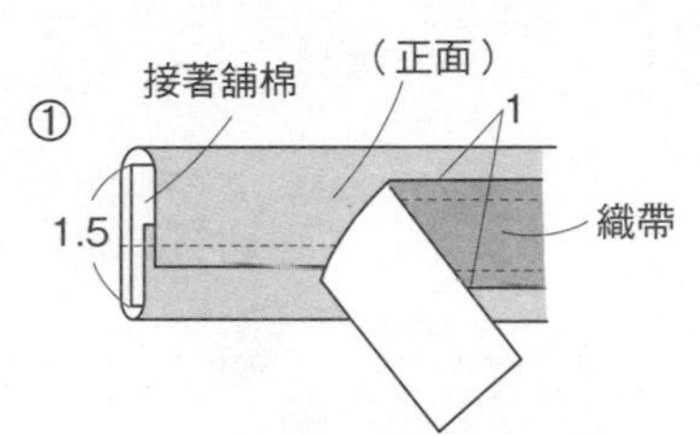

包覆接著舖棉，進行縫合，疊合織帶，進行縫合。

②

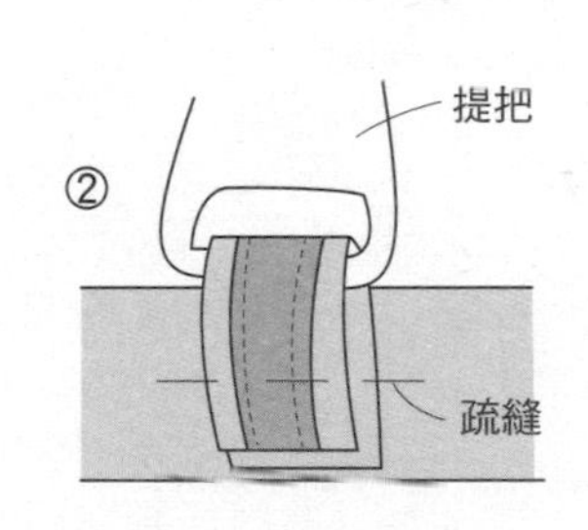

對摺，穿套提把，暫時固定。

刷毛拼布用布片的疊合方式與車縫方法

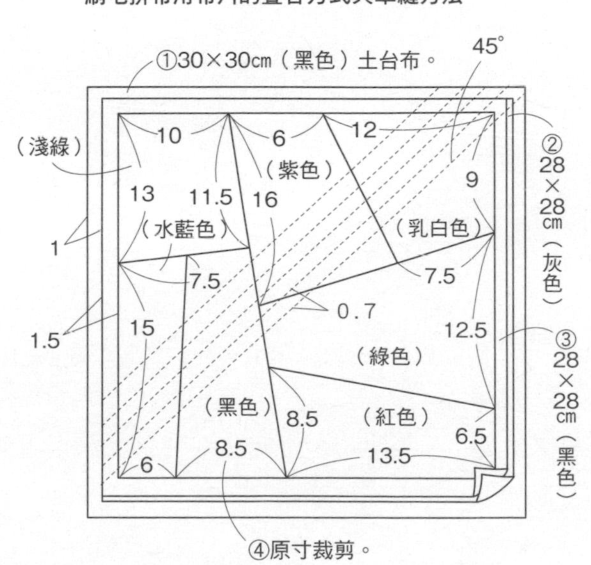

黑色是步驟①至③疊合之後，於步驟④疊合原寸裁剪的布片，依序疊合各色布片。
杏色是步驟④疊合布片之後，於步驟⑤疊合乳白色薄布片。
完成刷毛拼布之後，預留縫份，裁剪成24×24cm。

P34

No.30 造型小肩包 ●紙型A面⑫

◆材料

熊貓耳朵用黑色素布70×40cm（包含側身、眼睛・鼻子・耳朵裡布部分） 前片用白色素布60×55cm 熊內耳、鼻周用杏色素布15×10cm 熊眼睛、鼻子用焦茶色素布10×10cm 後片用茶色素布110×40cm （包含耳朵裡布部分） 裡布用合成皮、接著襯各60×30cm 薄單膠鋪棉30×10cm 單膠鋪棉40×10cm 處理縫份用寬4cm 斜布條140cm 長25cm 拉鍊1條 寬2cm 尼龍帶10cm 寬2cm 肩背帶1條 內尺寸2cm D型環 眼睛用直徑1cm 鈕釦各2顆 雙面接著襯適量

◆作法順序

請參照「布片疊合方式與各部位取法」與P.33「刷毛拼布方法」，進行刷毛拼布，完成前、後片表布→製作耳朵→製作上、下側身，進行縫合，完成側身（請參照P.35）→依圖示完成縫製。

完成尺寸　18.5×21.5cm

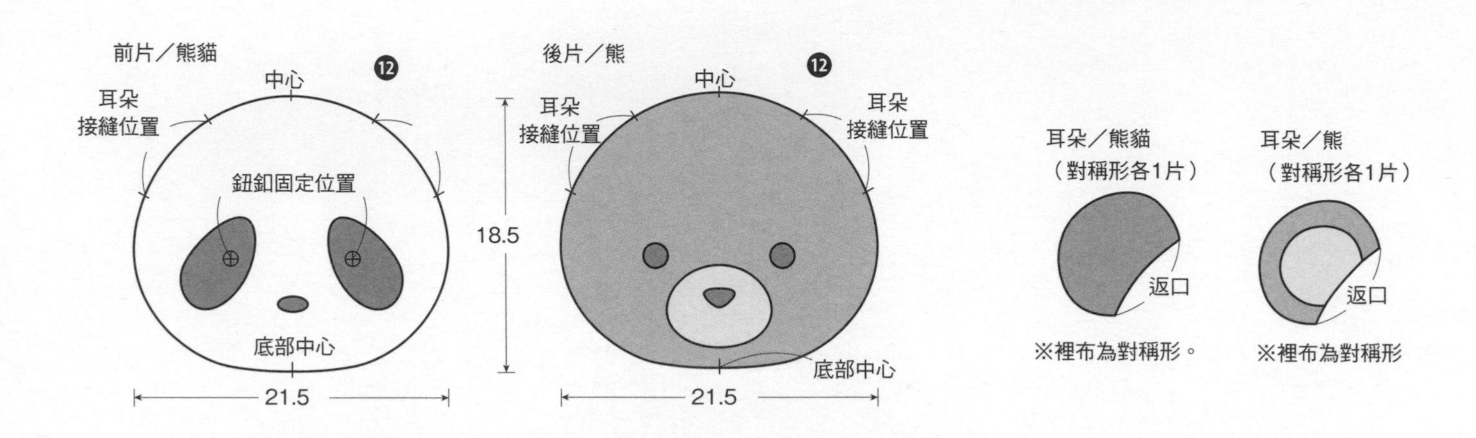

布片疊合方式與各部位取法

熊貓・頭部
第1至3片／26×28cm×3片

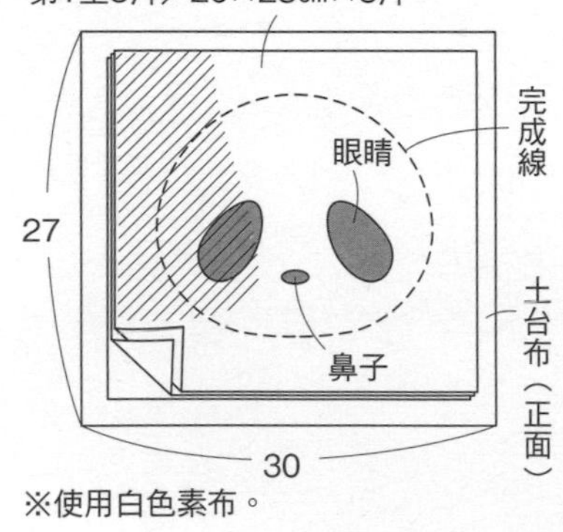

※使用白色素布。

熊・臉部與耳朵
第1至3片／36×28cm×3片

內耳
耳朵方向依喜好
40
眼睛
鼻周
完成線
鼻子
30
土台布（正面）

※僅第2片為花布，其餘為茶色素布。

熊貓・耳朵
表布（正面）
12×28cm×4片（黑色素布）

完成線

疊合布片，第1片表布作記號，
標出臉部與耳朵的完成線。
參照P.59，眼睛、鼻子、內耳、鼻周分別黏貼雙面接著襯，
黏貼於指定位置，參照P.33，進行刷毛拼布。

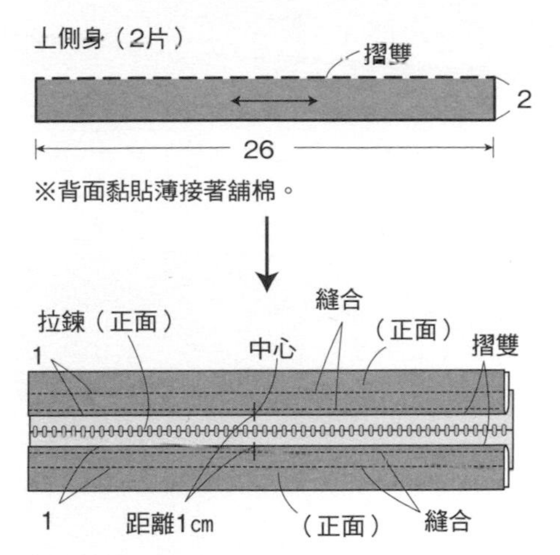

背面相對對摺的側身背面側，
疊合拉鍊，縫合固定。

耳朵 ※熊貓、熊作法相同。

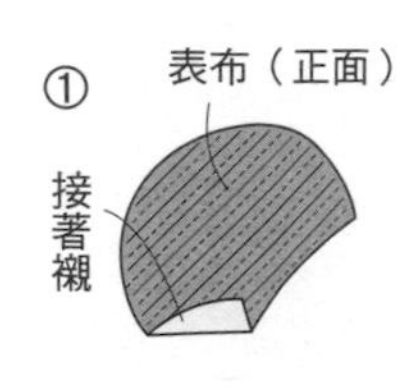

完成刷毛拼布的
表布背面，
黏貼接著襯。

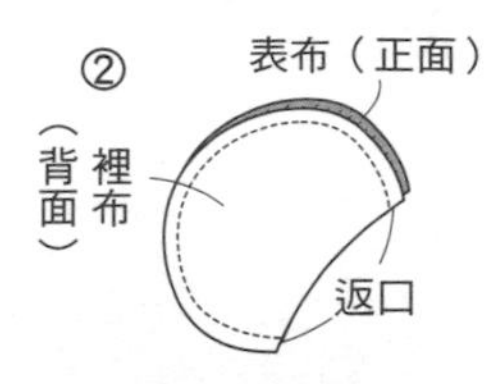

正面相對疊合裡布，
預留返口，進行縫合。

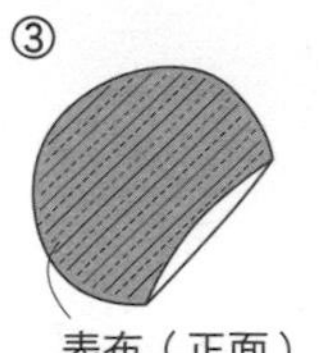

翻向正面

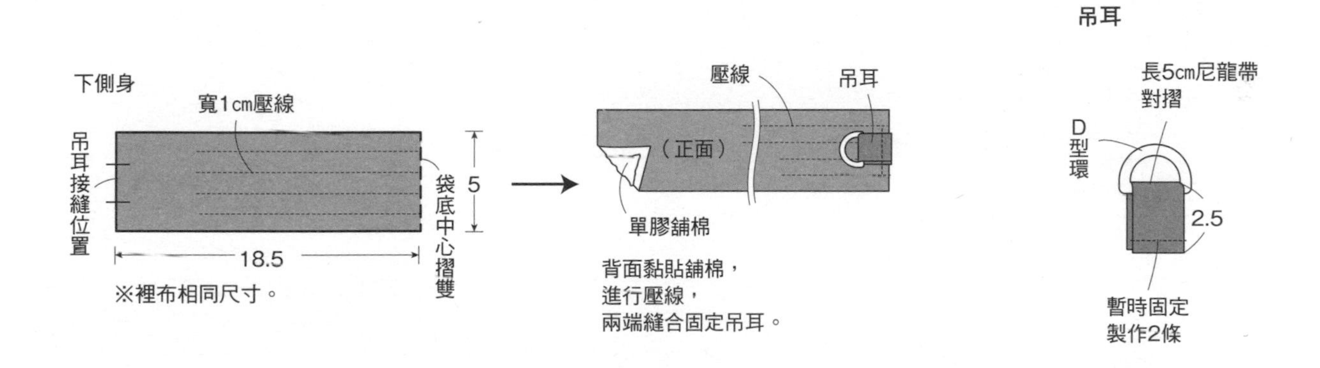

背面黏貼鋪棉，
進行壓線，
兩端縫合固定吊耳。

縫製方法

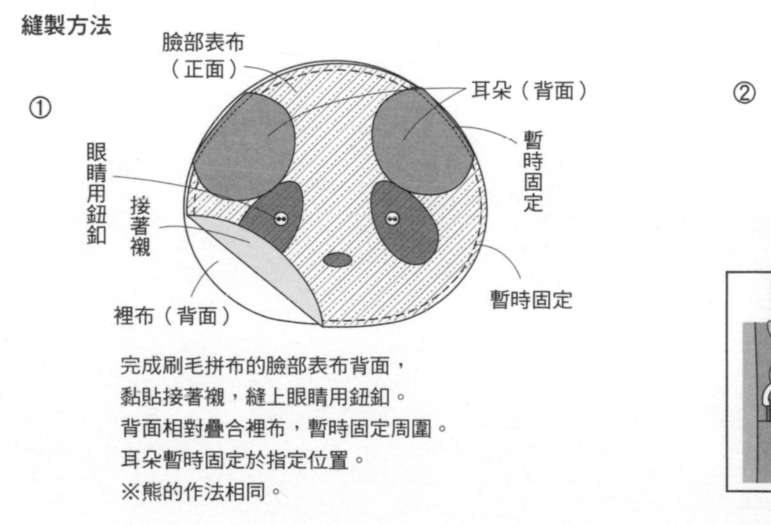

完成刷毛拼布的臉部表布背面，
黏貼接著襯，縫上眼睛用鈕釦。
背面相對疊合裡布，暫時固定周圍。
耳朵暫時固定於指定位置。
※熊的作法相同。

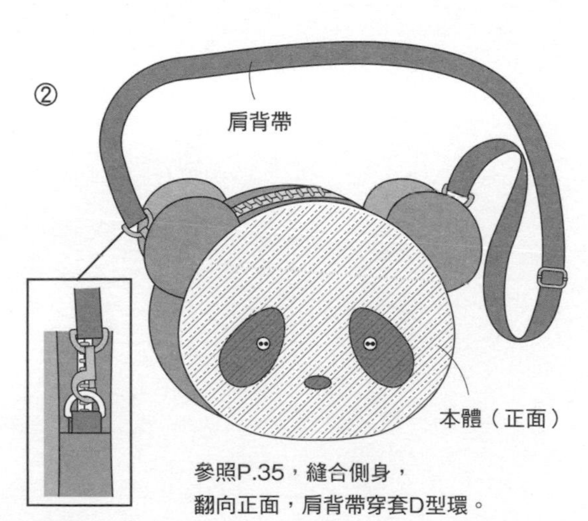

參照P.35，縫合側身，
翻向正面，肩背帶穿套D型環。

No.25 No.26 手提袋

◆材料

相同 第1片至第3片用布、土台布、接著襯各30×80cm 長40cm提把1組

No.25 側身、滾邊用布90×50cm 裡袋用布、接著襯各90×40cm 單膠鋪棉90×15cm 直徑1.5cm 塑膠釦2組

No.26 袋底、滾邊用布55×33cm 裡袋用布110×30cm（包含袋底胚布、處理縫份斜布條部分） 單膠鋪棉20×30cm

◆作法順序

製作刷毛拼布→黏貼接著襯，裁剪袋身→側身黏貼接著鋪棉（No.26袋底黏貼鋪棉，疊合胚布），進行壓線→依圖示完成縫製。

◆作法重點

○刷毛拼布作法請參照P.33。

○裡布與裡袋黏貼接著襯。

完成尺寸　23.5×32cm

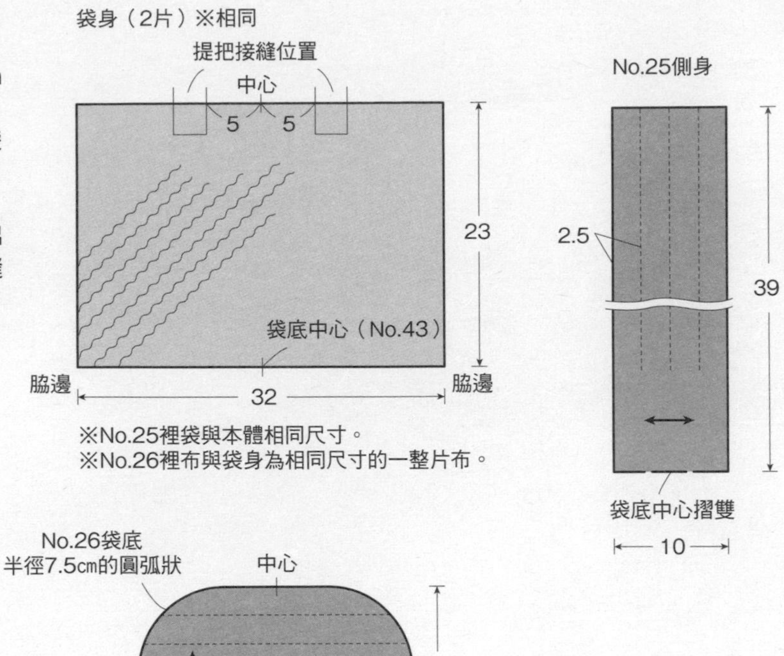

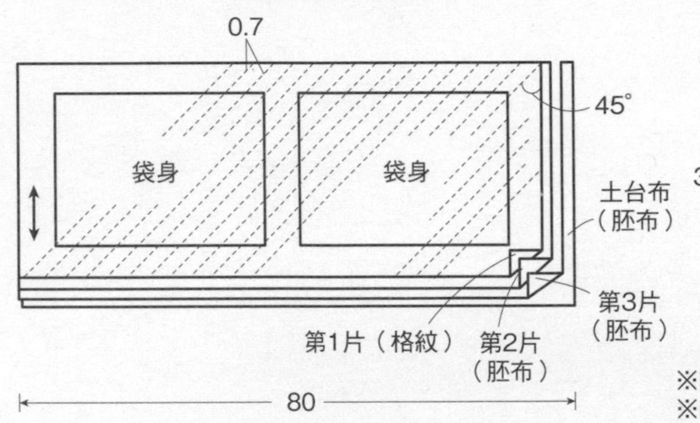

※No.25土台布為黑色、第3片紅色、第2片藏青色。
※No.26土台布為深藏青色，第3片藏青色、第2片黃色。

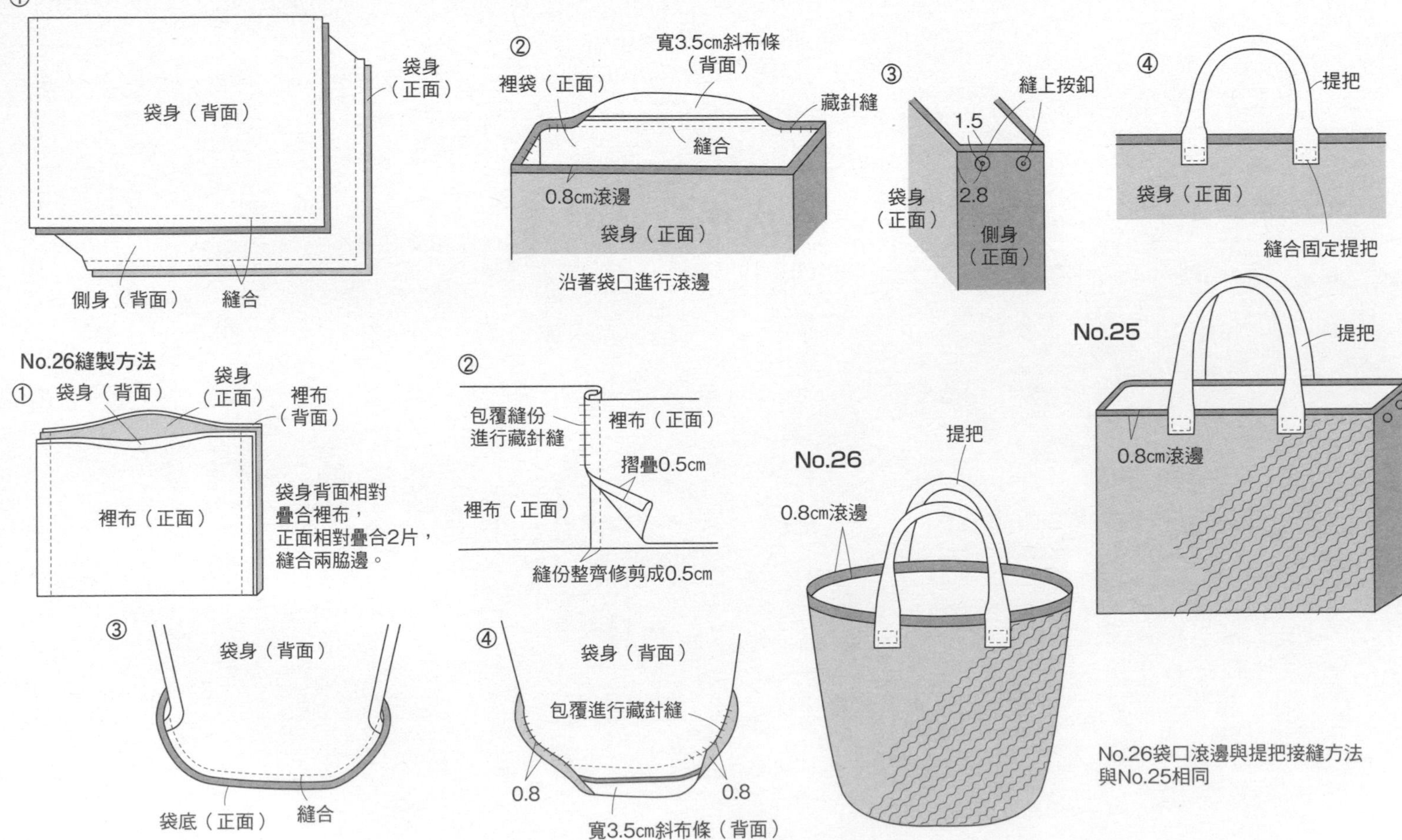

No.27 波奇包

◆材料

格紋印花布35×40㎝ 紅色素布40×25㎝ 黑色素布50×40㎝ 鋪棉、胚布各35×15㎝ 裡袋用布30×30㎝ 長25㎝拉鍊1條 直徑3㎝ 毛線絨球2顆

◆作法順序

A布片疊合鋪棉與胚布，進行壓線→進行刷毛拼布（請參照P.33），完成B→接縫A與B→依圖示完成縫製。

完成尺寸　12×25㎝

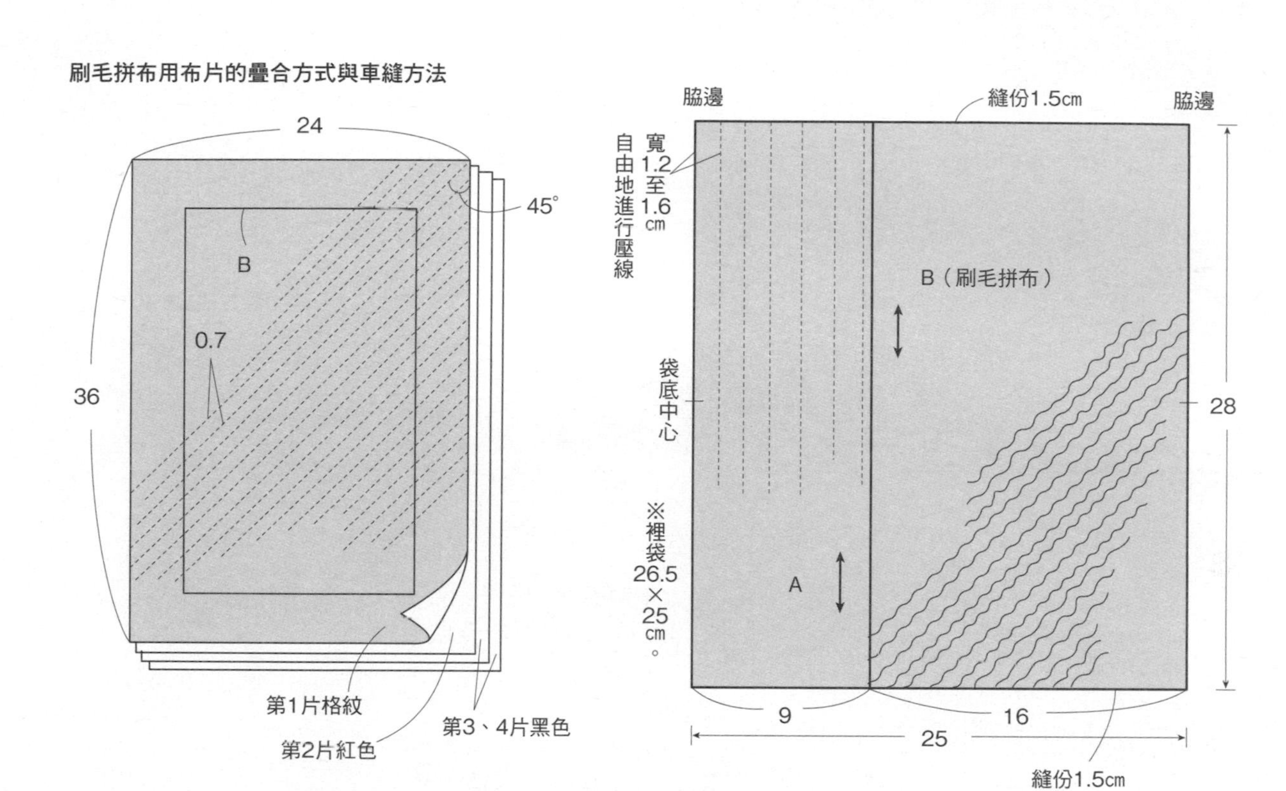

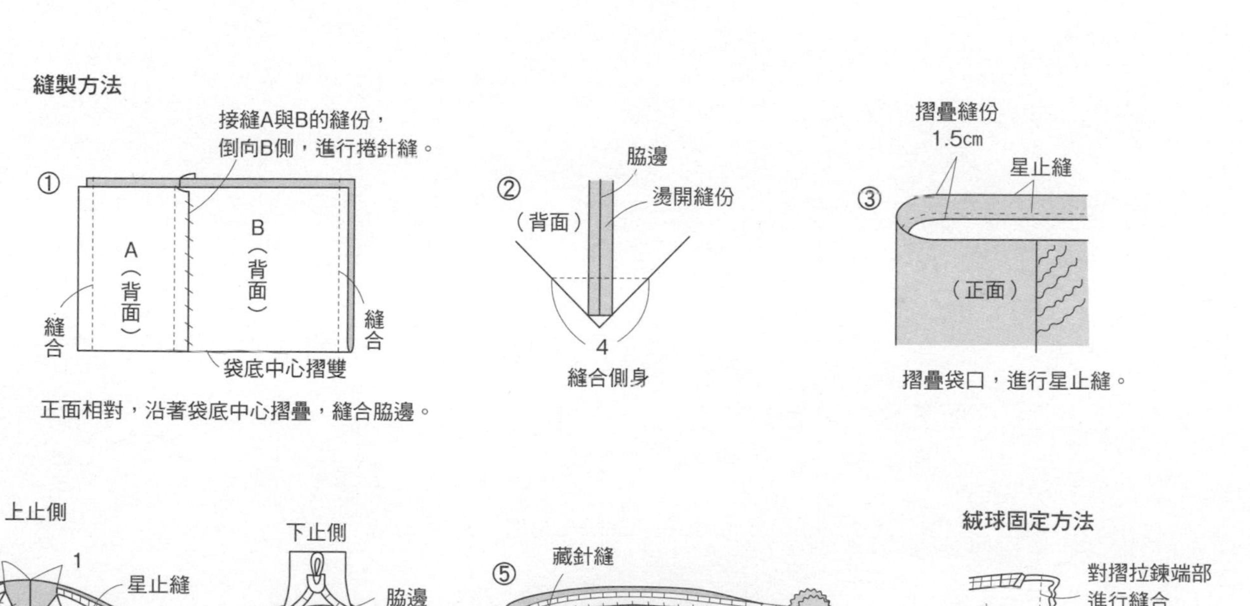

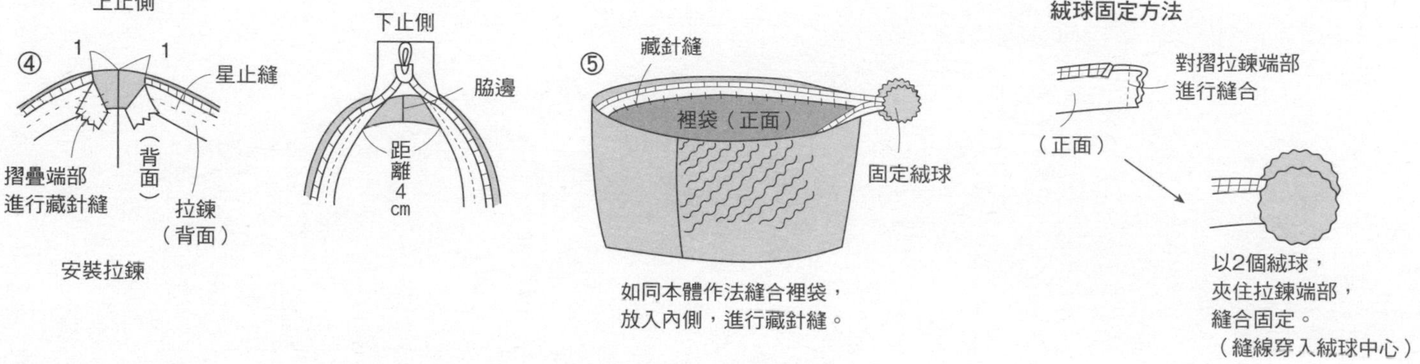

No.24 框飾 ●紙型B面⑬（原寸刺繡圖案）

◆材料
各式拼接用布片 台布40×40㎝ 25號繡線、白色燭心線各適量 厚紙35.5×35.5㎝ 內尺寸35×35㎝ 畫框
鋪棉、胚布各90×45㎝ 接著襯20×40㎝ 內徑2.5㎝ 環釦4顆 寬1.5㎝提把用織帶190㎝

◆作法順序
拼接A與B布片（由記號縫至記號，進行鑲嵌拼縫）→台布進行貼布縫→進行刺繡→參照圖，完成縫製，放入畫框。

◆作法重點
○參照原寸圖案，自由地進行刺繡。

完成尺寸 內尺寸35×35㎝

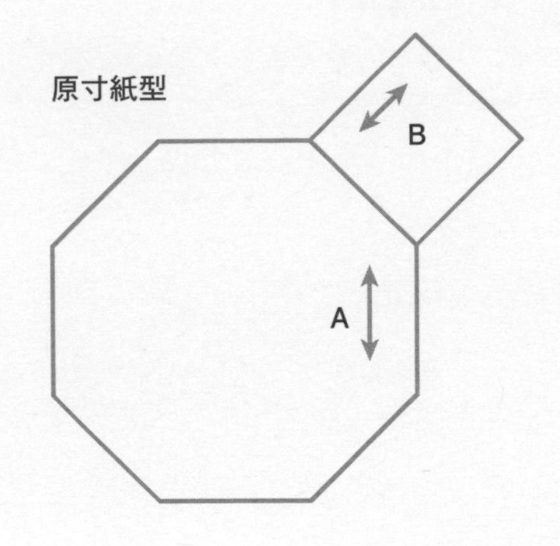

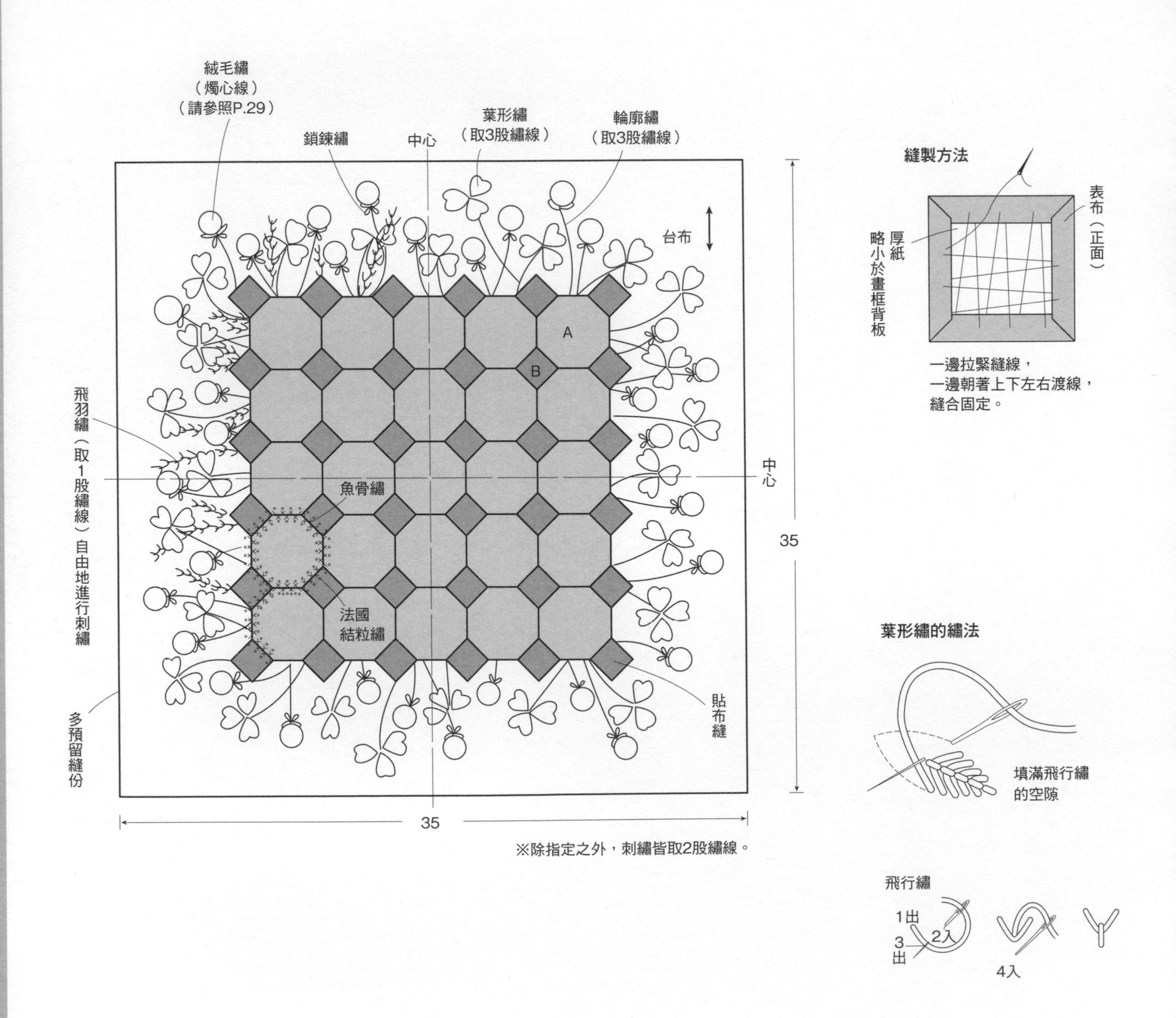

※除指定之外，刺繡皆取2股繡線。

No.40 波奇包

◆材料

各式拼接、包釦用布片 C、D用布30×30㎝ 裡袋用布、單膠舖棉、胚布各40×30㎝ 長30㎝ 拉鍊1條 6×15㎝ 醫生口金1組 直徑3㎝ 包釦心4顆

◆作法順序

拼接A至B'布片→接縫C、D布片，完成表布→黏貼接著舖棉，疊合胚布，進行壓線→縫合脇邊與側身→裡袋縫法也相同→夾入拉鍊，縫合本體與裡袋→穿入口金→拉鍊端部縫上包釦。

完成尺寸 12×20㎝

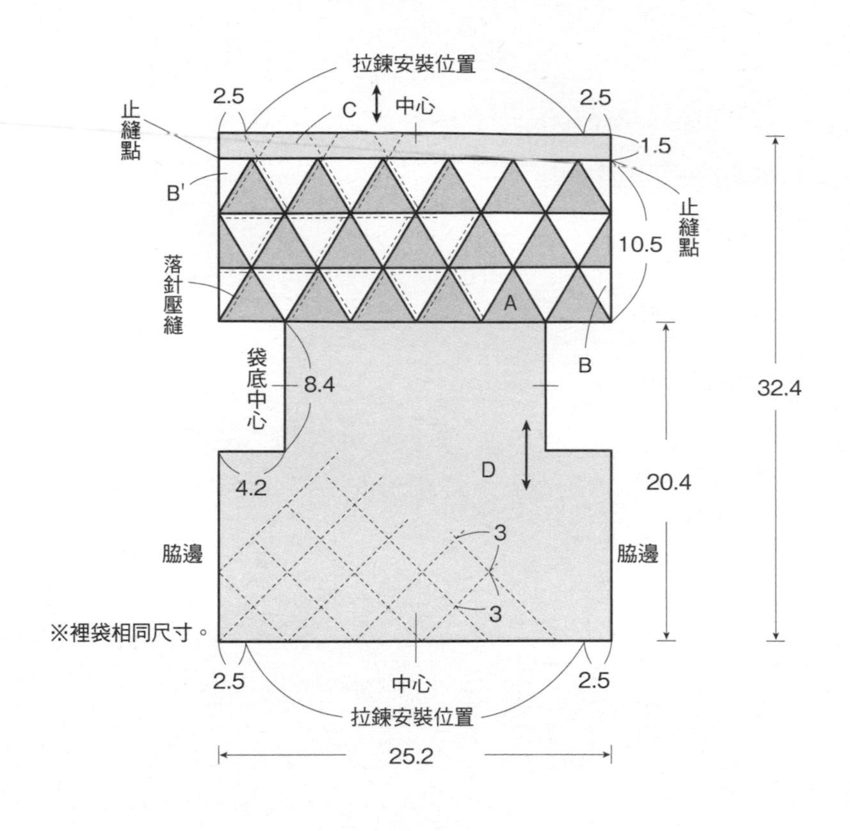

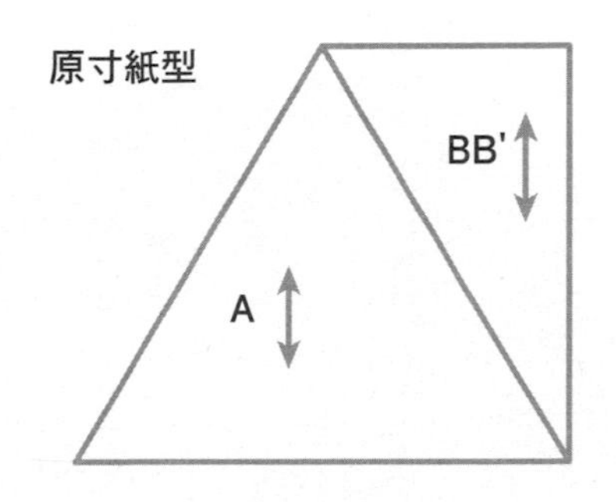

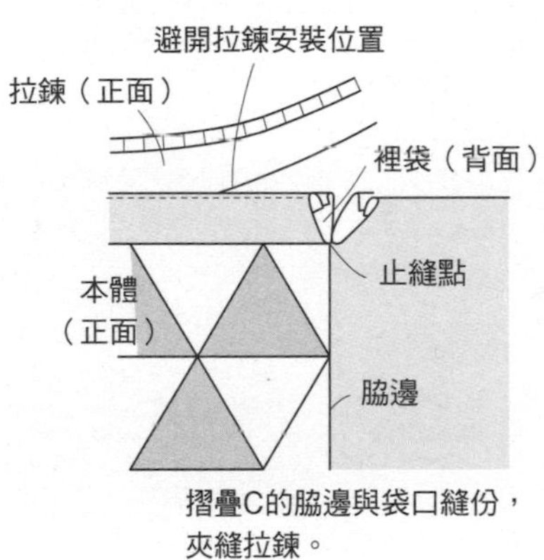

摺疊C的脇邊與袋口縫份，夾縫拉鍊。

縫製方法

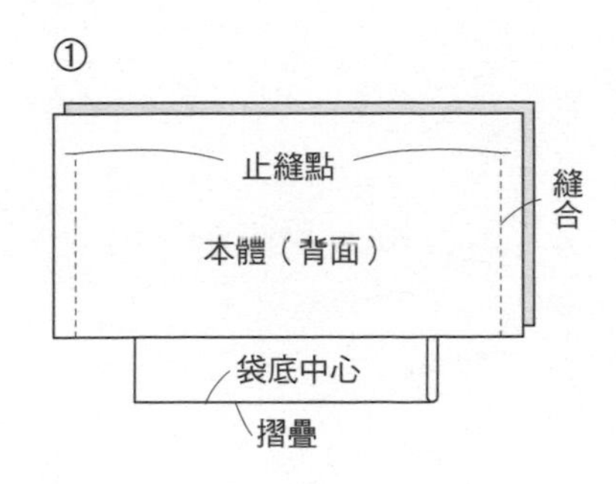

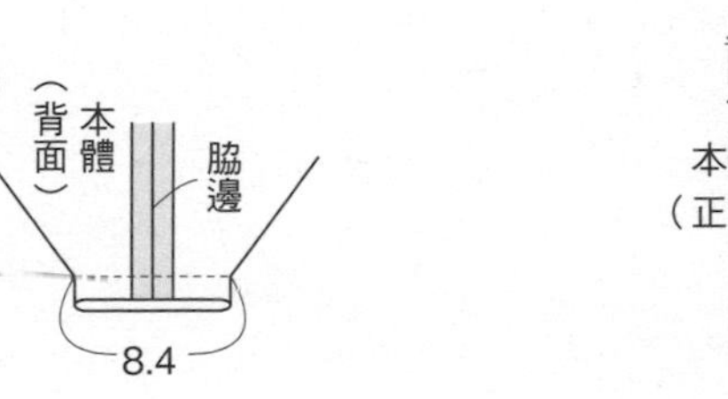
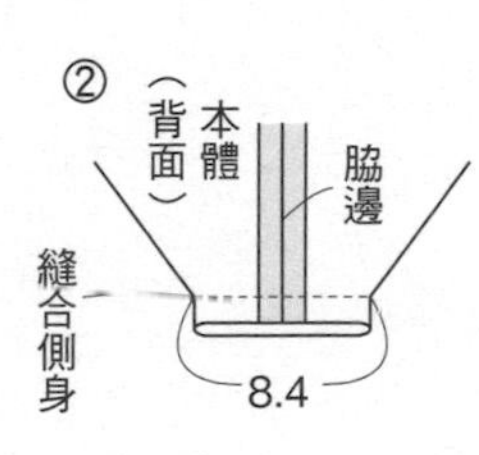

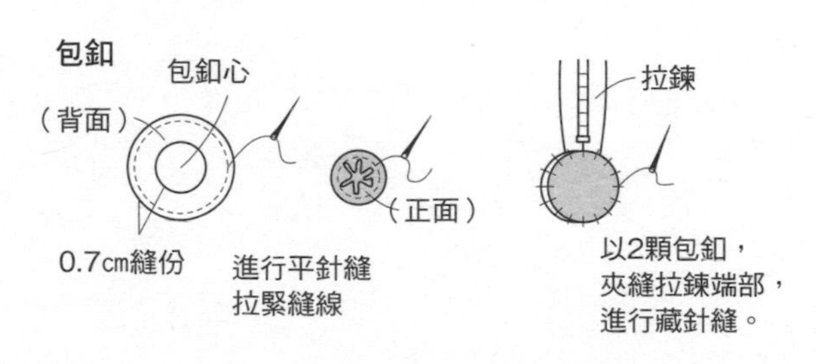

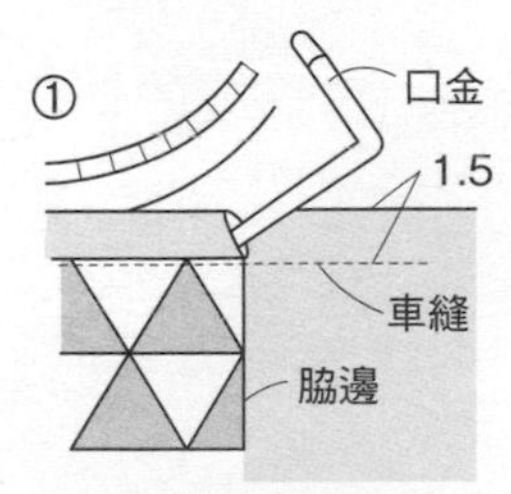

沿著袋口進行車縫，穿入醫生口金。

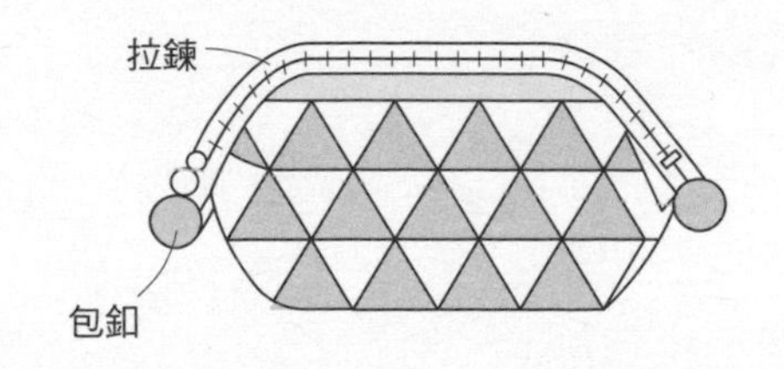

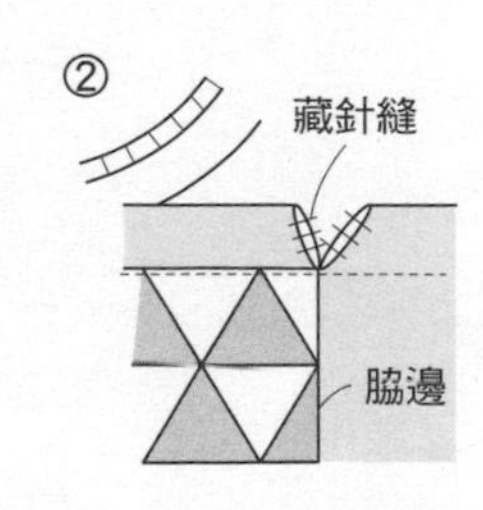

P50 No.38 杯墊

◆材料（1件的用量）

各式貼布縫用布片 台布、鋪棉、胚布各15×15cm 滾邊用寬2.5cm 斜布條35cm 25號繡線適量

◆作法順序

完成貼布縫圖案→台布進行貼布縫與刺繡，完成表布→疊合鋪棉、胚布，進行壓線→進行周圍滾邊。

完成尺寸　直徑10cm

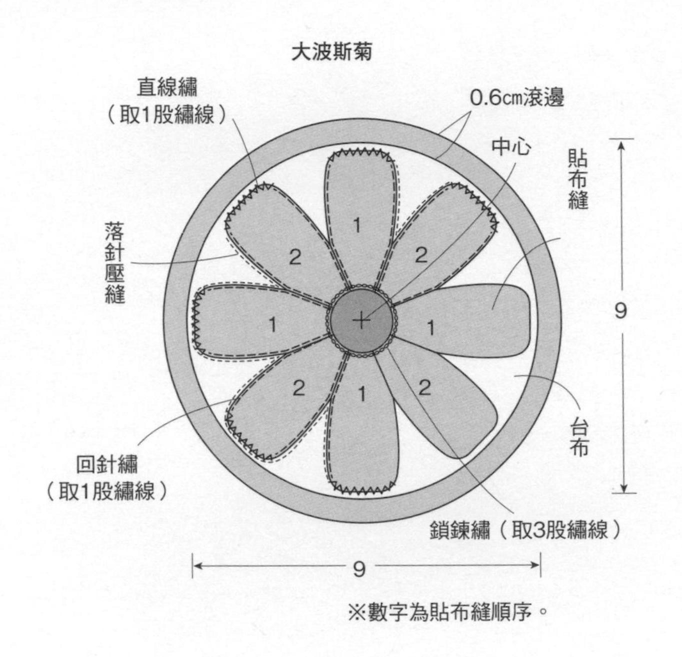

※數字為貼布縫順序。

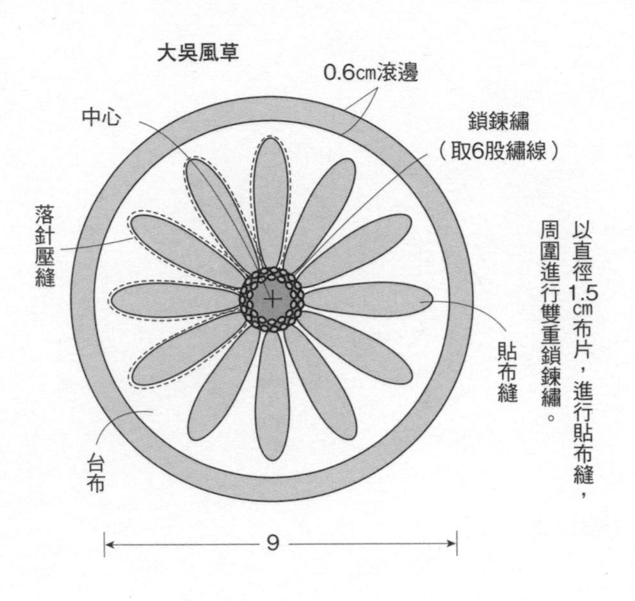

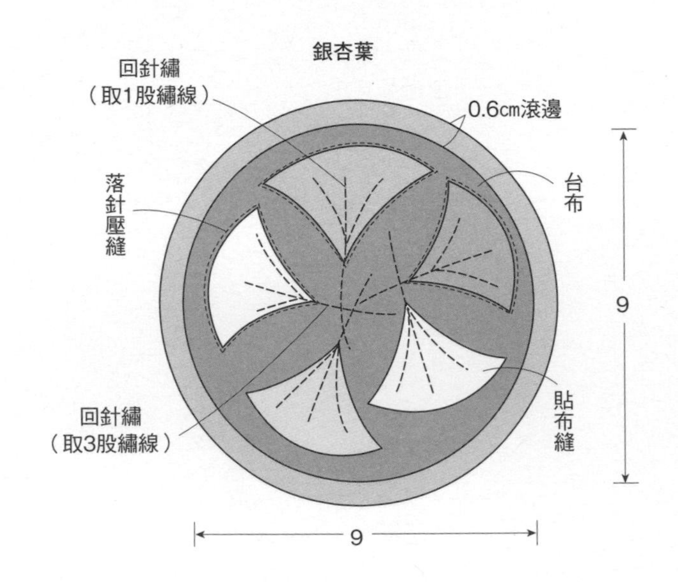

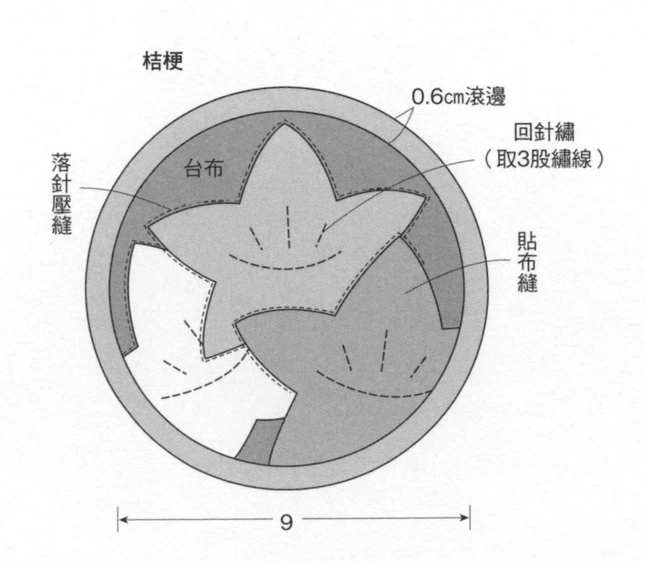

貼布縫圖案

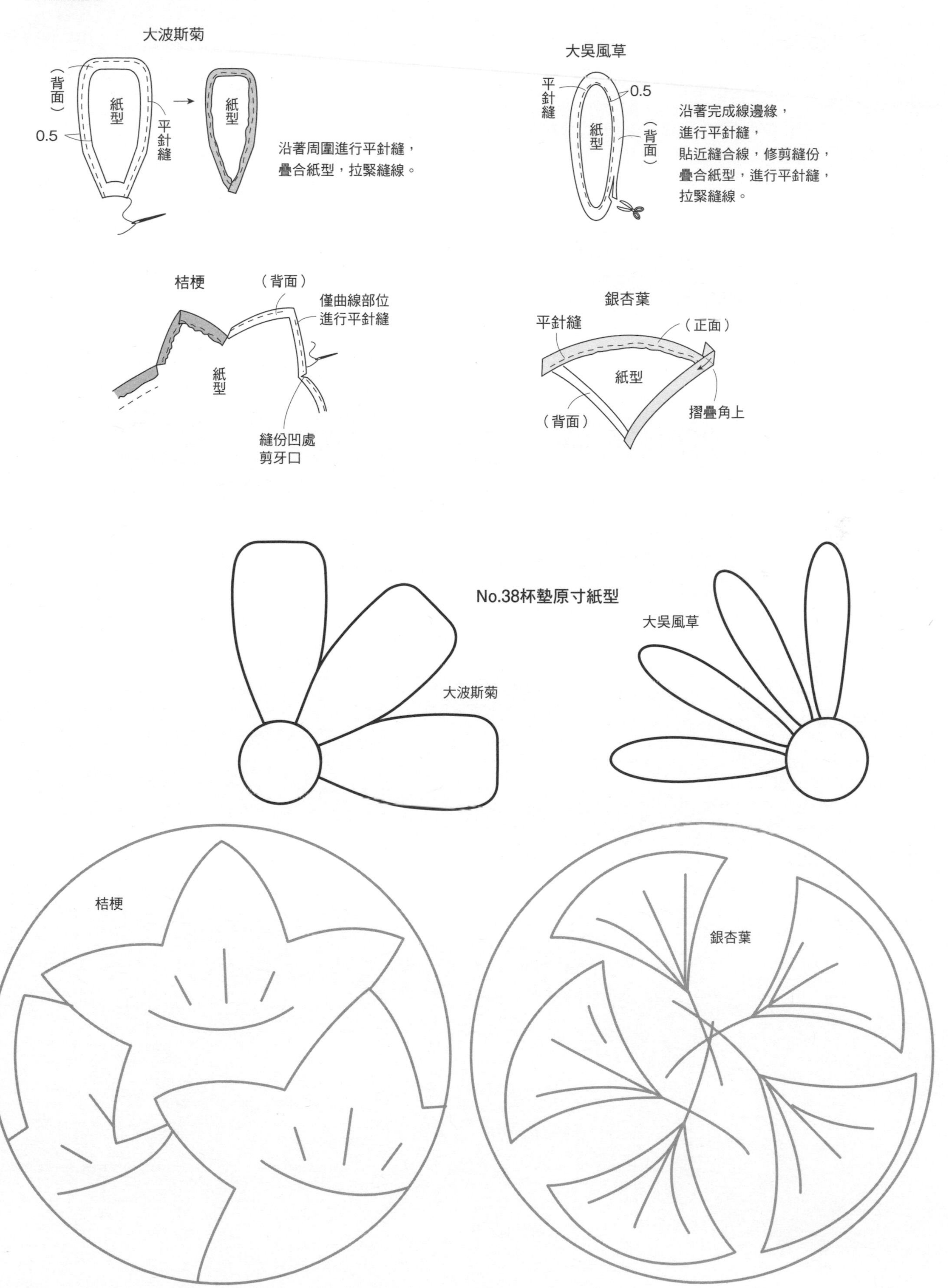
大波斯菊
（背面）
紙型
平針縫
0.5
紙型
沿著周圍進行平針縫，
疊合紙型，拉緊縫線。
大吳風草
平針縫
0.5
紙型
（背面）
沿著完成線邊緣，
進行平針縫，
貼近縫合線，修剪縫份，
疊合紙型，進行平針縫，
拉緊縫線。
桔梗
（背面）
僅曲線部位
進行平針縫
紙型
縫份凹處
剪牙口
銀杏葉
平針縫
（正面）
紙型
（背面）
摺疊角上
No.38杯墊原寸紙型
大波斯菊
大吳風草
桔梗
銀杏葉

No.39 迷你手提袋

◆材料

各式拼接用布片 C、D用布65×35cm（包含提把部分） 鋪棉65×50cm 胚布55×40cm（包含提把補強片部分） 滾邊用寬4cm斜布條70cm

◆作法順序

拼接A至B'布片→接縫C、D布片，完成表布→疊合鋪棉與胚布，進行壓線→正面相對，沿著袋底中心摺疊，縫合脇邊，縫合側身→進行袋口滾邊→製作提把，進行接縫。

◆作法重點

○處理脇邊縫份方法請參照P.67作法A。

完成尺寸 18×32cm

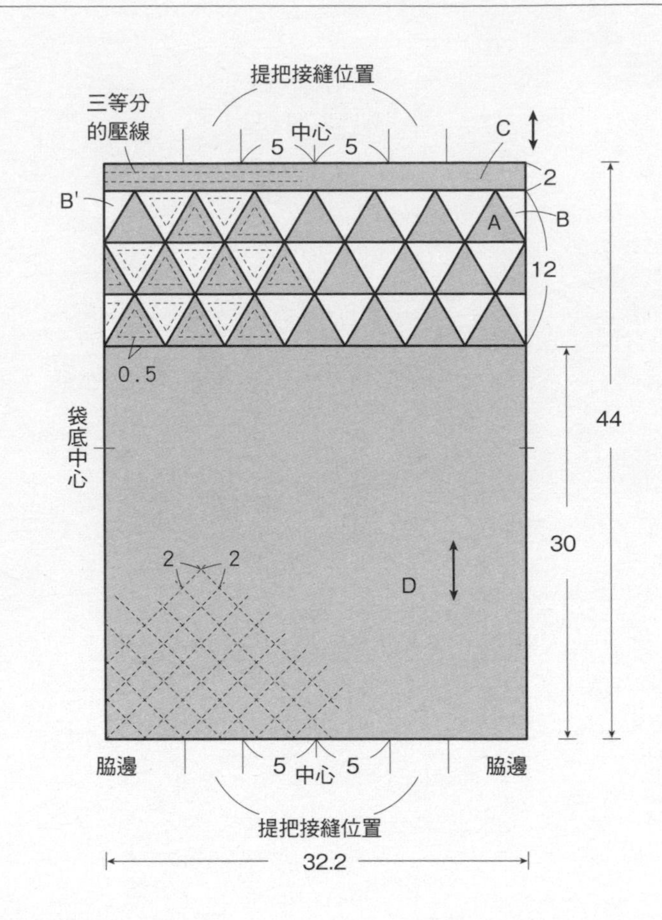

原寸紙型

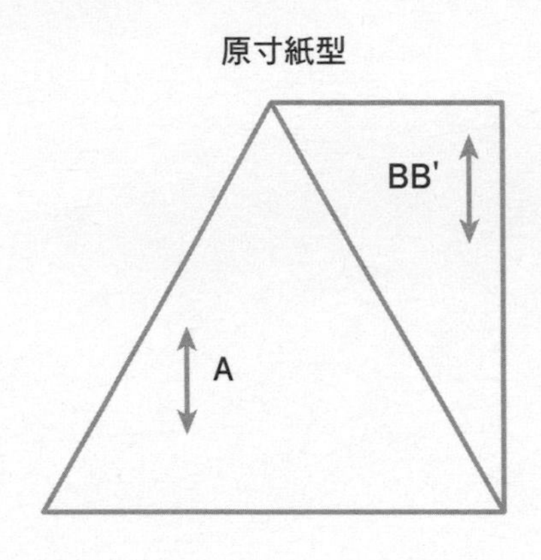

提把

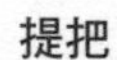

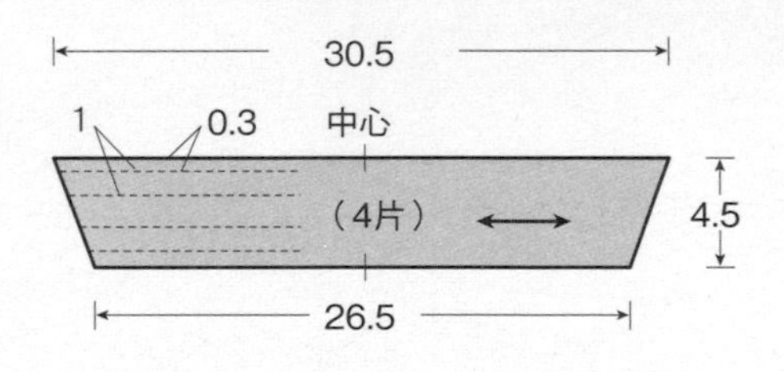

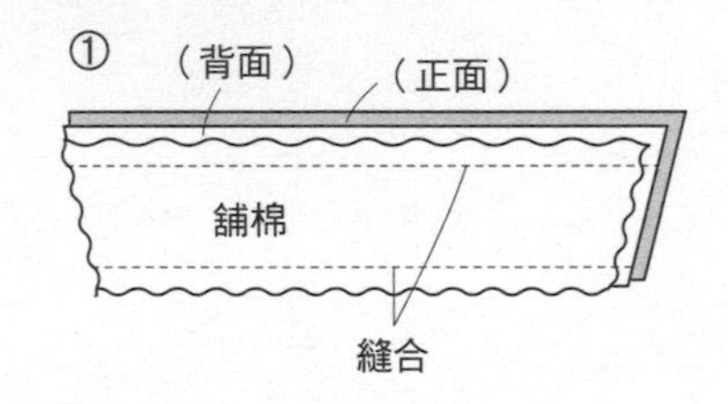

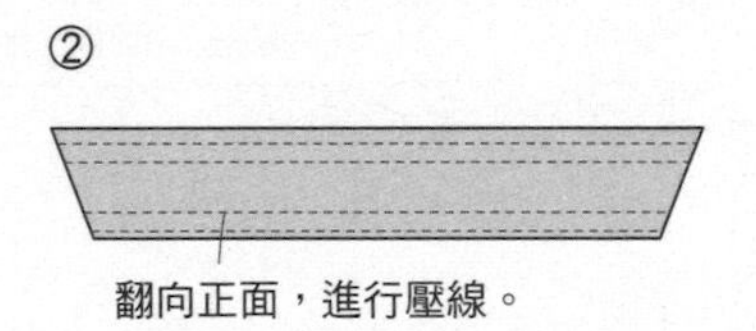

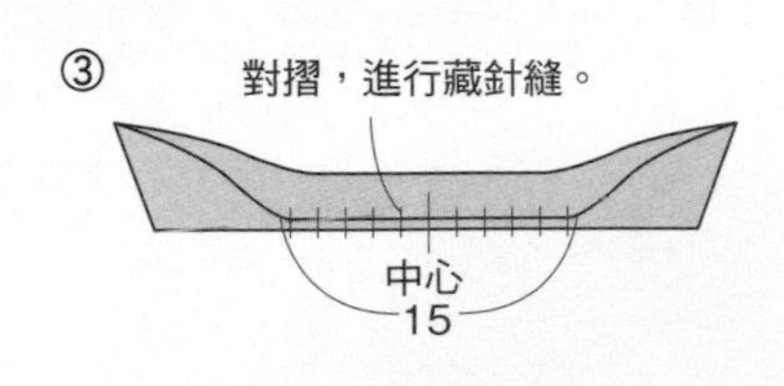

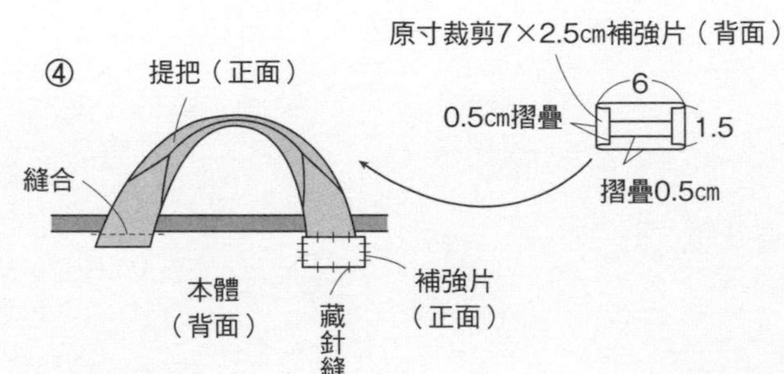

側身縫法

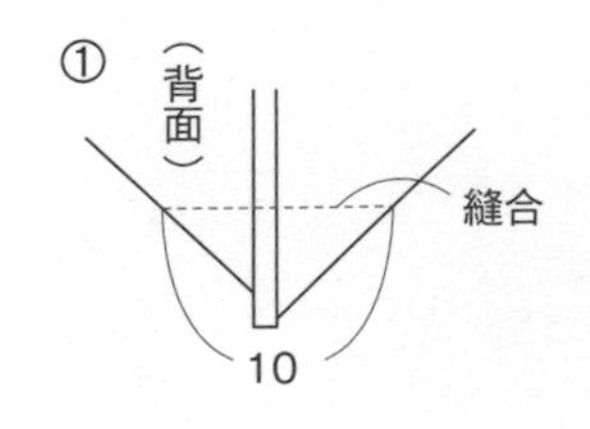

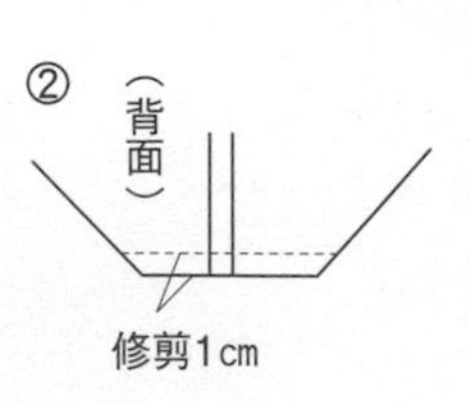

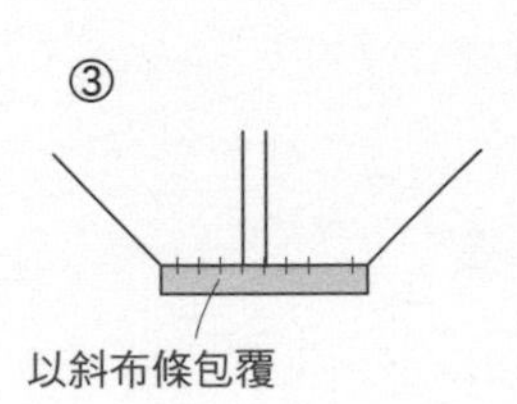

No.37 壁飾 ●紙型B面⑪（圖案原寸紙型）

◆材料

各式拼接用布片 鋪棉、後片用布各60×50cm
吊耳用布20×10cm 8號、4號繡線適量

◆作法順序

拼接布片，完成前片表布→製作後片→正面相對疊合前片與後片，疊合鋪棉，縫合周圍→翻向正面，縫合返口，進行車縫→依圖示並排，縫合固定→製作吊耳，進行接縫。

◆作法重點

○以各式繡縫針目填滿圖案，進行周圍滾邊。布片接縫處依喜好繡縫針目，或以8號繡線進行輪廓繡。
○德國結粒繡繡法請參照P.70。
○製作圖案，非常協調地並排，縫合固定。

完成尺寸 29.5×32cm

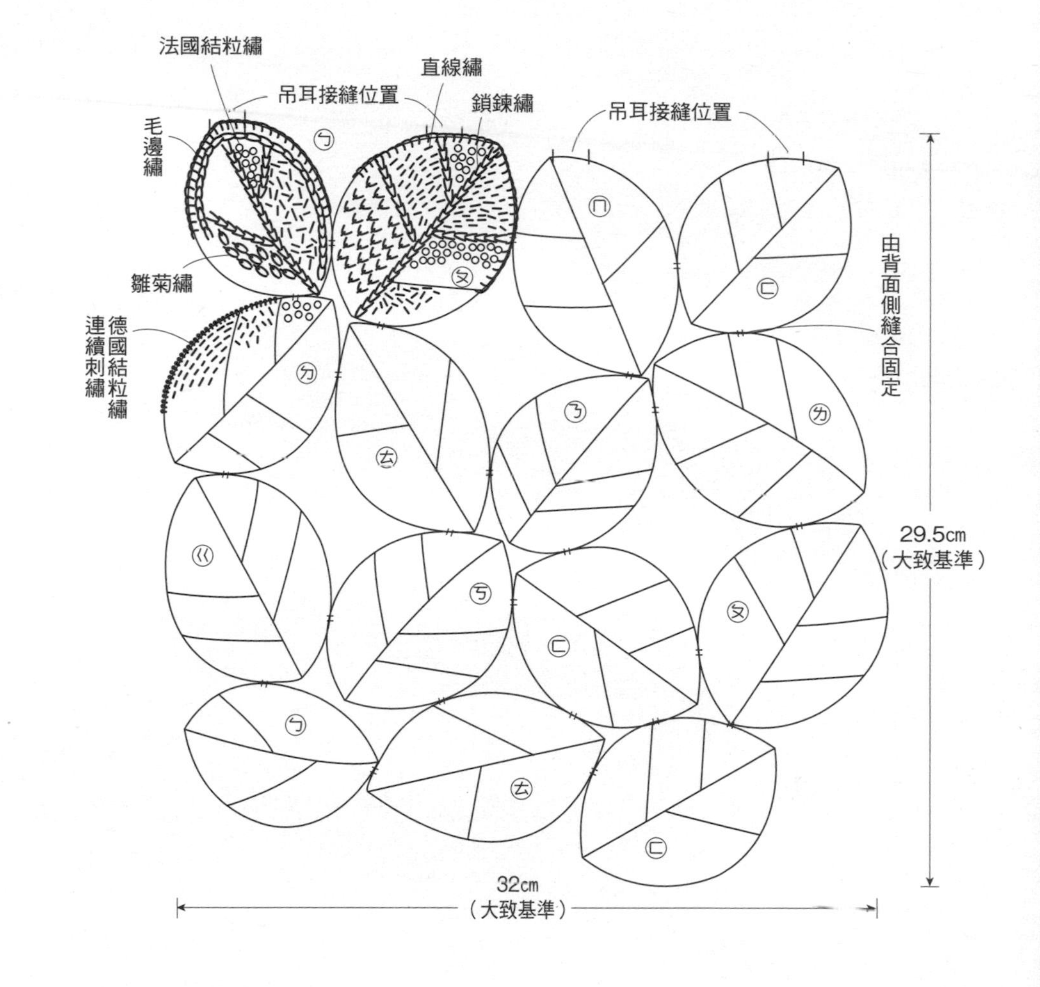

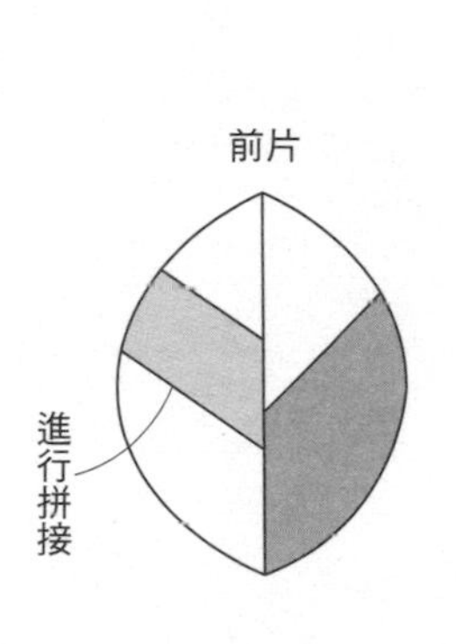

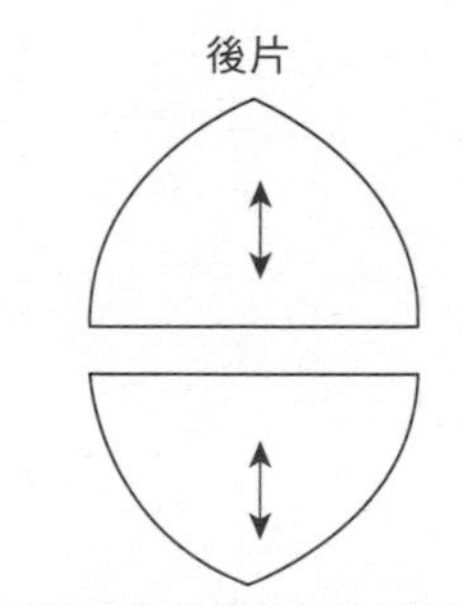

※將左右對稱的前片紙型，分成上、下兩部分。

作法

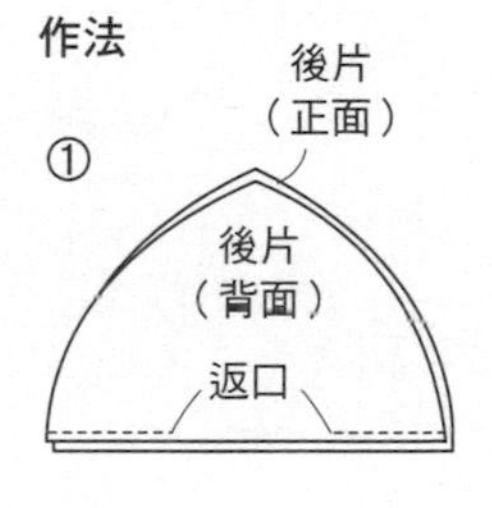

正面相對疊合，預留返口，進行縫合。

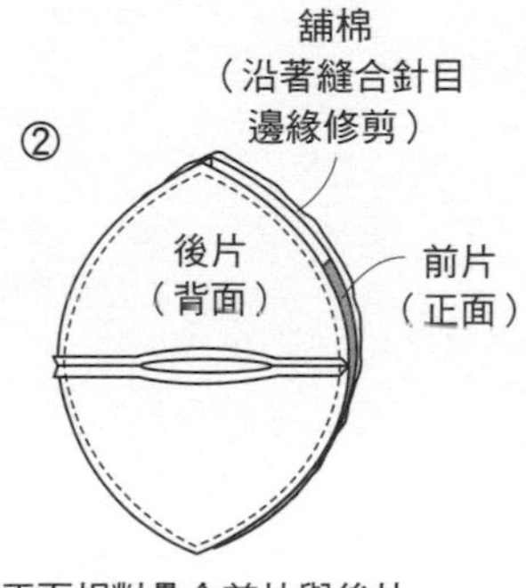

正面相對疊合前片與後片，疊合鋪棉，縫合周圍。

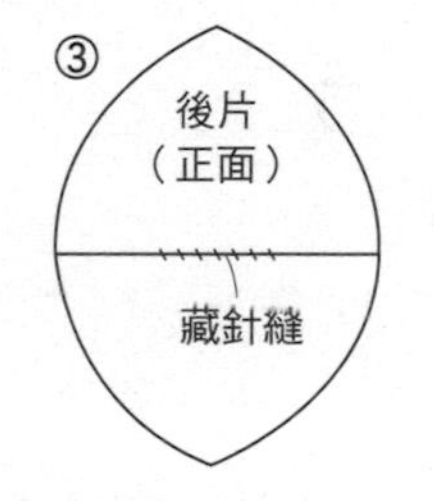

翻向正面，縫合返口，穿縫至後片用布為止，進行車縫。

吊耳

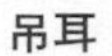

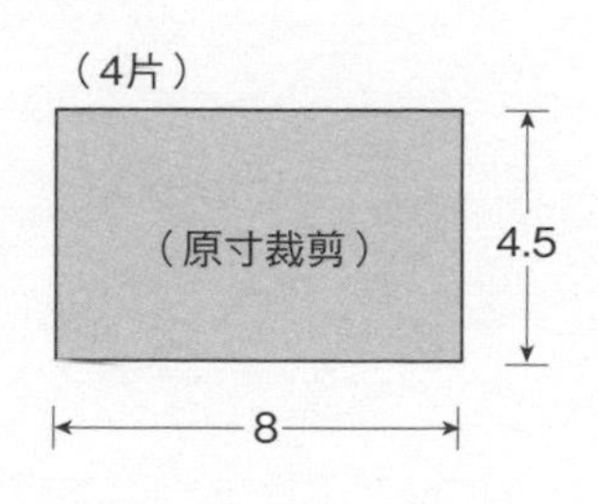

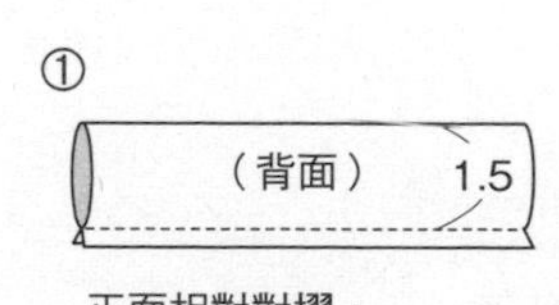

正面相對對摺，縫成筒狀。

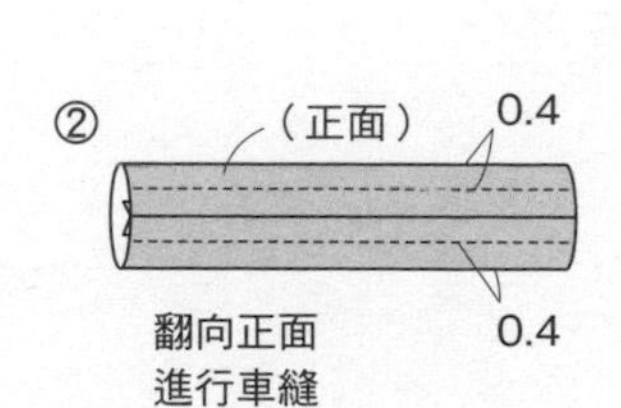

翻向正面進行車縫

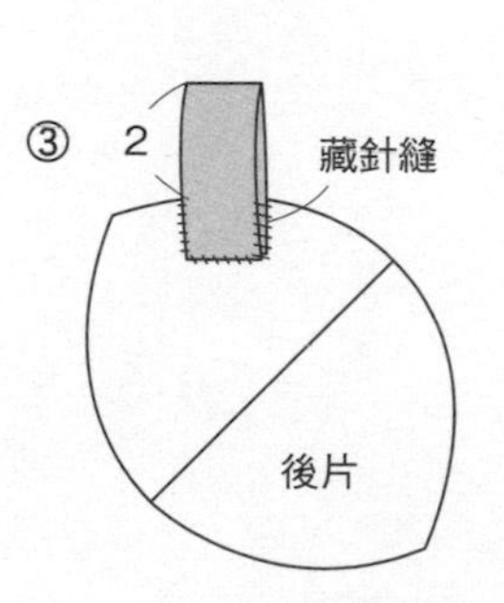

對摺吊耳以藏針縫接縫於後片

P52 No.42 床罩 ●紙型A面⑬（A至D布片原寸紙型）

◆**材料**

A用藍色格紋布110×60cm A用深灰色布110×150cm A用綠色格紋布110×150cm（包含E布片、滾邊部分） B用布110×150cm C、D用布110×140cm E、F用布110×150cm G、H用布110×190cm 鋪棉、胚布各110×460cm

◆**作法順序**

拼接A至D布片，完成20片「火焰之星」圖案（請參照P.54），拼接E布片，完成30片「九宮格」圖案→接縫2種圖案與F布片→周圍接縫G、H布片，完成表布→接縫A布片，完成22片貼布縫圖案，G、H布片進行貼布縫→疊合鋪棉、胚布，進行壓線→進行周圍滾邊（請參照P.66）。

完成尺寸　217.5×183.5cm

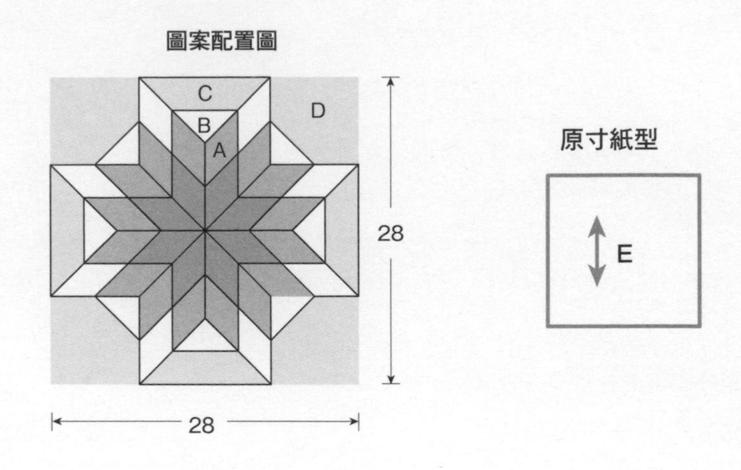

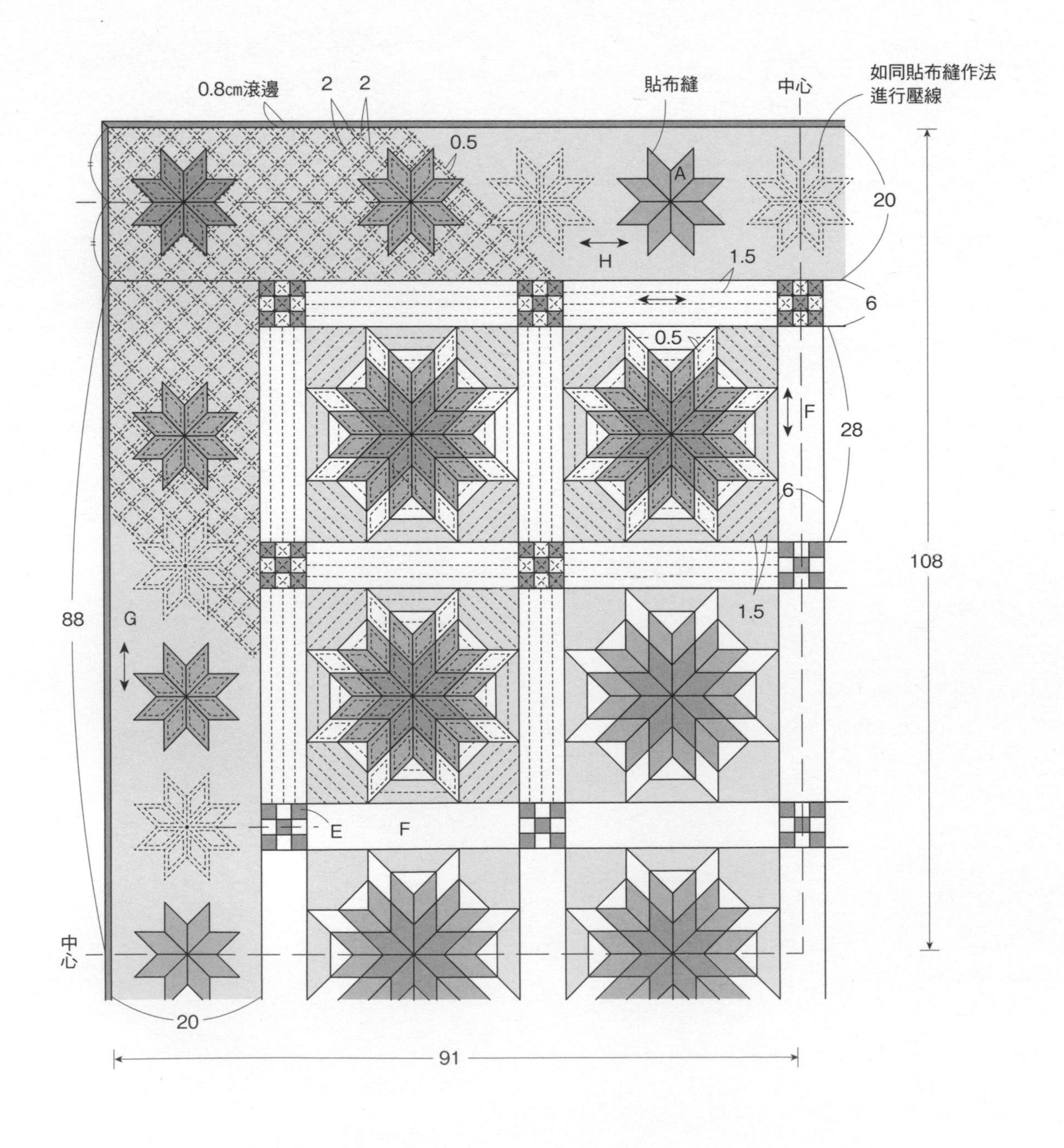

繡法

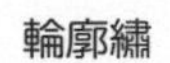

輪廓繡

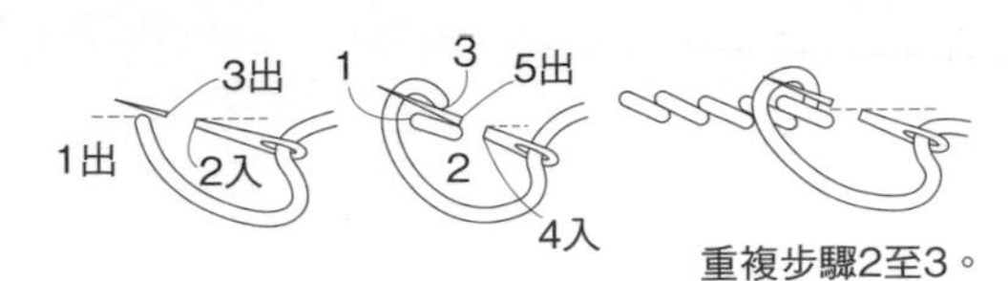

平針繡

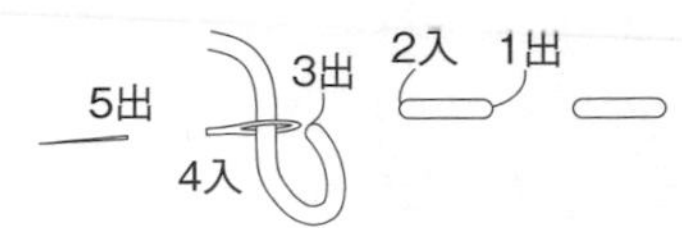

雛菊繡

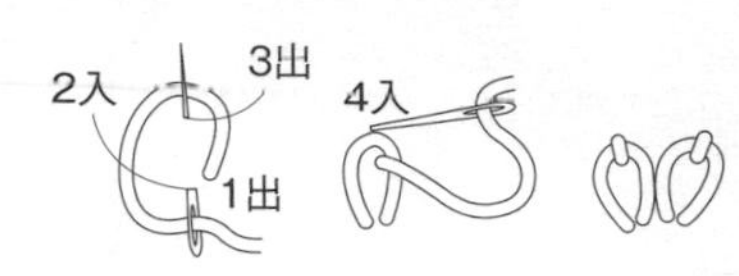

法國結粒繡

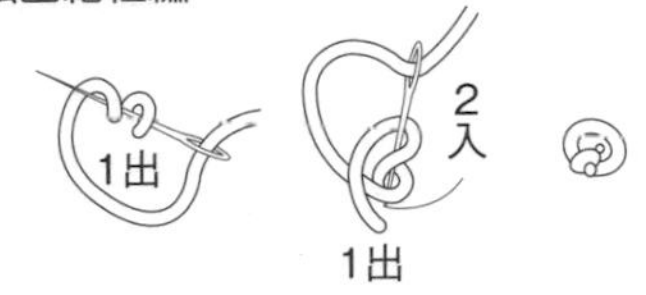

鎖鍊繡

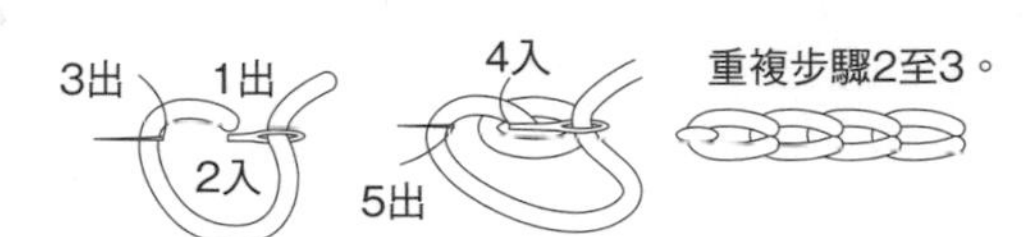

飛羽繡

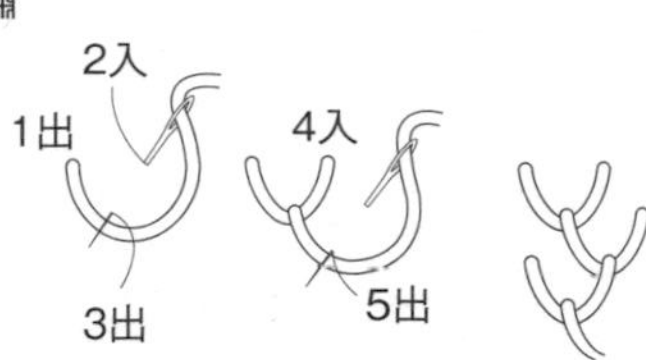

緞面繡

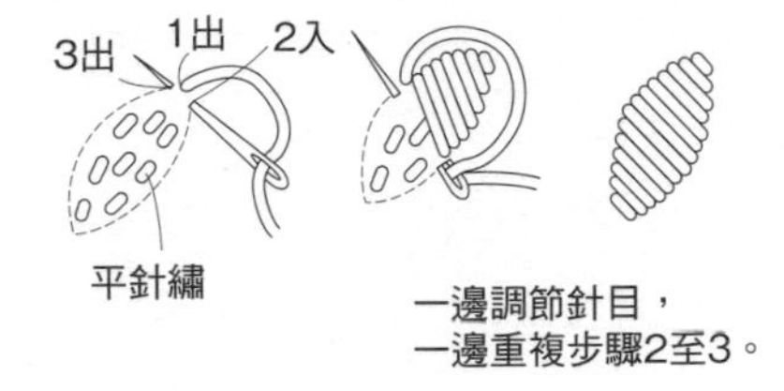

釘線繡

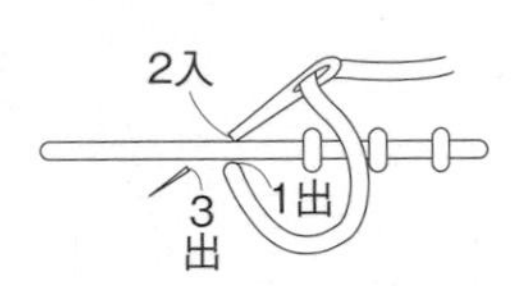

魚骨繡

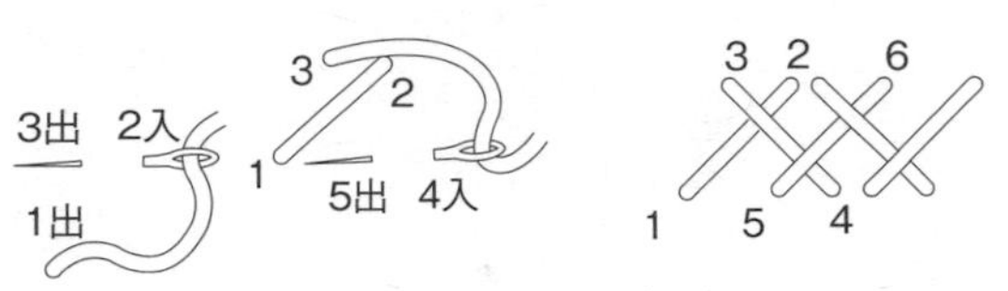

直線繡

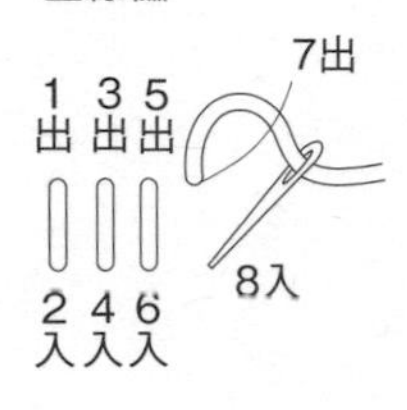

8字結粒繡

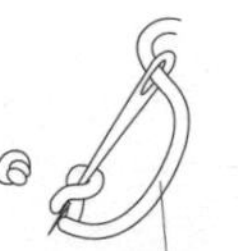

毛邊繡

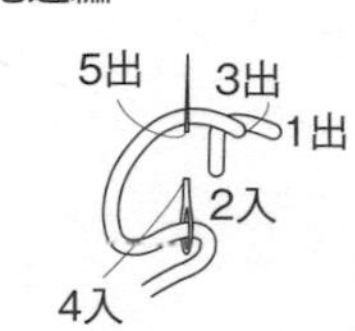

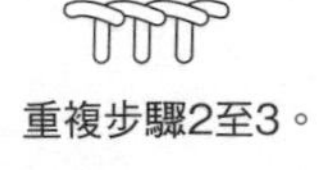

回針繡

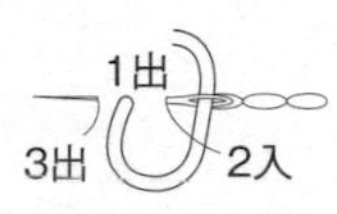

飛羽結粒繡

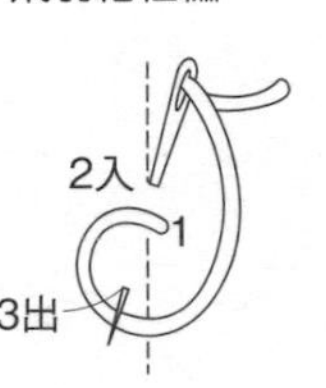

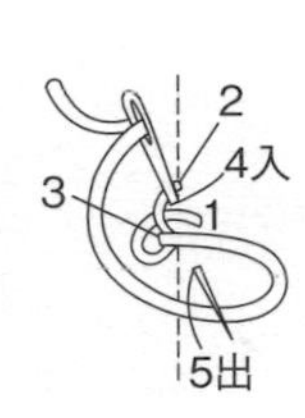

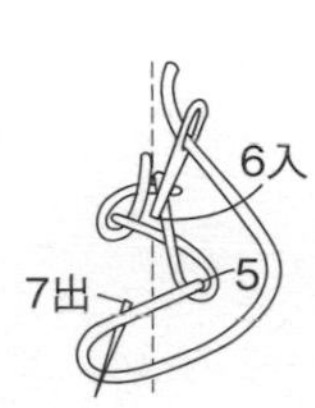

捲線繡

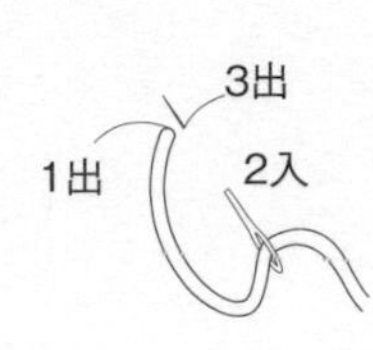

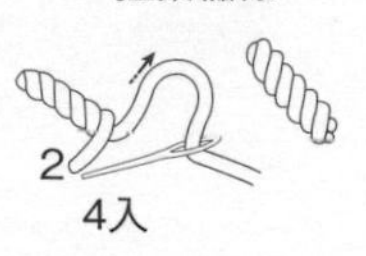

玫瑰捲線繡

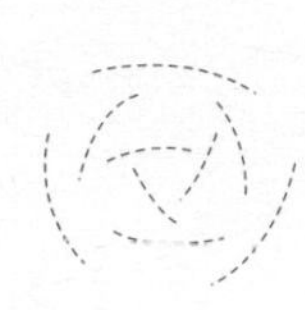

PATCHWORK 拼布教室

國家圖書館出版品預行編目(CIP)資料

Patchwork拼布教室32：拼布美研室：玩賞袋型變化的綺麗手作包特選 / BOUTIQUE-SHA授權；彭小玲．林麗秀譯.
-- 初版. -- 新北市：雅書堂文化事業有限公司, 2023.11
面；　公分. -- (Patchwork拼布教室；32)
ISBN 978-986-302-690-7(平裝)

1.CST: 拼布藝術 2.CST: 手工藝

426.7　　112016465

授　　權／BOUTIQUE-SHA
譯　　者／彭小玲．林麗秀
社　　長／詹慶和
執行編輯／黃璟安
編　　輯／劉蕙寧．陳姿伶．詹凱雲
封面設計／韓欣恬
美術編輯／陳麗娜．周盈汝
內頁編排／造極彩色印刷
出 版 者／雅書堂文化事業有限公司
發 行 者／雅書堂文化事業有限公司
郵政劃撥帳號／18225950
郵政劃撥戶名／雅書堂文化事業有限公司
地　　址／新北市板橋區板新路206號3樓
電　　話／(02)8952-4078
傳　　真／(02)8952-4084
網　　址／www.elegantbooks.com.tw
電子郵件／elegant.books@msa.hinet.net

2023年11月初版一刷　定價／420元

總經銷／易可數位行銷股份有限公司
地址／新北市新店區寶橋路235巷6弄3號5樓
電話／（02）8911-0825　傳真／（02）8911-0801

原書製作團隊

發 行 人／志村悟
編 輯 長／関口尚美
編　　輯／神谷夕加里
編輯協力／佐佐木純子・三城洋子・谷育子
攝　　影／藤田律子（本誌）・山本和正
設　　計／牧陽子・和田充美（本誌）・小林郁子・多田和子・松田祐子・松本真由美
製　　圖／大島幸・小池洋子・為季法子
繪　　圖／木村倫子・三林よし子
紙型描圖／共同工芸社・松尾容巳子